堕落する高級ブランド

DELUXE: HOW LUXURY LOST ITS LUSTER

ダナ・トーマス 著
Dana Thomas
実川元子 訳

講談社

まえがき

中国・西安《せいあん》の街中に立つ、16世紀に建設された鐘楼《しょうろう》——。そのまわりを、自転車の群れがよろよろと走り、ほこりっぽい未舗装の道路の穴を巧《たく》みに避《よ》けながら、クラクションを鳴らしつつスクーターが勢いよく駆け抜けていく。

西安は、有史以前に建設された、中国でもっとも古い都市のひとつだ。紀元前2世紀ごろには長安《ちょうあん》と呼ばれていたこの街は、極東とヨーロッパを結ぶシルクロードの起点であり、中国の政治と文化の中心であり、人口200万人近くを有する大都会だった。かつては、バグダッド、コンスタンチノープル（現イスタンブール）、ローマと並び、世界中に大きな影響を及ぼす世界都市だったといわれている。

今日、その面影はほとんどない。人口800万人の西安は、中国の他の都市、たとえば上海（1780万人）、北京（1500万人）、重慶（1200万人）などに比べると規模は小さい。西安市民の大半は色あせた人民服を着て、その顔つきは疲弊《ひへい》している。建物の外壁も看板も何十年にもわたって塗り替えられた様子がない。中国の新興の富を西安はまだ享受《きょうじゅ》していない——少なくとも今のところは。綿織物業、化学工業、ハイテク企業といった地元産業はいくつか興《おこ》っているものの、もっとも重要な産業は観光だ。市内から車で30分ほど走ったところにある兵馬俑坑《へいばようこう》には、秦の始皇帝の墓に等身大の兵士や馬8000体の人形が埋められていて、毎年2000万人以上ともいわれるこの街への観光客（主として中国人）の多くが訪れる人気スポットになっている。

2004年4月、私と夫は初めてこの国を訪れた。上海の黄浦江《こうほこう》西岸の外灘《わいたん》にオープンした、ジョルジオ・アルマーニの新しいマルチブランド・ストアを取材するためだ。その後、仕事を終えた私たちは兵馬俑坑を見学するために西安に立ち寄った。街の郊外に新設されたばかりの空港に降り立った私たちは、くたびれたタクシーに乗り、工場が立ち並ぶ高速道路を抜け、歴史の中心地に向かった。当時はまだ2つしかなかった「西洋風」ホテルのひとつであるハイアット・リージェンシーにチェックインし、磨きこまれた大理石のロビーとそれに続く観葉植物がぎっしり並んだ静かなアトリウムに立ったとき、私は西安の意味が「西方の平安」であることをやっと思い出した。

ハイアットは、まるで米国の都市がそっくり移転されたみたいだった。

翌朝、朝食をとるためにレストランに向かう途中、中2階の小さな会議室で中国人の売り子が洋服を売っているのに気がついた。普通の服ではない。テーブルの上に広げられていたのは、グッチやヴェルサーチの靴やシャツ、バーバリーのトレンチコートなどの高級ブランドものばかりだった。そのなかには、ブランド名を微妙に変えたラベルがついていて明らかに偽物とわかるものもあったが、どう見ても本物にしか見えないような製品も交ざっていた。

私はグッチのローファーを手に取ってみた。上質のレザーを使い、縫製もしっかりしていて、やや野暮ったいデザインのその靴は、ビヴァリーヒルズのロデオドライブやニューヨークのマディソン街にあるグッチの店で見られるものとまったく同じだ。

夫はバーバリーのトレンチを試着した。それもまたよくできていて、ディテールのすべてがバーバリーそのものだった。私たちは価格を訊《き》いた。店員は誰も英語を話さなかったが、ほっそりした20歳そこその女性店員が電卓に120ドルと表示した。通常、バーバリーのクラシックなトレンチコートの値段は850ドルだ。夫は「考えてみる」と答えた。

私たちはコンシエルジュのデスクに行って、その品物の出所を尋《たず》ねた。

「ほとんどは合法的なものですよ」とコンシエルジュは答えた。ちょっとしたキズがあったり、過剰在庫の品だったり、出荷の基準に合わなかったものです、と。

翌朝、私たちはまたその部屋に行ってトレンチコートを買おうとした。ところが、すべてがきれいに消えていたのである。いったいあれは何だったのだろう？　私は首をかしげた。

ブランドショッピングは〃楽しい〃？

今日「高級ブランド」として括《くく》られる分野の製品――社会的地位と欲望とが満たされた生活（つまり上流の暮らし）を象徴するような服、レザー製品、靴、シルクのスカーフやネクタイ、時計、宝石、香水、化粧品――の年間総売上高は１５７０億ドルにのぼる。35の主要ブランドが高級ブランド市場の60％を占め、残りの40％に何十もの小規模な企業がひしめいている、と言われる。ルイ・ヴィトン、グッチ、プラダ、ジョルジオ・アルマーニ、エルメス、シャネルといった大手ブランドの年間収益はそれぞれ10億ドルを超えている。

今日、私たちがよく耳にする高級ブランドの会社は、そのほとんどが、1世紀以上も前に美しい手づくりの商品を売る小さな店からスタートした。今日でも創設者の名前こそブランド名に残っているが、大半は過去20年の間に実業界の大物がオーナーとなり、大量の商品を世界各地で展開するグローバル企業になっている。これらの企業は世界の主要都市に路面店を構え、免税店にも、アウトレット・モールにも出店している。広告が雑誌のページを埋め、ビルの壁をまるごと一面使った大型看板など宣伝も派手だ。主たる顧客は30代から50代の高収入の女性たちだ。

高級ブランド店の前に立てば、耳にイヤホンをつけた黒いスーツの男性が黙って重いガラス扉を開けてくれる。静謐《せいひつ》な店内では、ミニマリズムのおしゃれなインテリアの中で、控え目な服装の販売員が客を待っている。いちばん目立つのは、最新モデルやクラシックなデザインのバッグが、まるでアート作品のように1点1点に小さなスポットライトが当てられ、並べられている棚だ。一方、ガラスケースにはブランドのロゴが一面に入った財布、札入れや名刺入れがディスプレイされている。こちらはブランドに憧れる中流階級の客層をターゲットにした、ブランドへの〝導入商品〟となる比較的安価な製品だ。

計算されたマーケティング戦略やファッション雑誌の広告のおかげで、高級ブランド企業は、ここ10年間、シーズンごとに打ち出す新デザインのバッグが社会現象となるまでに大規模な流行をつくりだしてきた。世界中の消費者が「どうしても欲しい」と思う製品を生み出し、売上げと株価をめざましく引き上げてきた。たとえば、村上隆《たかし》がデザインした、サクランボが笑っている柄のバッグはその1アイテムだけで、ルイ・ヴィトンの2005年第1四半期の売上高を前期比2ケタ増にするほどの成功を収めた。高級ブランドのバッグ1個の値入額（売り手側が諸経費と利潤を確保するために仕入製造原価に付加した金額）は生産コストの10倍から12倍だ。

通常の店舗に置かれる商品は、せいぜいバッグとアクセサリーくらいだ。だが、旗艦店《フラッグシップストア》――そのブランドが生産するすべての製品を置く店のことを指す業界用語――には香水や化粧品も陳列される。香水は70年以上前から高級ブランドへの導入商品だった。高価な商品には手が届かない客に、ブランド品を持っているという夢を与える品だった。化粧品も同様の目的で生産されたものだが、こちらはハンドバッグと同じく、次第にもっと派手な位置を占めるようになっていく。女性はシャネルのリップスティックをバッグから取り出すことで、自分にはカネもファッションセンスもあることを、周囲に一目で印象づけられる。次の部屋――たいていは上の階か改装された地下――にはわずかな点数の既製服と靴が陳列されている。

その昔、高級ブランドは選ばれた人々だけを顧客とする優雅な商売で成り立っていた。ごく限られた顧客のみがファッションショーや展示会に呼ばれ、彼らは気に入ったものを選び、広々とした試着室で服を試し、横にはべらせたお針子たちに必要な直しをさせた。応対する女性の店員は、顧客の良きアドバイザーであると同時に親友にもなった。彼女たちは、どの客がどの行事に何を着るかまで熟知していたし、また、1人ひとりに何が似合うかもわかっていた。

今日では、高級ブランド店のショッピングは、まるで客が忍耐力を鍛える研修場のようだ。店内には服が数点しかなく、しかもサイズは最小。細身の販売員たちは、客にあったサイズや、「もしかしたらあるかもしれない」別のデザインのドレスを探して倉庫中を走り回り、10分、ときには20分も客を待たせることだって珍しくない。見つけてきたその服が気に入らないと客が言えば、またもや店員は服を探す旅に出かけてしまう。その繰り返しだ。だが、高級ブランド企業の幹部の頭の中では、それが思いやりのある特別サービスなのだ。

購入すれば商品は薄紙でラッピングされ、ハンドバッグや札入れなどのレザー製品はブランド・カラーの柔らかいフェルトの袋に入れられる。客は、ブランドを象徴する色とロゴが入った輝かしい紙袋を持って店外へと送り出される。

だが……高級ブランド店で客が手に入れたものは、はたして商品だけだろうか?

ファッションの民主化

ふだん私たちが身につけるものは、個性だけでなく、経済的、政治的、社会的身分を反映している。高級ブランド品はいつの時代にも、ピラミッド型社会階層の頂点にいる証《あかし》であり、持てる者と持たざる者を区別してきた。高級品の素材となるシルク、金、銀、宝石、毛皮は何千年にもわたって貴重な原材料であり、常に追い求められてきた。有史以前、人類は毛皮と、骨や羽根などで身を飾ることで互いを区別した。中国人は1万2000年前から刺繍《ししゅう》したシルクの衣服で己の身体を豪華に装ってきたし、ペルシャ人やエジプト人も紀元前2世紀から同じことをやってきた。

高級品は身につける人々の権力と功績を象徴し、他人は羨望《せんぼう》と軽蔑《けいべつ》の目でそれを見た。「高級品が浪費か否かは紀元前700年ごろから議論されてきたテーマだった」と私に語ったのは、ロサンゼルスのJ・ポール・ゲッティ美物館で古代遺物のキュレーターをつとめるケネス・ラパティンだ。古代エトルリア人は金製品を身につけ、バルト海沿岸地域から琥珀《こはく》を輸入し、碧玉《へきぎょく》や紅玉髄《べにぎょくずい》（カーネリアン）のような原石を美しく細工した。だが、こういった奢侈《しゃし》品をこよなく愛したために、エトルリア帝国は没落したのだ、と後世の保守主義者たちは批判したという。

ラパティンによれば、古代ギリシャの哲学者たちも「見栄っぱりだった」「彼らは金製品をつけ、派手な服を着て大衆から妬《ねた》まれた」。また、当時のギリシャの富裕層は一般の民衆から「抜きん出たい」一心で、自分たちは競って豪勢な暮らしを楽しむ一方で、平民には奢侈禁止令を発令し、貴族を真似てぜいたくなことをするのを制限しようともした。

ぜいたく品の偽物は究極の不名誉の印とされた。それを物語るのが、彫刻家のフェイディアスがパルテノン神殿に献上したアテネ像に関する逸話である。彼は、アテネ像を安物の素材——金箔《きんぱく》を張った大理石——でつくったのだが、アテネ議会から受け取りを拒否されてしまった。議員たちは「恥を知れ！」と口々に叫び、金と象牙《ぞうげ》でつくるように主張した。ラパティンは言う。

「彼らはカネをケチることはしたくなかった。見栄をはるほうを選んだのだ」

今日、私たちが知っている高級ブランド品の多くが誕生したのは、フランスのブルボン王朝およびナポレオンのボナパルト家の治世下である。

ルイ・ヴィトン、エルメス、カルティエといった高級ブランドは、19世紀に身分の低い職人が王族のために最高に美しい工芸品をつくったことから始まった。19世紀後半にヨーロッパで君主制が没落し、産業革命の時代を迎えると、高級ブランド市場の担い手は欧州の貴族から米国産業界の大物の一族（ヴァンダービルト家、アスター家、ホイットニー家など）がつくる閉鎖的な社交界へと移っていった。

高級ブランド品は単なる「製品」ではない。それは長い歴史によって培《つちか》われた伝統であり、最高の品質を表す象徴であると同時に、モノを買う欲望を十分に満たしてくれる存在だ。高級ブランド品は、たとえば社会階級にふさわしいクラブ、あるいは由緒正しい家系であることを示す姓と同じく、上流階級の人間ならば当然持っているべきものなのだ。

近代ファッションの父と呼ばれるクリスチャン・ディオールは、1957年に雑誌『タイム』のインタビューに応えて、「現代社会には高級ブランドが重要だ」と述べている。

「私は哲学者ではありませんが、女性だけでなく男性にも本能として『目立ちたい』という欲望があるのではないかと思います。今日のような、均質性や類似性が重視される機械文明の時代には、ファッションこそが人間性・個性・独自性を表現できる究極の〝避難場所〟となります。ファッションの世界では、『みすぼらしさや凡庸《ぼんよう》さから救われる』という理由だけで、突拍子もない発想が歓迎されます。もちろんファッションは一過性の利己的な快楽ですが、それでも我々が生きている退屈な時代には、そんなぜいたくをほんの少しずつでも護《まも》っていかねばなりません」

もっとも、1960年代の〝ユースクエイク〟と呼ばれる若者の台頭期まで、高級ブランド品は富裕で知名度のある階層の専有物であり、庶民には関係のないものだった。60年代に吹き荒れたこの政治革命の嵐によって社会階層間の壁が取り払われ、いわば、「ファッションの民主化」が始まったのである。

米国では能力主義が花開き、建て前上は、あらゆる人間が経済的にも社会的にも上の階層を目指せるようになり、実際に成功した人々は、自分たちが新たに築いた富を誇示するために自身を高級ブランド品で飾りたてた。男性も女性も結婚を先延ばしにし、自分のためにカネをふんだんに使いまくった。平均的な消費者層は1世代前よりもはるかに高い教育を受け、頻繁に旅行し、より上質のものに囲まれる生活を志向した。

そして、大企業の経営者や大物財界人は、まさにその点に潜在市場を見出した。彼らは高級ブランド・メーカーを高齢の創業者や無能な相続者から買い取り（もしくは乗っ取り）、家族経営の小規模な会社をブランド企業へと変身させ、あらゆるものを——店舗、店員の制服、製品、そして社内で使用するコーヒーカップにいたるまで——ブランド色で満たした。

やがて彼らは、その照準を新興富裕層に向けた。営業管理職から、ハイテク起業家、高級住宅地の主婦、そして非合法な手段で儲けた成金にいたるまで、社会的・経済的に幅広い階層を有する中間マーケットである。ブランド企業の経営者は、「高級ブランドを、〝誰もが手に入れられるもの〟にする」のだと説明した。これは一見、民主的な考え方に思える。それどころか、共産主義的にさえ聞こえる。だが、そうではない。彼らの意図はどこまでも資本主義的だった。その目標は明確である。すなわち、際限なくカネを稼ぐことだ。

この「民主化」を実現するために、彼らは2方向から攻撃をしかけた。ひとつは自社のブランドを誇大宣伝することだ。ブランドが持つ歴史的遺産と伝統を強調する一方で、デザイナーたちには、メディアの注目を集めるような、過剰な演出できわどいセクシーなファッションショーを（1回に100万ドルもかけて）開くように求めた。何十億ドルもカネを使って過激な宣伝キャンペーンを張り、ブランドの認知度と普及率をナイキやフォード並みにしようと狙った。セレブに自社ブランド製品を贈り、そのお返しとして、メディアの前で自社製品の名前を連呼してくれと頼んだ。注目度の高いスポーツやイベントのスポンサーになる企業も続出し、アメリカスカップではルイ・ヴィトンが、カンヌ映画祭ではショパールがスポンサーに名を連ねている。

メッセージははっきりしている。「ウチのブランドを買いなさい。そうすればあなたも、スターのような華やかな暮らしを手に入れることができますよ」だ。

さらにブランドの経営陣は、自社ブランドがもっと幅広い層にも行き渡るような工夫を重ねた。ファッショナブルで低価格のアクセサリー類を商品ラインに加えたのである。こうして、かつては家族経営の小さな店を構えるに過ぎなかった老舗ブランドが、世界中に何千店舗も販売網を広げたばかりか、売れ残った在庫品をバーゲン価格で提供するアウトレットをオープンし、インターネット上に電子取引できるオンライン・ショップを立ち上げ、免税店のシェアも着々と増やしていった。

２００５年、全世界の旅行者が購入した高級ブランド品の総売上げは、旅行者の購入品総売上高の３分の１にあたる97億ドルにも達した。国際民間航空機関は、航空交通の利用者は現在の21億人から、２０１５年には28億人にまで増加すると予測しており、専門家はまだ伸びる余地がある、と見ている。

高級ブランド企業は世界各地の証券取引所に上場し、勢力の拡大に投資した。株式公開も彼らに莫大な利益をもたらした。資本金の額やステータスを上げたのみならず、ストックオプションなどの手段で有能な経営陣を集めることにも成功した。だが、その一方で、四半期ごとに利益を要求する株主に企業経営が大きく左右される結果にもつながった。グッチのクリエイティヴ・ディレクターであったトム・フォードは、かつて私にこう語った。

「カネの使い方や、どこに資本を投下するかをいやでも意識させられる。長期的利益よりも、すぐに儲けを出すことを求める株主の意向に応えるために、結局は短期的ヴィジョンに基づいた決断を下すことになる。株式公開は企業の方向性を大きく変えてしまうんだ」

失われた〃輝き〃

そして、そういった目前の経営目標に帳尻《ちょうじり》を合わせるべく、高級ブランド企業は見えないところでコストを切り詰めていった。素材の質を落とした企業もあるし、ひそかに途上国に生産拠点を移した企業も多い。手作業の職人生産に代わり、機械による大量生産も常態化した。価格を引き上げ、「労賃の高い西欧で生産しているからだ」とウソの申告をして値上げを正当化したところもある。販売品目を増やすために企業はコストを低く抑えた安価な製品――ロゴを一面にプリントしたTシャツや、ナイロン製の化粧ポーチ、デニムのバッグなど――を導入し、香水や化粧品の商品群を拡大し、大量販売によって安定した利益をもたらした。平均的な消費者は20万ドルもするオートクチュールのロングドレスにはとても手が出ないだろうが、高級ブランドの夢をほんのちょっとだけ見せてくれる25ドルのリップスティックや65ドルのスプレー式オードパルファンには財布を開く。

過剰な宣伝を駆使して夢を売るマーケティング戦略は、高級ブランド企業に派手な成功をもたらし、株主たちを狂喜させた。

世界にはかつてないほど多くの富裕者がいる。２００６年の「ワールド・ウエルス・リポート」（メリルリンチとキャップジェミニが毎年発表する世界の富裕層の調査報告書）によれば、２００５年の富裕層は２００４年から７・３％増えて８３０万人にのぼり、その保有資産は30・8兆ドルにものぼる。共同保有のプライベートジェット機を管理・運航するネットジェッツ社は２００１年から２００６年の間の売上げは１０００％増だと発表した。個人向け警備保障会社のクロール社は、契約している顧客のなかで保有資産が5億ドル以上の人は、わずか2年で67％増になった、という。「ワールド・ウエルス・リポート」は、保有資産が５００万～３０００万ドルまでの「中間階層のミリオネア」が増加していると付け加えている。

だが、急激に拡大した夢の富裕層の増加に取り残された者たちにとっては、高級ブランド市場は、悪夢も生んだ。高級ブランドは今日もっとも偽造が横行する市場であり——世界税関機構によれば偽ブランド品によってファッション産業は年間97億ドルの利益損失をこうむっている——偽ブランド品の売上げのかなりの部分が麻薬取引、人身売買やテロのような違法行為の資金供給源になっている。

高級ブランドはまた別の犯罪をも引き起こす。日本には高級ブランドのバッグを買うために売春をする女の子がいる。中国の一部の「ホステス」は顧客と一緒に深夜まで営業している高級ブランド店に入り、サービスの代償をブランド品で支払ってもらう。翌朝、そのホステスたちは購入した品を現金に換える。10%を下らない「処理賃」をとられるが、それは中国のブランド品の売上げを押し上げるだけでなく、女性と顧客の間との違法な現金のやりとりを「なかった」ことにしてくれる。

ブランド経営者のマーケティング戦略どおりに事は進んでいる。

今日、高級ブランドは民主化された。誰でも、どこでも、どんな価格帯でも高級ブランド品を手に入れられる。２００４年、高級ブランド市場全体の41%は日本で売り上げられた。米国では17%、ヨーロッパでは16%を占めた。もちろん、インド、ロシア、中東、そして言うまでもなく新興の黄金郷《エルドラド》である中国では、高級ブランド市場が拡大を続けている。

中国では、西安のような開発が遅れた地方がある一方で、新興成金階層が恐ろしいほどのスピードで台頭してきている。２００４年春に私が中国を訪れたとき、高級ブランド各社は、中国市場はまだ未成熟で将来を見越した投資である、と考えていた。1年半後、中国は高級ブランド品売上げの12%を占めるまでに成長した——しかもこの数字は今後も急速に伸びていくと予測されている。高級ブランド企業は北京や上海だけでなく、発展を続ける第2、第3の都市である杭州、重慶、そして西安にさえも出店している。２０１１年までに中国は世界でもっとも重要な高級ブランド市場になると見られているのだ。

　かくして高級ブランドを仕切る大物実業家たちは巨大な富を築いた。パリに拠点を置く高級ブランドのグループ企業、ＬＶＭＨ（モエ ヘネシー・ルイ ヴィトン）を率いる社長兼ＣＥＯ、ベルナール・アルノーはそのなかでも最大の成功者である。２００６年、『フォーブス』は彼を世界で7番目の金持ちとして取り上げ、その純資産は２１０億ドル以上であるとした。ＬＶＭＨの他の株式保有者たちも相当の資産を築いている。アルノーが１９９０年にＬＶＭＨの指揮をとるようになったとき、その売上高は約36億５０００万ドルで、純益は６億２１００万ドルだった。２００５年、ＬＶＭＨの売上高は１７３億２０００万ドルに達し、純益は17億９０００万ドルとなった。

「創造力を儲けに変えるという考え方が私は気に入っている」アルノーはかつて言った。「それこそ、私がいちばんやりたいことですよ」

　高級ブランド産業は人々の服装を変えた。我々の経済的階層も再構築した。そればかりか、我々の人間関係のあり方まで変質させた。いまやそれは、我々の社会の一要素になっている。

　だがその反面、利潤という目標を貪欲《どんよく》に達成したがゆえに、高級ブランドはかつての清廉潔白《せいれんけっぱく》さを失い、品質はむしばまれ、歴史的価値は低下し、あげくのはてには消費者をだますまでになった。高級ブランドを「民主化」、すなわち、大衆の手に容易に届くものにしたために、経営を担う大物実業家たちは、かつて高級ブランドを包んでいた〝特別な輝き〟をはぎとった。

　そう、高級ブランドはその輝きを失ったのである。

堕落する高級ブランド◉目次

第3章 グローバル化へと突き進む

第2部 スターと高級ブランドの甘辛い関係

第4章

第5章　成功の甘い香り

第6章　大切なものはバッグのなかにある

堕落する高級ブランド

第1部

第1章

誕生
そして変貌

「高級品は必要性がなくなったところから始まる必需品よ」
——ココ・シャネル

マーク・ジェイコブスによるルイ・ヴィトン 2007/08 秋冬コレクションより。服以上にヴィトンのモノグラムのついた大ぶりのバッグが主役だ（AP Images）

クリエイター、マーク・ジェイコブスの発言は、現在の高級ファッション界でもっとも影響力がある。世界最大の高級ブランド企業であるルイ・ヴィトンのクリエイティヴ・ディレクターとして、ジェイコブスはアトリエを統括し、ヴィトンの古典的なモノグラムのバッグを豪華でウィットに富んだデザインにして――たとえばデニム地にジャカードでモノグラムを織り込み、チンチラの毛皮でトリミングするなど――過去10年間に何百万個も売ってきた。

それでもジェイコブスは、ヴィトンでやっていることは今日一般に考えられている高級の対極にある、と思っている。「高級を測るぼくの物差しは、使う素材やゴールドの重さじゃないんだ」とジェイコブスはパリのオフィスでタバコに火をつけ、愛犬をはべらせながら私に言った。「そういう物差しはもう古い。ぼくにとって高級とは、他人のために着飾るものじゃなくて、自分を満足させるためのものなんだよ」

彼の言う「自分の欲望を満足させること」と、派手な消費との間にある矛盾は、現代の高級ブランドビジネスを考える上での鍵《かぎ》だ。ブランドの歴史が現代の現実に収斂《しゅうれん》したための矛盾といっていい。

ルイ・ヴィトンは高級ブランドの象徴的存在だ。全面がＬとＶが絡み合ったロゴで覆われたスーツケースやバッグは、それを持つ人が上質の職人技を評価できる眼識があり、高額な価格を支払える経済力があり、ほかのルイ・ヴィトンの顧客と同じ階級――つまりファーストクラスの乗客――だろうと推測させる。昔はたしかにその推測はあたっていた。ルイ・ヴィトンは王族、上流階級のご婦人方や実業界の重鎮が持つものであり、知名度も富も備えている人物のための鞄だった。

しかし、今日ではヴィトンを持つ人の経済階層は実に幅広く、製品も１２０ドルの札クリップから何万ドルもするトランクまで、ピンからキリまである。ルイ・ヴィトンは、ファッションビジネスの経営陣が言う「民主的高級ブランド」の典型だ。ヴィトンは巨大企業で、経営は順風満帆で、誰も本当に必要とはしていないものを法外な価格で売っている。「(ルイ・ヴィトンを) じっくり観察すれば、それが大量生産の高級ブランドだとわかるだろう」とジェイコブスは言った。「ヴィトンはステータスシンボルなんだ。だからロゴを隠しちゃいけない。むしろ見せびらかすのさ」

ルイ・ヴィトンは、フランスの大物実業家ベルナール・アルノーが指揮をとるＬＶＭＨ（モエ ヘネシー・ルイ ヴィトン）という名称の複合企業の基幹ブランドである。２００５年、ＬＶＭＨにはモエ・エ・シャンドン、ジヴァンシー、タグ・ホイヤーなど50以上のブランドがあり、従業員数は５万９０００人、総計１７００店舗を展開し、売上高は１８１億ドル、純益は35億ドルにのぼる。基幹ブランド、ルイ・ヴィトンの年間売上高は推計37億２０００万ドル、グループ全体のほぼ５分の１を占める。

ヴィトンは高級ブランド業界におけるマクドナルドだ。業界を先頭切って引っ張るリーダー的企業であり、莫大な売上げを誇り、世界各地の集客力のある観光地のほぼすべてに出店していて――たいていマクドナルドがすぐ近くにある――ＬＶのロゴは黄色いＭの文字と同じくらい高い認知度を誇る。「高級ブランドはあらゆる年齢層、人種、地域を超えて普及しています」とはＬＶＭＨ経営陣の１人、ダニエル・ピエットが１９９７年に『フォーブス』に語った言葉だ。「我々は高級ブランド市場の照準を、富裕層に限定することなく、はるかに大規模に拡大したのです」

ルイ・ヴィトン誕生

ルイ・ヴィトンの真髄《しんずい》はトランクにある。19世紀半ばに創業者のルイ・ヴィトンが自分で商売を始めた当時、今日のキャスター付きスーツケースと同様、トランクは旅行の必需品だった。旅行期間は数ヵ月に及び、旅行者はペチコートから食器まであらゆるものを詰め込んだトランクを、多いときには50個も引っ張っていった。

今日、ルイ・ヴィトンは年間約500個のトランクを製造しているが、そのトランクが旅行に使われることは今やめったにない。仮に旅行用にしても——たいていは懐古趣味から持っていくだけだが——目的地や乗る船に先に宅配便で送るか、プライベートジェット機に積み込む。アンティークも新品も、アートとして、もしくは自宅で棚やコーヒーテーブルやバーがわりに飾っておくのがルイ・ヴィトンのトランクの使い方だ。

ルイ・ヴィトンのトランクは今でも、パリ郊外の労働者階級の居住地域、アニエール・シュル・セーヌにあるルイ・ヴィトン総合社屋内で、150年前とほとんど変わらない方法でつくられている。1859年、創業者のルイ・ヴィトンは当時の薄汚れたパリの街から家族とともにそこに引っ越し、作業所と本社と自宅を置いた。築100年以上の2階建ての作業所では、現在220人の職人が年間数百個のトランクと数千個のバッグをつくっている。ヴィトン社が公式に自社のレザー製品の生産場所としているのは、ここを含めてフランスに11ヵ所、スペインに2ヵ所、カリフォルニア州サンディマスに1ヵ所の、世界中で合計14ヵ所だ。

今日ヴィトンのいちばん人気商品のスティーマーバッグは、もともと1901年に蒸気船の旅客が洗濯ものを入れておくためにつくられたもので、現在も手作業で製造されている。スティーマーバッグや、クロコダイル、オストリッチといった希少な皮革でつくられるバッグや特別注文商品は、流れ作業ではなく、1人の職人が全工程をすべて担当するやり方でつくられる。年間450~500個の特別生産品以外のヴィトン製品は、部品ごとにつくられる流れ作業でつくられており、大半が機械生産だ。

私が訪れたとき、デニム地にLVのロゴが入ったプリーティーのハンドバッグが何百個もつくられていた。バッグは1個1150ドルで販売されるが、あまりにすごい人気で、注文から入手までに数週間かかるそうだ。

「利益率の高さの秘密は……アトリエに、つまり生産現場にある」とベルナール・アルノーはかつて説明したことがある。

「(アトリエにおける)生産工程を高度に組織化することにより、信じられないほど高い生産性を誇っている。アトリエは熟練した技術と精密さが結集された場所だ。(職人たちの)ひとつひとつの動作、各商品の生産工程が、最先端の完璧に工業化されたテクノロジーに沿って厳密に計画されている。最新設備のもとで生産される自動車に匹敵する生産工程といっていい。我々は製品のパーツごとの製造方法、部品の供給者、また最高品質の皮革を最適価格で提供する供給者と、その加工法を吟味している。財布ひとつをとっても１００の生産工程があり、すべての工程のプランを立てて実行している」

今日ルイ・ヴィトン社で働くヴィトン家の一族は3人。創業者から5代目のパトリック-ルイは、特別注文部門の統括責任者で、ブランドの大使的役割も果たす。彼のいちばん下の息子であるブノワ-ルイはパリの本社で特別注文検査マネジャーをつとめる。

いちばん年長の息子のピエール-ルイはアニエールで職人として働いている。２００６年春、アニエールを訪れた私は偶然彼と会った。ピエール-ルイは人のよさそうな若者で、シャツとジーンズの上に白い作業着をはおっていた。コンピュータの会社で短期間働いていたとき、地方のヴィトン社の工場を訪問して、優れた職人技術に感動したため、ベルナール・アルノーにここで働きたいと頼んだのだそうだ。アルノーの返事は「もちろんいいですよ」だった。

「私はこの会社を愛しているんですよ」ピエール-ルイは私に言った。

「私の血のなかに流れているものがありますからね」

そういって彼は仕事に戻った。

ヴィトンの歴史

高級ブランドの起源はヨーロッパの王室にさかのぼる——その中心は、ぜいたくな暮らしをきわめたフランス王室だった。17世紀にフランス王アンリ4世の2人目の妻となったマリー・ド・メディシスは子どもの洗礼式に3万2000個の真珠と3000個のダイアモンドを縫いつけたガウンをはおった。ルイ14世はサテン地のスーツにヴェルヴェットのサッシュを締め、フリルがついたブラウスにハイヒールを履き、かつらの上からオストリッチの羽をつけた帽子をかぶった。宮廷人への支配力を維持するために、彼らが着ていいもの、いつ何を着るか、どう着こなすかまで指示した。王を喜ばすために、宮廷の女性たちは高く結いあげたかつらをかぶったので、召使いはセットするために梯子《はしご》にのらなくてはならないほどだった。

ルイ15世の愛人だったポンパドゥール夫人は、ぜいたくな嗜好品《しこう》をつくる職人たちを保護・支援し、ヴェルサイユ宮殿に納める王室御用達の磁器の産地としてセーヴルを発掘した。ルイ16世の妻のマリー・アントワネット王妃はサファイア、ダイアモンドや金銀で飾りたてたガウンを何枚もつくって、年間の服飾予算360万ドルを大幅に超過させた。だが、傍で観察している人々によれば、その金額に見合った価値があったようだ。「(王妃は) あまりにも気高く美しく、私のつたないペンではとても描写できない。王妃のドレスは芸術と富を結晶させた最高傑作である」と1770年代後半にフランスに外交交渉でやってきた後の米国第2代大統領、ジョン・アダムズは書いている。

ナポレオンの妻、ジョゼフィーヌ皇妃は1803年、500万エーカーのルイジアナ州を米国に売却して得た1500万ドルの半分を、10年間に衣装費として使った。「フランスのファッションはペルーにおけるスペインの金鉱に相当するものでなくてはならない」と、ルイ14世の財務総監、ジャン＝バプティスト・コルベールは言った。今日まで活動している、高級ブランドの保護と宣伝のために設立されたコルベール委員会は彼の名前から名づけられたものだ。

ルイ・ヴィトンがひとりの職人の名前から世界一有名な旅行鞄のブランドにまでなった背景には、19世紀のそんな貴族社会がある。ルイ・ヴィトンは１８２１年、フランス東部アルプス山脈のふもとで、農業と製粉業を営む家庭に生まれた。13歳のとき、出世のチャンスが転がっている街、パリに徒歩で向かった。約４７０キロの旅には2年かかり、道中ルイは厩舎や食堂で働いて路銀を稼いだ。やっとたどりついたパリは人口１００万の活気のある都会で、まばゆい宮殿と汚いスラムが共存する街だった。「ここには最高のぜいたくと最低の汚物が、最高の美徳と最低の悪徳が共存しています」と書いた、ピアニストのフレデリック・ショパンの書簡を『ルイ・ヴィトン：近代的高級ブランドの誕生』（"Louis Vuitton : The Birth of Modern Luxury"）でポール＝ジェラール・パゾルスが紹介している。

サントノレ通りと7月29日通りの角にあった、マレシャルというトランク製造業の親方のもとでヴィトンは丁稚奉公した。今日その場所にはおしゃれなブティック、コレットがある。１８５４年、ルイは独立して自分の店をヌーヴ・デ・キャプシーヌ通り（現在のキャプシーヌ通り）に開業し、トランクの基本のデザインをつくり直す仕事を始めた。上部が円蓋《えんがい》状にふくらんでいた伝統的な形を平面に変え（馬車に積み重ねやすくするため）、型崩れ・ひび割れしやすい皮革に代えて、軽いポプラ材の上に撥水《はっすい》加工したグレイのコットンキャンバス地を張った。ドーヴ・グレイという色のこのトランクを、ルイ・ヴィトンはヴェルサイユのトリアノン宮殿にちなんで「グリ・トリアノン」と命名する。

１８００年代半ば、貴族階級の女性たちはクリノリン、後にバッスルというペチコートでスカートを巨大にふくらませ、レースや刺繍で豪華に飾り立てた服を一日に何度も着替える生活をしていた。そのスタイルをつくり出したのは「高級注文服の父」と呼ばれる、英国人のチャールズ・フレデリック・ワースだ。

当時の同業者のように注文が来てからドレスをつくるのではなく、ワースはシーズンごとにコレクションを製作し、顧客がそこから選べる方式にした。ファッションショー形式でコレクションを発表したのも、デザイナー名を入れたラベルをドレスにつけるアイデアも彼が最初に実行した。

高級ファッションの流行を決めるデザイナー第1号も彼だ。次のスタイルはこれだと彼が宣言し、人々が従った。「女性は彼のドレスを着るために土下座も辞さない」と、その時代の歴史学者、イポリート・テーヌは書いている。

「愛想が悪く、神経質で、小柄な彼は、女性たちをよそよそしく迎え、タバコをくわえて長椅子にふんぞり返って座った。『歩いて！　まわって！　よし、それじゃ1週間後にあなたに似合う衣装を考えておきましょう』と唸り声で言った。デザインを選ぶのは彼であって、注文する彼女たちではない。女性たちは彼にいいようにあしらわれることにただ満足するばかりで、それどころか彼の指示を必要とさえしている」

ワースのドレスを仕立てるためには15ヤード（13・7メートル）もの服地が必要で――フロス・シルク、手描きプリントのシフォンやラメ加工したガーゼなど手の込んだものばかりだ――しかも300～400時間もかけて刺繍をほどこした。ボタンにいたるまで1個につき3時間から10時間もかけて刺繍させた。彼のドレスはたいへんな人気で、30人のお針子を雇っていたが、それでも1人の客のドレスが完成するまでにフルタイムで働いて1年かかった。破格の値段も彼の虚栄心も、伝説になるほどだった。ワースは自分がドラクロアに匹敵する「偉大な芸術家」だと考えていた。自分の技術にケチをつける顧客にはさんざん嫌味をいって追い払い、臆面もなく貴族におもねってその注文を最優先した。

ドゥ・ラ・ペ通りに店を構えていたワースとルイ・ヴィトンは知り合いだった。

当時のトランク製造業者は、トランクをつくるだけでなく荷造りと荷ほどきもやっていた。ワースがつくる繊細なドレスやその装飾を損なわないよう荷造りする技術が群を抜いていたため、スペイン生まれでぜいたくを愛したナポレオン３世の妻、ユージェニー皇妃お抱えの荷造り兼トランク製造業者となった。ユージェニー皇妃御用達の業者となることは、社会的にも絶対的な信頼を得たことを意味した。

商売が大繁盛したルイ・ヴィトンは、１８５９年に店を拡張する必要に迫られ、アニエールに広い土地を購入して本拠を移転した。現在そこにはルイ・ヴィトン・ミュージアム・オブ・トラベルがあり、予約制で見学できる。ミュージアムでは、ヴィトンの発展ばかりでなく、高級ブランド製品の近代史がたどれる。

初代のトランクは当時画期的デザインだったグリ・トリアノンで、そのデザインが競合相手にコピーされるとルイ・ヴィトンは新たに赤とベージュのストライプのキャンバス地のデザインを導入した。後にそれは茶とベージュのストライプに替わり、この２色が現在でもルイ・ヴィトンを代表する色となっている。今日ダミエと呼ばれる茶とベージュの有名なチェッカーボード柄は、ルイの息子のジョルジュが１８８８年、31歳のときにデザインしたものだ。「商標登録ルイ・ヴィトン」の文字が内部の２～３ヵ所に白字で入れられ、高級ブランドとしての一歩を踏み出したことを示している。次のデザインはＬとＶの文字を組み合わせたモノグラム、ダイアモンドと星と花をかたどった柄が点在したデザインで、１８９６年にジョルジュが考案し、１９０５年に偽物対策のために商標登録された。ジョルジュがこの図案のヒントをどこから得たか、正確なところは誰も知らないが、花柄は19世紀後半に流行ったジャポニスムから来たものだと信じられている。

19世紀末までに世界中の国々で起こった社会革命・流血革命によって、王制はより平等な、もしくは民主的な社会制度に取って代わられ、産業革命によって発明家や起業家が王と同じ富豪となった。富を築いたブルジョワ層は貴族のライフスタイルと趣味を取り入れた。

米国の経済学者、ソースタイン・ヴェブレンは有名な論文『有閑階級の理論』（1899年）で、富裕層は消費によって自らの社会的地位を確立すると論じた。米国の産業革命を担ったカーネギー家、フォード家、ヴァンダービルト家、ロックフェラー家、グッゲンハイム家、モーガン家、ハースト家といった富豪はいずれもとてつもない豪邸を建て、ヨーロッパのアンティークで邸宅内を飾り、高級ブランド品を買いあさった。ヨーロッパでは王族の大半は国の支配権を失ったが、ぜいたくなライフスタイルへの願望は米国富裕層にひけをとらなかった。貴族たちは以前と変わらぬ派手な暮らしぶりで、新興のブルジョワ層は使用人から装飾品まですべてそろえたマナハウスからヴィトンの旅行鞄のセットにいたるまで、王族たちと同じ生活様式を取り入れようと惜しみなくカネを使った。

彼らの注文に応えるために、ジョルジュ・ヴィトンはアニエールの作業所の2階を建て増した。ニースに店舗を開き、パリの店をオペラ座近くよりはるかに高級なシャンゼリゼ通りに移転し、米国市場への流通経路を開拓した。まもなくヴィトンは、メアリー・ピックフォード、マレーネ・ディートリッヒ、リリアン・ギッシュ、ジンジャー・ロジャースやケイリー・グラントといったハリウッド・スターたち御用達の鞄となった。ミュージアムの所蔵品のなかには、ダグラス・フェアバンクスが1925年に注文したかっこいいローマ・スーツケースがある。外側に天然牛革、内側に豚革を張った鞄だ。

高級ぜいたく品の、たぶん最後の黄金期だった活気ある時代で、ヴィトンのコレクションにある歌手のマルト・シュナルが使用したクロコダイルを使った化粧ケースや、1932年にデザインされて大人気だった紐付きのノエ・バッグ（シャンパンボトルが5本入る）からは、当時の華やいだ洗練された雰囲気が伝わってくるだろう。「その当時、家具つきの家とは、生活用品もすべてそろっていることを意味していた」と『ディートリッヒ』（邦訳は新潮社）で娘のマリア・ライヴァは１９３０年にロサンゼルスで母親が借りた邸宅について書いている。

「我が家の物品目録には50人分のディナー用の食器がフルで8セット、ランチ用とティーサービス用が6セット、すべてボーンチャイナでそろえてあり、さらにクリスタルのゴブレットは何十個もあると書かれていた。またリネン類もバッキンガム宮殿に劣らないほど十分に用意されていた。その上ディナー用には14金のカトラリー（ナイフ、フォーク類）が、ランチ使用にはスターリング・シルヴァーがあるのも自慢だった」

　１９２０年代、フランスの高級ファッションビジネスで働く雇用者は驚くことに30万人を超え、裁断師、仮縫い師、お針子、刺繍師、毛皮加工業者、靴製造業者、織物業者、紡績業者、婦人帽子製造業者とその業種も幅広かった。高い評価を得ていた刺繍師のアルベルト・ルサージュがパリのオートクチュール（高級注文仕立て服）のメゾン（パリ・オートクチュール協会の加盟店）のひとつ、ヴィオネに１９２０年代の5年間でおさめた刺繍は１５００点にのぼり、いずれも精巧な凝った仕上がりである。１９３０年代にルサージュはムラノ・ガラスでひとつひとつ花を手づくりしてドレスの装飾に使ったし、エルザ・スキャパレリは半貴石をゴールドの台にはめたものをガウンに散らした。シャネルのアトリエでは社交界の名士たちのために、まばゆく光るガウンを何百枚もつくった。『ヴォーグ』の名物編集長だったダイアナ・ヴリーランドは、そんな1枚をオーダーしたことを思い出す。

「シルバーのラメに真珠を縫いつけたキルト地でつくられた、大きくふくらんだスカートは、驚くほど重量があった。ボレロは全面に真珠と小粒のダイアモンドが縫いつけられたレース地でできていた。ボレロの下に着るのは、リネンのレース地のこれまで見たこともないほどきれいなシャツだ。私が持っていたなかで、いちばん美しいドレスだと思う」

戦後の輝きクリスチャン・ディオール

そんなすべてが第2次世界大戦で一変した。ドイツ軍が1940年にパリに侵攻したとき、多くの高級ブランド店やオートクチュールのメゾン（シャネルも含む）が閉店した。パリ占領中、ドイツ軍はパリ・オートクチュール協会の本部を襲い、マダム・グレやバレンシャガなどのメゾンを閉鎖し、14度にわたって業界をつぶそうとした。ベルリンとウィーンにメゾンを移転させ、パリに代えてこの2都市をヨーロッパの中心にしようと計画したのである。パリ・オートクチュール協会の会長をつとめていたルシアン・ルロンと同業者たちはそんな計画を鼻であしらった。「好きなように何でも押しつけたらいい」ルロンは言い放った。「だがパリのオートクチュールはここを動かない。パリにとどまるか、さもなければ存在しないかだ」

一方、経営を存続させるために、高級ブランドやオートクチュールのメゾンはドイツ軍将校や協力者の妻たちに製品を売った。ヴィトンもその1軒だ。一族の歴史にはそれについての記述がない。ステファニー・ボンヴィチーニが『ルイ・ヴィトン：あるフランスの一族』（"Louis Vuitton:Une saga française"）で書くまで、それにふれられたことはなかった。

ヴィトン家の一族も四散した。ジョルジュの孫息子のクロード＝ルイは1944年に第2機甲師団に入隊し、ドイツ軍と戦った。孫娘のデニーズ・ヴィトンの夫、ジャン・オリアストロは強制収容所に送られて生き延びた。いとこの1人、ルネ・ジンペルはアート・ディーラーとして尊敬を集めていたが、1945年1月、強制移送される途上で亡くなった。しかし彼らの父、ガストン＝ルイは政治的にも商売の上でも、親ドイツの傀儡政権だったヴィシー政府のトップ、フィリップ・ペタン将軍側につき、長男のアンリ-ルイに、ヴィトンを存続させるためにはペタン体制につくさねばならないと諭した。会社はヴィシーの高級ホテル、オテル・デュ・パルクの1階に並ぶ高級ブランド店の1軒としてヴァンクリーフ&アーペルなどとともに出店した。ヴィトンを除いたパリの他の高級ブランド店はすべてドイツ軍によって閉店させられた。しかしヴィトンは、ペタン将軍の胸像25体を含むプロパガンダ用の製品をつくるための工場まで開業した。

戦争が終結したとき、高級ブランドビジネスが再開して軌道に乗るまでにしばらく時間がかかった。原材料が乏しく、帰ってこない職人たちも多かった。戦時中一時閉鎖していた大半のメゾンは業務を再開し、ピエール・バルマン、ジヴァンシー、クリスチャン・ディオールといった新たな名前が加わった。

ディオールは1947年、ニュールックを引っさげて、再開したオートクチュールに打って出た。「(ドイツ軍占領中の)スタイルは目をおおわんばかりに醜《みにく》く、もっといいものをつくりたいという気持ちを抑えきれなかった」とディオールは言った。「豊かなバスト、くびれたウエスト、なだらかな肩を復活させ、女性たちに女らしい自然な曲線美を取り戻させた。それはエレガンスへと回帰するノスタルジックな航海だった」

フランス女優のレスリー・キャロンはその時代のことをあざやかに記憶している。映画『巴里のアメリカ人』で成功をつかんだ初々しい21歳のキャロンは、1953年、以前にバレエの指導者だったローラン・プティに付き添われてディオールを訪れた。プティが「ちゃんとした服を着なくてはだめだよ」と言ったからだ。キャロンはパリ左岸にある自宅のアパートで私のインタビューを受けてくれた。

「ちゃんとした服装は、教育、礼儀作法、しっかり食べることと同じくらい重要だったわ」

キャロンとプティは、クリスチャン・ディオールの販売主任の女性と、メゾンの本部があるモンテーニュ通りのサロンで会った。「ローランは販売主任の上流婦人をよく知っていたの。メゾンの販売員は社交界の人たちがつとめていたのよ」キャロンはいう。

「どの行事には何を着るかがよくわかっていたし、行事に参加する顧客が同じ服で鉢合わせしないように注意を払っていた。それはあってはならないことだから。彼女たちにはたいへんな権威があったわ。『いいえ、あなた様にはこういうシンプルなものはお似合いになりません』と言われたら、従わなくてはならなかった」光沢のある白のサテン地のガウンと、黒のヴェルヴェット地のドレスを選んでもらったキャロンは、以後クチュールの上客となった。

1950年代にはオートクチュールを着る女性は世界中で20万人以上いた。女性たちにとって、クチュールの服はブルジョワ階級の生活を象徴する憧れの存在だった。現在、オートクチュールの顧客は200人しかいない。スーツが2万5000ドルから、イヴニングドレスが10万ドルからという価格で、しかも着る機会は限られている。イヴァナ・トランプがかつて私に、1988年にオートクチュールのイヴニングドレスをニューヨークとパームビーチで2回着たら、同じ服を何回も着るなんて社交界では不作法だと非難され、チェコにいる母に送った、と話した。ベルリンの壁が崩壊する前の話だ。

戦後しばらく、クチュールの購入は高度な社交儀礼だった。1年に2回、ディオールはゴールドで型押しした300通の招待状を得意客、雑誌編集者、記者、小売業者とセレブに送った。1月と6月の新作のお披露目は、モンテーニュ通り30番地にある19世紀初頭に建設された「メゾン(=家)」と呼ばれるディオールのアトリエと本社がある邸宅で行われた。壁のアルコーヴにはバラ、クチナシとカーネーションが巨大な壺に活けられ、かすかに花の香りが漂う部屋に案内された招待客たちは、華奢な椅子に座る。ショーは時間きっかりに始まり、遅刻した人にいっさいの配慮はなかった。一度、ショー開始後に到着したウィンザー公爵夫人が追い返されたことさえあった。

優美な姿のモデルたちが滑るように登場し、司会者がドレスやスーツの名称と番号を読み上げると、巨大なクリスタルのシャンデリアの下でポーズをとる。米国や欧州のデパートやブティックの小売業者たちは最前列でオーダーする候補をノートに書きつけ、パリジェンヌや各国のセレブたちがときおり満足そうに頷く。ショーは３時間も続いた。今では20〜30分でも長いとされる。ショーの最後を飾るのは凝ったデザインのウェディングドレスで、フィナーレでモデルたち全員が登場すると雷鳴のような拍手と「ブラボー！」「すばらしい！」という歓声があがった。ディオール自身が顔を出すことはめったになかった。「コレクションを準備しながら緊張で縮みあがるような日を送ったあとでは、とてもショーに出る気にならなかった」という。

キャロンはショーの後の光景をこう語った。

「購入を決めたらその場に残るの。広いサロンに女性たちが散らばり、別室に案内される客もいた。そこで販売員の女性がモデルを呼んで、注文したい服をもう一度着させて見せてくれるのよ。あらゆる角度からじっくり見て、『いいわ。気に入ったんだけれど、こっちをもう少し長く、こっちを短く……』とか言うのね。それから次回の予約を決めて、今度は『キャビーン』と呼ばれる試着室で仮縫いをするの。１着のドレスにつき3回は仮縫いしたわ」

パリの客たちは「とにかくうるさかった」とディオール自身が１９５７年、『タイム』のインタビューで語っている。

「仮縫いのとき、軽業師みたいに動くんだ。立ち上がり、座り、前かがみになり、身体をくねらす。ストラップや留め金がちゃんとしていないと、すばらしい夜会にとんでもない悲劇が起こることを知っているから、前もって試しているんだよ。夫や恋人を同伴することも多いんだが、男性たちもステッチや縫い目やボタンホールをいじくりまくる。私たちはとてもいらだつけれど、どんなにささいなことでも客の不満は無視できない。自信満々でディオールの服を着ていただかないと、私たちの失敗だということになるし、ひいてはメゾンのイメージに傷がつくからね」

クチュリエ（オートクチュールのデザイナー）はしばしば自分で仮縫いをした。服はしっかりと仕立て上がり、何年にもわたって何回も着ることができた。「（クチュールは）着る人の体型に合わせ、着る人が感じる着心地のよさやいちばん美しく見えることを重視し、その人だけのためにつくられたドレスやスーツだった。着るとリラックスして、着ていることを忘れてほかのことを考える余裕が出てくる」とキャロンは言う。「長時間立ったり座ったりしても、いい気分でいられた。ディオール、マルク・ボアン、ジヴァンシー、イヴ・サンローランといったクチュリエを訪れるとまず訊かれるの。『その服で何をなさるおつもりですか？　走ったり踊ったりする必要がありますか？　ガラで長時間座るのでしたらヴェルヴェットはおすすめしません。跡がつきますからね。座席にぴったり押しつけていなくても、立ち上がったときにシワが寄ってます。あなた様にはこの丈がお似合いですよ、こちらのはお似合いにならない』今、袖がきつそうなスーツを着ている人をときどき見かけるでしょ。『あら、たいへん。二の腕の動きを考えなかったのかしら』と思うのよ」

２００６年6月にサザビーズでオークションにかけられた彼女のヴィンテージもののクチュールが載っているカタログを見せてくれた。サンローランの赤とピンクのウールツイードのスーツは、１９６５年の映画『すべてをアナタに』で着たものだ。「ほら見て。このスーツは身体のラインをきれいに見せているでしょ。身体にフィットするよう仕立てられているから」それからオレンジ色のシルク地にビーズを散らしたサンローランのガウンを着た自分の写真を指差した。１９６８年にアカデミー賞監督賞を受賞したマイク・ニコルズのプレゼンターをつとめたときの写真だ。「ブラジャーをつけないデザインだったので、つくるのがとてもむずかしかったの」と彼女は説明した。

「伸縮性のあるシルク・ジャージーの特徴を生かして縫い目がない。どんなふうにできているのかと想像力を刺激されるでしょ。クチュリエは魔法を使ったわ」

サンローランが１９６６年に発表した、ポップアート風の有名なミニドレスを着た写真も見せた。あざやかな色を幾何学的に組み合わせた、シンプルなシルエットのシフトドレスだ。その形は「波を表現していて、１着ごとにちがうのよ。この服はバスト部分にシームが入っていて、日本製シルクの裏地がつけてあるのがよかった。日本製シルク地の完璧なアンダードレスがついていたようなものだったの」

ディオールが編み出した「ライセンス商法」

クチュールのメゾンは、ニューヨークのサックス・フィフス・アヴェニューやサンフランシスコのI.マグニンといった米国のデパートに、１年間限定のコピー権でパターンを売っていた。おかげで米国の社交界の婦人たちは、パリに旅行しなくてもクチュールの新作を注文できた。服はパリのメゾンで誂《あつら》えたそのままではなかったが、かなり近かった。また米国のデパートはパリのサロンの雰囲気を再現しようと努力し、仮縫いのための広々とした試着室を客が独占して使えるようにした。中間階層をターゲットにしているアパレルメーカーはディオールにデザインの使用料（１９５７年当時で２０００ドル）とロイヤリティを支払い、ディオールのデザインの要素を取り入れたドレスやスーツを、50～60ドルの上代価格で売った。

ディオールは中間階層が将来高級ファッションの主たる市場になることを理解していて、ディオールの信条を広めてくれそうな会社にデザインだけでなく自分の名前も売った。フランス産業の復興が進まないなか、まずディオールの名前をつけたストッキングから米国生産を始めた。「私の顧客のなかには米国製のストッキングをはいている女性がいる」１９４８年に後援者のジャック・ルエは言った。「そんな女性たちにディオールの名前がついたストッキングをはいてもらうことの何が悪い？」ディオール・ブランドのストッキングの誕生は、ファッションにおけるライセンス・ビジネスの可能性を示した。

ウォルト・ディズニー・カンパニーは１９３０年代と40年代に、ミッキーマウスの本、おもちゃやグッズを製造するライセンスを外部の会社に供与し、このビジネスモデルを巨大化した。ディオールはライセンスが、コストがかからず経営責任をとる必要もなく、より広い市場に高級ブランドビジネスを展開する1つの方法だとみた。分野ごとに主要メーカーにコンタクトを取り、ディオールの名前で製品をつくる交渉をした。引き換えにディオールは売上高に応じたロイヤリティを受け取る。１９５１年までにディオールは、ハンドバッグ、紳士物シャツ、手袋、スカーフ、帽子、ニット、スポーツウェア、ランジェリーやメガネにいたるまでライセンスを供与した。

まもなく高級ファッション分野で、ライセンス・ビジネスが大流行した。クチュリエは香水メーカーに自分の名前のライセンスを売った。１９５９年、ディオールのアシスタントから独立したピエール・カルダンは、大量生産の婦人既製服のブランドにライセンスを供与するという革新的なことをやってのけた。デパートでカルダンの注文服を誂える代わりに、客はラックから「ピエール・カルダン　パリ」とラベルに書いてある服をとって買えばいいのだ。カルダンの名前は傘からタバコにいたるまでさまざまな製品につけられ、購買欲を刺激するロゴとなった。

もう1人、ディオールのアシスタントだった——後にディオールの後継者となった——イヴ・サンローランは、ライセンス・ビジネスをもう一歩進めた。１９６６年、若者層を狙って、リヴ・ゴーシュという価格帯の低い既製服のラインを導入したのだ。リヴ・ゴーシュは高級ファッション業界の構造を変えた。以前は簡単だった。クチュリエは贅を尽くした服をつくり、香水とアクセサリーを添えて売っていればよかった。それが新しい社会階層ピラミッドに対応したビジネスを展開しなくてはならなくなった。オートクチュールを誂えることができる本物の金持ちを頂点とし、同じデザイナーの既製服を購入する中間階層がいて、その下にオーデコロンやアクセサリーなら買えるという層の裾野が広がっている。ライセンス・ビジネスの出現により、裾野の層に向けた香水事業が拡大し、クチュールの売上げは急激に縮小した。

「私はクチュールを買うのをやめてしまったんだけれど、正直にいうと、時代後れになってしまったからなのよ」レスリー・キャロンは打ち明けた。「1968年にファッション雑誌から誌面の構成をしてほしいという依頼があって、引きあわせてくれたのがこれまで私が聞いたことがなかった、たとえばロンドンで若者に大人気だったビバの関係者だったりしたの。フラワーチャイルドみたいなファッションなのよ。もう帽子や手袋はおろか、ブラジャーでさえも必要なくなり、クチュールのドレスなんか着たらまったく野暮ったく見えてしまう時代になった」

クチュリエの大御所だったクリストバル・バレンシャガは、社会全体で服装が簡略化されていく傾向を憂えて、突然メゾンの閉鎖を宣言した。「カプリでモナ・ビスマルクと一緒だったとき、そのニュースを聞いた」ダイアナ・ヴリーランドは自著に書いている。「モナは3日間部屋から出てこなかった。私が思うに……それはある意味で彼女の人生の一部が終わってしまったような出来事だった」

それはまた、それまでの高級ブランドビジネスがある部分終焉したことでもあった。この時代以降、高級ブランドはお金で買える最高のものをつくればいい、という商売をしなくなった。クチュリエは気前よく名前の使用を許可する権利をばらまき、ライセンス・ビジネスの範囲は香水やメガネにはとどまらなかった。品質は落ちるばかりだった。

ヴィトンがこの時期時流に乗り遅れたことは、ミュージアムを見れば明らかだ。戦後から1980年代初めまで、展示物がほとんどない。販売担当だったアンリ＝ルイと生産担当のクロード＝ルイは革新者ではなく保守的だった。ヴィトンは高齢化した少数の顧客を相手に古臭い鞄をつくっていた。事業は低迷し、アニエールの作業所はわずかな注文をほそぼそとこなすばかりだった。1977年、会社が持っていた店舗は、パリのモルソー通りとニースの2店舗のみ。売上げはわずか1200万ドルで、純益は120万ドルだった。

ついにこの年、一族の家母長で80歳のルネ・ヴィトンは、65歳の義理の息子、アンリ・ラカミエに後継を依頼した。ラカミエは身長190センチ、気品のある整った容姿で、礼儀正しく愛想もよい人物だ。1943年、ガストン＝ルイとルネの間の3番目の娘、オディールと結婚した彼は、鉄板製造会社を興し、その分野のリーダーとなるほど優れた経営手腕を発揮していた。1976年、鉄鋼業が不振に陥ったとき、ラカミエはドイツのティッセン社に自社を売却して隠退した。しかしのんびり隠退生活を送るには精力的すぎた彼は、妻の実家の依頼を引き受けることにした。

ラカミエはヴィトン社の帳簿を見て、小売業者——大半がフランチャイズ——が最大の利益を上げていることに気づいた。当時の高級ブランド企業の大半はまだ小規模で、創造性と生産には長けていても、商売には疎い創業者一族が経営していた。高級ブランドビジネスにおいて利益をあげるには、とくに海外では出店と在庫のリスクを現地の誰かに負わせたほうがうまくいく、とされていた。パリに拠点を置くデザイナーよりも、小売業者のほうがはるかに自国の顧客のことがよくわかっているからだ。小売業者はブランドから卸値で製品を買い付け、2倍かそれ以上の価格で売ってボロ儲けしていた。

ラカミエはファッション畑出身ではない。根っからのビジネスマンだった。ビジネスマンの発想で、彼は垂直統合と呼ばれる戦略をヴィトン社で実行すると決めた。卸を切って、ヴィトンが所有し運営する直営店を開くことにしたのだ。高級ファッションブランドにとってこれは画期的な経営戦略で、競合社が15～25%だったのに対し、40%という法外な販売利益を稼いだ。現在、高級ブランドメーカーの大半はラカミエがつくったモデルを採用して直営方式をとっている。

　ラカミエはアニエールの生産増大をはかるとともに、新たな作業所を郊外に建設した。レザーに不規則な細い横縞を入れた、エピという新商品ラインを導入して人気を得た。世界的ヨットレース、アメリカスカップのスポンサーとなって、ブランドの知名度アップをはかった。そしてアジア一帯とニューヨークの57番街に店舗をつぎつぎオープンした。１９８４年、ラカミエが経営に乗り出してわずか７年後、ヴィトン社の売上げは12倍の１億４３００万ドルにのぼり、純益は２２００万ドルと18倍に伸びた。その年、ラカミエはヴィトン社をパリ株式市場とニューヨーク株式市場に上場させた。

　だが、株式公開は経営者がよりプロとして働くことを促すが、同時に乗っ取りを受けやすいリスクも負うことになる。

　１９８６年ルイ・ヴィトン社は、シャンパン・メーカーと香水メーカーのグループ企業で、傘下に香水と化粧品会社のパルファン・ジヴァンシーを持つヴーヴクリコを吸収合併した。パルファン・ジヴァンシーはジヴァンシーと提携しているが、独立した企業である。翌年の夏、ラカミエはルイ・ヴィトンとモエ・ヘネシーの合併の指揮を執り、グループ企業としてＬＶＭＨを立ち上げた。ＬＶＭＨはフランス株式市場では当時６番目の大企業となった。１９８８年、ジヴァンシーを傘下に加え――４５００万ドルという天文学的な価格で買収――創業者であるユベール・ド・ジヴァンシーには、引退したくなるまでデザイナーとしてとどまってもいいと約束した。

　経営トップの座についてから10年たつかたたないかのうちに、ラカミエは家族経営でほそぼそと商売していたルイ・ヴィトンを、売上高の大きい、しかも将来性のある株式会社へと変身させた。ラカミエは経営の安定したグループ企業と合併し、またジヴァンシーを傘下に収めてアパレル分野に進出することで、ルイ・ヴィトンに世界征服に必要な勢いと組織を与えた。高級ブランドビジネスは将来グローバル化すると予測したラカミエは、グループ傘下のブランドの棲み分けをはかり、それぞれが拡大していくことによる相乗効果を狙った。高級ファッションビジネスを個人や家族で経営する事業から、収支決算に焦点を合わせる会社経営の事業へと変えながら、ブランドのもつ伝統や高いクオリティといった価値は維持していこうとした。

だが、ラカミエはひとつまちがった行動に出た。ルイ・ヴィトンにもグループ傘下のブランドにもなんら感情的な思い入れがなく、失うものがないために恐れを知らない野心家である、一族以外の人間に助けをあおいだことだ。それが高級ブランドの進む方向を決定的に変えてしまうことになる。

第1部

第2章

グループの精神

「戦争は人を殺すが、ぜいたくは人間性をも破壊する。肉体も精神も一時に崩壊させてしまう」

——ジョン・クラウン（17世紀英国の脚本家）

妻エレーヌ・メルシエ（左）、女優のシャーリーズ・セロンに囲まれたLVMHグループの総帥、ベルナール・アルノー（AP Images）

1999年2月の寒い早朝、私は『ニューズウィーク』の取材で、LVMH社長兼CEO、ベルナール・アルノーにインタビューした。傘下に何十ものブランドを抱え、年間百億ドルも売り上げる高級ブランド業界の巨人、LVMHグループをたばねる人物だ。

アルノーはそのころ、フィレンツェに本社を置くレザー・メーカー、グッチの敵対的買収をはかっている最中だった。グッチは、当時CEOだったドメニコ・デ・ソーレとクリエイティヴ・ディレクターのトム・フォードに率いられ、5年前に倒産寸前だったところから、もっとも成功している高級ブランドのひとつとなるまでに立て直された。アルノーはそのグッチをLVMH傘下に収めたがっており、私はその理由を早朝のインタビューで訊くことになっていた。

アルノーは流暢《りゅうちょう》な英語を操るが、私との会話はフランス語で、口調は控え目だった。声はよく響くテノールで、人をあやしいまでに心地よくさせる。その声と優雅な物腰に私はセオドア・ルーズヴェルトの格言を思い出した。「口調はやさしく、手には棍棒を握れ」。ベルナール・アルノーは過去10年間に何度となく棍棒をふるって敵対する高級ブランドを降服させてきた。高級ブランド市場は今や彼の独擅場で、彼の定めた新しいルールによって闘われている。

アルノーに導かれるままに、高級ブランドは〝企業化〟した。主要ブランドの大半は、いまや創業者一族の手を離れ、高級ブランドについてほとんど何も知らないがビジネスに関しては海千山千の人間たちが経営の中枢を担っている。

過去30年間、高級ブランドにおける最大の変化は、収益のみを重視するようになったことだ。かつて高級ブランドがまだ家族経営だったころ、オーナーは「収益を上げること」以上に、「最高品質の製品を生産すること」を目標にしていた。しかし大物実業家たちが高級ブランドを仕切るようになると、ブランドの目標は「高級ブランド教団」と私が名づけた現象を消費者たちの間に引き起こした。

今日では高級ブランド品はベースボール・カードのように収集され、芸術作品のように飾られ、偶像のようにあがめられるものとなっている。アルノーをはじめとする大物実業家たちは、ブランドの焦点を製品そのものより、製品が象徴するものへ変えた。そして、それを達成するためにブランドの歴史を強調し、注目の若手デザイナーを雇って時代の先端を感じさせるセクシーなファッションに替え、名称を簡略化してブランド名を消費者の脳裏に刻みつけ（クリスチャン・ディオールはディオールに、バーバリーは最後の「ス」をとった）、ハンドバッグからビキニまでロゴをあらゆるところにつけまくり、メディアを総動員して広告を打ち、アルノーが好んで言うような、ブランドの「時代を超越した魅力」を打ち出していった。

ピアニストで、ブロンド美女の2番目の妻、エレーヌ・メルシエをともなって傘下ブランドのファッションショーに出席するなど、アルノー自身もブランドの威信を高めるために一役買っている。夫妻は運転手つきのセダンでショー会場に乗りつけ、ボディガードに守られながら最前列の特等席へと案内される。２人はベルナデット・シラク（フランス前大統領夫人）や女優のシャロン・ストーンといった有名人を自分たちの左右に侍《はべ》らせてショーを謁見する。写真撮影のためにポーズをとり、ファッション雑誌の編集者や新聞記者たちとショーが始まるまで言葉を交わす。ほかの高級ブランド企業のＣＥＯたちの多くは傘下のブランドのファッションショーには顔を見せないし、たとえ出席したとしても、うしろのほうで目立たないように座っているだけだ。

そういった派手な宣伝を展開することによって、「製品に夢が生まれる」とアルノーは私に言った。「ブランド品にはこれまでにない新しさと個性があり、購買欲をそそるものになっている。どうしても買わなくてはならないという気になるし、実際買わずにはいられないでしょう。ブランド品を持たなければ時代に取り残されるのです」

フランスの資本主義者

ベルナール・ジャン・エティエンヌ・アルノーは1949年3月5日、ベルギーとの国境に近い工業地帯の町、ルーベーで生まれた。アルノーの母、マリー・ジョーはピアニストだった。幼いころからアルノーはピアノを始め、将来を期待されるほどの才能を見せたが、職業にするまでにはいたらなかった。

「ピアニストになるにはスーパーな才能に恵まれていなくてはならないが、私はそうではなかった」と彼はいう。その代わりにアルノーはフランスの産業界・政界のエリートを育成する高等専門教育機関《グランゼコール》、エコール・ポリテクニークに進み、工学で学位を取得した。卒業するとフェレ・サヴィネル社という一族が所有する企業に就職し、1973年、ルーベーの有力企業一族出身のアンヌ・ドゥワヴランと結婚した。

アルノーは経営でも秘密主義を通した。27歳でフェレ・サヴィネル社の建築部門をロスチャイルドのソシエテ・ナシオナル・ドゥ・コンストリュクシオンに売却し、4000万フランという巨額を得たときも、取引が成立してから父親に報告したほどだ。父のジャン・アルノーは経営から手を引き、ベルナール・アルノーがフェレ・サヴィネル社を引き継いだ。経営トップとなって5年以内に、社の不動産開発部門であるフェリネルは、別荘に特化した個人向け住宅デベロッパーとしてフランスのトップ企業に躍り出た。

1981年、フランソワ・ミッテランが国民投票によって選ばれた初の社会主義政権のフランス大統領となり、銀行と主要産業をすぐさま国営化した。新しい社会主義的な経済政策に、アルノーのような保守派の実業家は神経をとがらせた。アルノーは妻と幼い2人の子どもとともに米国に渡り、ニューヨークに豪邸を購入して、子どもたちを一流校に入れ、フロリダに別荘を建てる事業を始めてまずまずの成功を収めた。数年後、フランスの政権が社会主義的な経済政策をゆるめたので、アルノーはフランスへの帰国を決める。だが、彼には再び不動産デベロッパーとして事業展開するつもりはなかった。そこで、フランスで彼のコンサルタントをつとめるピエール・ゴデに電話し、買収できそうな会社を見つけてくれと指示を出した。

ピエール・ゴデも北部の都市、リール出身で、フェレ・サヴィネル社でアルノーの父の弁護士をつとめていた。ゴデはアルノーの懐刀《ふところがたな》だ。両者は絶対的な信頼で結ばれている。ゴデは悪い情報もアルノーの耳に入れ、苦境をすばやく打開するために力を惜しまない。

１９８４年7月、ゴデはニューヨークにいたアルノーに電話して、買収候補を提示した。

「ブサックはどうだ？」

テキスタイル・メーカーとして一大帝国を築いたブサック社は、フランス史上2番目の規模で倒産し、ソシエテ・フォンシエールとフィナンシエール・アガシュ・ウィロという持株会社の下に置かれていた。その株は紙くず同然だった。だが掃きだめのなかにひと粒宝石が交じっていた。クリスチャン・ディオールだ。マルセル・ブサックはクリスチャン・ディオールが１９４６年にメゾンを開いたときから後ろ盾となり、ブサック・グループにとってクリスチャン・ディオールは大黒柱だった（マルセルは１９８０年に亡くなっている）。１９８０年代初期、そのディオールは財政が逼迫《ひっぱく》していた。メインのブティックは赤字で、売上げの90％を他社へのライセンス供与で得ている状態だった。１９８３年、ディオール本体の売上げ・ライセンス料の合計は８５００万ドルで、純益はわずか７５０万ドルまで落ち込んでいた。

救済の望みは売却しかない。カルティエが1970年代後半に約30万ドルで買収を申し入れていた。すでにパルファン・クリスチャン・ディオールを傘下に置いていたモエ・ヘネシーも関心をもった。だがクリスチャン・ディオール単体での売却はない。フランス政府がアガシュ・ウィロ・グループを一括で買い入れるように求めていたからだ。ゴデはアルノーに、フランスに戻って競売に加わるよう説得した。アルノーは高級ブランドビジネスには素人だったが、別の方面からも買い取りをせがまれていた。妻がウィロ家の遠縁で、アルノーも社交の席でウィロ家の人たちと知り合いだった。そのような縁もあり、アルノーは法的な破産手続きを行っている裁判所を通してではなく、ウィロ家と直接取引しようと決めた。

社交界でのつながりはあったが、買収には資金力も必要だった。そこでアルノーは、フランス政府と緊密なつながりをもち、「陰の産業大臣」と呼ばれていた投資銀行のラザール・フレールを、8000万ドルともいわれる購入資金のスポンサーになるよう説得した。たぶんアルノーにとって、もっとも賢明な策だっただろう。ラザールのバックアップは、当時35歳だったアルノーの身元保証となるし、買収能力において折り紙つきであることを政府に信頼させるのにも十分だ。買収はうまくいった。1984年末に、アルノーはアガシュ・ウィロとともに、クリスチャン・ディオールの経営権を取得した。

買収後、アルノーはすぐさまフランス・ビジネス界とディオール内部に大ナタをふるい始める。1980年代まで、フランスのビジネスは紳士的ルールにのっとり、節度と礼儀を重んじるゲームだった。だが、アルノーは節度も礼儀もまったく意に介さなかった。どんな代償を支払っても自分が決めた目標は必ず達成する、というフランス実業界の新人類だったのである。コングロマリットのアガシュ・ウィロを分割して株を売却し、フランスの大物実業家たち（そしてフランス政府）に衝撃を与えた。5年以内にアルノーは8000人を解雇し、約5億ドルでアガシュ・ウィロの製造部門の資産の大半を売却して、フランスのトップクラスの富豪の1人となった。

ディオールにあっては、アルノーは自らの攻撃的姿勢でブランドの「改革」を図ろうとした。社員とは接触を持とうとせず、自分に忠実な少数の経営陣たちのアドバイスを重んじた。

アルノーが買収したとき、ディオール社は世界中で26件のライセンス契約を結び、他社が生産する製品にディオールの名前をつけて売ることに同意していたが、製品の大半はお世辞にも高級ブランドとはいえない品質だった（たとえば当時、米国で売られていた〝ディオール〟のハンドバッグは、安いレザーを使用したアジア製だった）。アルノーはこれらのライセンス生産をすべて廃止し、ヴィトンでラカミエが行ったような垂直統合方式を採用——生産、流通からマーケティングまですべて自社内でコントロールすることにした。売上げは伸び、利益も上がった。

重要なのは、アルノーがまちがいなくディオールに入れ込んでいることだった。

ある日、同僚の1人が、もしディオールに5億ドルの買い取りオファーが来たらどうするかと尋ねたとき、彼はこう言ったという。

「売りたくないね。この会社はプライスレスだ」

「奇襲制圧」で急拡大

ディオール獲得をきっかけに、アルノーはオートクチュールのメゾンを土台とした、高級ブランドばかりを集めたグループ企業の構築を夢見るようになった。モデルは当時のモエ・ヘネシーグループ（シャンパンのモエ・エ・シャンドン、コニャックのヘネシー、化粧品のパルファン・クリスチャン・ディオールを傘下に置く）だ。

その目標のためにアルノーが動き始めたのは１９８６年だった。ひそかにクリスチャン・ラクロワに会い、クチュールの老舗、ジャン・パトゥのデザイナーとして批判を浴びていた彼に、事前予告なしにパトゥを辞め、数名のアシスタントとともに「クリスチャン・ラクロワ」の名前で新しいメゾンを開くようにと説得した。ラクロワが抜けてパトゥの経営はたがが外れた（２００２年、プロクター&ギャンブル［現Ｐ&Ｇ］が創業者一族からパトゥを買い取った。今日、パトゥは１９３１年に発売した香水『ジョイ』の販売を続けているが、ラクロワが去ったあとは注文服も既製服も生産していない）。

アルノーが陰で糸を引いた、ある意味倫理に反するラクロワの独立劇は、高級ファッション界を仰天させた。そして、それがアルノー式だということはすぐに知れ渡った。こっそりと忍び寄って征服するやり方は、米国軍の「奇襲制圧」に匹敵する。もっとも、アルノーとラクロワの破廉恥《はれんち》なこの取引は、長期にわたって両者に祟《たた》った。フランスの裁判所はラクロワに対し、パトゥに与えた損害賠償金として２００万ドルを支払うように命じた。クリスチャン・ラクロワのブランドは、デザインについては高い評価を得ていたにもかかわらず、アルノーが２００５年にマイアミに本拠を置くファブリック・グループに売却するまで、一度も黒字に転ずることがなかった。

１９８７年、アルノーは再び仕掛けた。創業40年の高級婦人服・レザー製品の会社、セリーヌを創業者から買い取ろうとしたのだ。同社は家族経営の零細企業で、マダム・セリーヌ・ヴィピアナがデザインを担当し、夫のリシャールが帳簿を見ていた。会社は年間売上げがわずか２０００万ドル、収益は５００万ドルしかなかった。

ヴィピアナ夫妻は60代の後半に差しかかって引退を考え始め、息子は会社を継ぐ気がまったくなかった。１９８７年、アルノーはセリーヌの買い取りを申し入れたが、そのときの条件は、ヴィピアナ夫妻によれば「所有権はアルノーが握るが、経営は夫妻がそのまま続けてもよい」という内容だったそうだ。夫妻は同意し、アルノーに株の3分の2を売却した。だが、「株の譲渡から数ヵ月もしないうちに、自分たちはアルノーに体よく追い払われた」と夫妻は主張する。打ちのめされた夫妻は、結局、残りの全株式もアルノーに売ってしまった。

こうして3年のうちに、アルノーは「高級ブランドのグループ企業をつくる」という目標に向かって着々と事業を拡大していった。だが、本当の買収劇はここからだった。

１９８８年春、ＬＶＭＨ副会長のアンリ・ラカミエは、「ＬＶＭＨの経営に関われるかを話し合うために会いたい」とアルノーに電話をかけた――そしてこの申し出を後に悔やむことになる。当時、ラカミエはＬＶＭＨ会長のアラン・シュヴァリエと覇権を争っていて、アルノーと手を組むことで自分に有利に事を運ぼうと考えたのだ。

だが、アルノーには別の考えがあった。「あなたの味方になろう」と、いったんラカミエに信じこませたあと、アルノーはひそかにシュヴァリエに会って、自分がＬＶＭＨグループの大口株主になるべく交渉した。数ヵ月にわたるラカミエとの覇権争いのあと、シュヴァリエは疲れ切ってＬＶＭＨの会長の座を降りた。そのときまでにアルノーはＬＶＭＨの筆頭株主となり、後継者としてグループの会長におさまってしまった。ラカミエには副会長と代表取締役、およびルイ・ヴィトンブランドの会長の座を提供したが、ラカミエがそれで収まるはずがない。それから15ヵ月間、ラカミエとアルノーは取締役会で、裁判所で、マスコミで、グループの覇権をめぐって闘い、その争いは「ＬＶＭＨ事件」として有名になった。

１９９０年4月、ついに裁判所はアルノーに有利な判決を下し、77歳のラカミエはルイ・ヴィトン社とＬＶＭＨ双方の役職を辞任した。40歳のアルノーが全権を掌握し、フランスでもっとも醜い買収劇に幕が引かれた（この騒動がきっかけとなって、フランスは買収に関する法律を改正した）。

ヴィトン家は荷物をまとめて、モンテーニュ通りにあるルイ・ヴィトン本社を去り、ラカミエの妻のオディール・ヴィトンは涙を流した。

「いつか（ルイ・ヴィトンが）創業一族の手を離れる日が来るとはわかっていたわ」

余談ながら、この3ヵ月後、アルノーと最初の妻、アンヌは離婚している。

冷酷な実業家アルノー

ラカミエがルイ・ヴィトンを立て直したことはたしかだ。彼が1990年にヴィトンを去ったとき、同社の展開店舗数は125、売上げは41億6700万フラン（当時の為替レートで7億6500万ドル）まで拡大していた。

だがベルナール・アルノーがヴィトンとLVMHのすべてを掌握してから、この企業はまったく新しい段階に入った。彼の買収の動機はひとつしかない。

「高級ブランド産業は、たっぷりと利ざやを稼ぐことができる唯一の分野だ」と彼は言った。

「スターブランド」と彼が呼ぶヴィトンやジヴァンシーと、ディオールなどの「時代を超越し、モダンで、成長著しく、収益性が高い、不朽のブランド」に的を絞って、その後もグループを拡大していく。たやすく買い取れたブランドもあれば、熾烈な買収合戦を繰り広げたブランドもある。新たに獲得したどのブランドにも、アルノーは改革の余地があると見た。

ブリス、マイケル・コース、マーク・ジェイコブスという比較的若いブランドについては改革は容易だった。合理化し、LVMHの生産、流通、小売りのネットワークにそのまま組み込めばいい。だが、歴史の古いブランドについてはそう簡単にはいかない。上から下まですべてを一新する必要がある。アルノーは高級ブランドの新しいモデルを構築するための投資を惜しまなかった。そのモデルとは、ブランドの、時代を超越した価値を高め、デザインを派手にし、大々的な宣伝を打つことだ。

まず、ヴィトンに対しては、1990年に42歳の意気軒昂なフランス人実業家、イヴ・カルセルを戦略・開発を担当する部門の長として雇い入れた。数ヵ月後、カルセルはルイ・ヴィトンの会長兼CEOに昇進する。カルセルは公務員の家庭に育ち、アルノーと同じくエコール・ポリテクニークの出身だ。ドイツの企業で9年間セールスマンとして働き、1985年、フランス大手テキスタイル・グループに雇われ、従業員の整理と生産の再編を行って、低迷していた高級リネンのブランド、デカンプを黒字に転換させた。

それまでの古くさいヴィトンのイメージを一新するために、カルセルとナンバー2のジャン・マルク・ルービエは広告キャンペーンを打ち出した。カーラリーのスポンサーになり、ジャーナリストをアニエールに招待し、昔のデザインの復古版を出すなどデザインを活性化させた。1996年にはモノグラムのキャンバス地発売100周年を記念して、7人の最先端のデザイナーに広告キャンペーンの一環として、キャンバス地を使った新バッグのデザインを依頼した。アズディン・アライアはモノグラムのハンドバッグをヒョウ柄で覆った。ヴィヴィアン・ウエストウッドはお尻にのっけるファニーパックを打ち出した。

だが、アルノーはもっと強烈な何かが欲しかった。注目を集めるための最適な道は、ニューヨーク、ミラノ、パリで1年に2回開催される婦人既製服のファッションショー、「コレクション」に出展することだ。1000人以上のジャーナリストが取材し、何十社もの新聞・通信社・フォトエージェンシーがカメラマンを送りこみ、ショーの直後には大きな見出しの記事になる――それに服の写真は1年じゅう雑誌や新聞に掲載されることになる。

「いいか悪いかに関係なく、メディアに取り上げられることが重要なのです」

アルノーは私にそう言った。

「第1面に記事が出るかどうかが問題なんですよ」

アルノーはヴィトンで婦人既製服を生産したいと考え、デザイナーを見つけるよう命じた。さまざまな候補を検討した結果、アルノーが選んだのはマーク・ジェイコブスだった。

これは奇妙な選択だった。30代半ばのジェイコブスは、生粋《きっすい》のニューヨークっ子でボヘミアンである。ペリー・エリスのスポーツウェアのデザイナーをしていたジェイコブスは、グランジと呼ばれた〝ボロ着ルック〟を打ち出して、ファッション界に衝撃を与えた。グランジのコレクションでジェイコブスは米国ファッションデザイナーズ協議会から婦人服部門の年間最優秀デザイナーに選ばれ、それでペリー・エリスを解雇されている。ペリー・エリスで彼は、友人の映画監督ソフィア・コッポラや、ロックバンドのヴォーカル、キム・ゴードンのような、カネを持っているお洒落な女性たちに向けて、こぎれいでモダンで、目の玉が飛び出るほど高い服をつくっていた。そんなジェイコブスが、謹厳なブルジョワのブランド、ヴィトンで、いったい何をつくろうというのか？

実はそこがポイントだった。ジェイコブスのルイ・ヴィトンのコレクションは、今でもパリコレでもっとも注目を集め、流行と方向性を示すスタイルと評価されている。だが、服は少量しか生産されず、極端に高い価格がつけられ、ヴィトンのブティックでしか販売されない。既製服の役目は、レザーグッズを売るための広告用と、マスコミの注目を集めるためにあるように思える。注目度は非常に高いが、アナリストによれば、ヴィトンの売上げのなかで既製服の占める割合は5％に過ぎない。

ヴィトンのイメージを活性化するために、アルノーとカルセルはビジネス面からも強化した。ラカミエが経営の指揮をとっていた時代は、70％の製品が外部委託生産だった。カルセルはすべてを自社生産に切り替え、10年間に工場を5社から14社に増やした。カルセルはまた米国のフランチャイズ店を買収して自社による流通管理に切り替えた。

「工場を管理すれば、品質管理できます」とアルノーは説明する。

「そして流通を管理すれば、イメージが管理できます」

２００４年までにヴィトンは直営店を３００店舗まで拡大し、販売利益の80％を稼いでいるにちがいない、とアナリストは確信している。

ディオールの改革ははるかに情け容赦なかった。29年間つとめたマルク・ボアンをあっさり解雇し、後釜にイタリア人デザイナー、ジャンフランコ・フェレを据えた。

ユベール・ド・ジヴァンシーは43年前に自分が創業したメゾンを引退した。アルノーはジヴァンシーが苦労して選んだ後継者を無視して、英国で活躍するデザイナーのジョン・ガリアーノを選んだ。配管工の息子で、ごてごてした装飾の服と同じくらい、その派手な乱痴気騒ぎで、いつもマスコミに話題を提供する35歳のデザイナーである。１９９６年、アルノーはフェレとの契約を更新せず、ガリアーノをジヴァンシーからディオールのデザイナーへと異動させた。ジヴァンシーのデザイナーには、27歳のアレキサンダー・マックイーンに目をつけた。ずんぐりした体型も、労働者階級の強い訛りも、その粗暴な性格も高級ファッション界にはそぐわない異端児だ。だがロンドンのセントラル・セイント・マーティンズで学び、サヴィル・ローで見習い修業をするなかで、きわめて優れた才能があることが認められていた。アルノーはそこを見込んだのだ（交渉中にマックイーンは一度ならず立ち上がってアルノーに毒づいたが、最終的には仕事を引き受けた）。

経営陣を再編するときのアルノーは、まさに冷血漢である。１９９６年、パルファン・ジヴァンシーで長らく手腕をふるってきたジャン・クルティエを切って、プロクター＆ギャンブルの前取締役、アラン・ロレンツォを据え、パルファン・クリスチャン・ディオールのトップ、モーリス・ロジェールを、ユニリーバで30年間強面《こわもて》の取締役をつとめ、チーズブロ・ポンズのCEOだったパトリック・コエルに替えている。

マスコミがアルノーに「ターミネーター」というあだ名をつけたのは驚くことではない。「ヨーロッパ人として、私は米国式でやります」そうアルノーはいう。「私は現実をありのままに受けいれ、希望的観測は持ちません。常に長期的な展望をもって仕事をしています」

長い間、彼とともに働いてきた人物はもっと簡潔な言葉でこう表現した。

「(アルノーは)資本主義を受け入れたことがない国で、骨の髄まで資本主義者なんだ。だから彼のやることは人の気持ちを逆なでする」

1990年代、アルノー率いるLVMHグループの唯一の競合相手は、スイスに本拠を置き、カルティエ、ヴァンクリーフ&アーペル、ダンヒル、モンブラン、クロエを傘下に収めているコングロマリット、リシュモンだけだった。そのリシュモンを率いるのは南アフリカ出身の実業家、ヨハン・ルパートだ。

第2次世界大戦中、ヨハンの父親のアントンがヨハネスバーグに興した小さなタバコ会社が、リシュモンの始まりだ。戦後、アントンはロンドンのタバコ会社、ロスマンズとタバコ・ブランドのライセンス契約を結び、1950年代に世界市場に打って出た。1970年代にアントンはカルティエと、筆記用具のモンブランを有するアルフレッド・ダンヒルの株を取得した。カルティエはリシュモンの基幹ブランドとなり、やがて高級ブランド・グループのドル箱となった。カルティエにレ・マスト・ドゥ・カルティエという中間価格帯で時代性のあるデザインのラインを加えたことが、リシュモン全体の成長と拡大に拍車をかけた。

1985年、銀行家だったヨハン・ルパートが家族経営の会社に入り、クロエ、時計のピアジェとボーム&メルシエを傘下に収めた。1988年、高級ブランドを、タバコと鉱山という一族の事業から切り離し、ルクセンブルクとスイスに本拠を移して、新しいグループ企業のCEOになった。2002年、ヨハンはリシュモンの会長の座についた。

1990年代、リシュモンの主要な買収は2件。1999年、ヴァンクリーフ&アーペルを2億6500万ドルでヴァンクリーフ家から買い取ったのと、2002年、18億6000万ドルで3つの高級時計ブランドをボーダフォンから買収している。ヨハンはリシュモンの9・1%の株を所有し――残りの株はスイス証券取引所で売買されている――取締役会の50%の議決権を持ち、会社を経営している。そのため、四半期ごとに利益を上げなくてはならないというプレッシャーを感じることがない、そうヨハンはいう。

「我々は焦っていないんだ」

彼の戦略はうまくいっている。2005年、リシュモンの売上げは52億5000万ドルだった。カルティエが売上げではほぼ半分、経常利益ではなんと85%を占めているとアナリストは見ている。カルティエの利益の60%は時計だといわれている。

グッチをめぐる死闘

傘下のブランドが急成長し、香水とアクセサリーが飛ぶように売れ、LVMHの勢いはとどまるところを知らず、アルノーは自分が全能のような気がしていた。そのアルノーが、当時もっとも注目を集めていたブランドのひとつだったグッチの株をこっそり買い始めたのは1998年のことである。

1923年、フィレンツェで輸入物の鞄を売る小さな店からグッチはスタートした。商売は繁盛し、グッチョ・グッチは自分がデザインして工房でつくらせた製品を商品に加えた。1950～60年代には、グッチョの息子たち、アルドとロドルフォの経営手腕によって会社は繁栄した。花柄のスカーフ、竹の持ち手がついたバンブーバッグ、ローファーなどが、ジャクリーヌ・ケネディ・オナシスやグレース・ケリーといったファッションリーダーたちに愛された。

1970年代、グッチは後継ぎをめぐるお家騒動とライセンスの過剰発行に苦しむ。1980年代後半、タバコケースからスコッチまで、グッチの名前をつけた製品は2万2000以上あった。1980年代、ロドルフォの息子、マウリツィオが会社を継ぎ、イタリア生まれでハーヴァード大学卒、ワシントンのトップ法律事務所で弁護士をしていたドメニコ・デ・ソーレをグッチ・アメリカ社長兼本社の代表取締役に据えて立て直しを図った。その後、数年間にわたって、デ・ソーレは従業員を整理し、優秀な営業マンを雇い、流通システムを確立し、ライセンス事業を統括し、フランチャイズ権を買い戻した――ここでもアンリ・ラカミエの垂直統合が実践されたわけだ。

1989年、マウリツィオはバーグドルフ・グッドマンを立て直したドーン・メッロを引き抜き、クリエイティヴ・ディレクターとしてミラノでグッチのデザインを統括させた。メッロは既存の製品の大半を廃止し、新たにデザイン・チームを結成した。そのなかに27歳のトム・フォードがいた。彼は、それまでの古くさいグッチのデザインを活性化して現代的にしただけでなく、よりファッショナブルなイメージに変身させた。

グッチはスタッフ、スタイル、ビジネスプランすべてを一新したが、それだけでは十分ではなかった。中東で始まった湾岸戦争と米国の景気後退――中東地域も米国もグッチの大きな市場だ――から起こった経済不況に、マウリツィオの浪費が追い打ちをかけてグッチの業績は悪化する。1991年から1993年にかけての累積赤字は1億2000万ドルにのぼったと言われ、会社は倒産寸前まで傾いた。

そこでバーレーンに本拠を置く投資会社、インヴェストコープが1980年代後半に一族が所有していた株式を買い集め、1993年にマウリツィオが所有していた50％にあたる株を1億7000万ドルで買い取った。1年半後、マウリツィオは元妻に雇われた殺し屋に撃たれて死んだ。メッロは去り、トム・フォードがクリエイティヴ・ディレクターになって、デ・ソーレがCEOに任命された。

デ・ソーレが最初に手がけた仕事のひとつが、全グッチ製品の価格を30％引き下げ、シャネルやエルメスより低く、ルイ・ヴィトンやプラダと同レベルにしたことだ。一方、フォードはクリエイターとしての才能で大衆をグッチに引き寄せた。1995年3月、全権を握って製作した最初のコレクションで、グッチのそれまでの貴族的なイメージを一掃し、ド派手でセクシーなスタイルを前面に打ち出した。

「ヒップハングのパンツにメタリックなシャツを着せた最初のモデルをステージに送り出すとき、ぼくは震えるほどどきどきしていた。劇的に変えることになるわけだからね」

1996年、フォードは私にそう語った。

「グッチを根本的に考え直し、どうすべきかを考えなくてはならなかった。多く（の編集者や小売業者）は言ったよ。『すばらしいね。でもグッチらしくないな』」

そんな評価は関係なかった。大衆は新しいグッチを気に入った。グッチの売上げは1994年の2億6400万ドルから1996年には8億8000万ドルに跳ね上がった。

ベルナール・アルノーは、グッチがスターブランドに成長していくのを見て、喉から手が出るほど欲しくなった。1999年初め、グッチ株の34・4％（プラダが所有していた10％分を含む）を14億ドルでこっそりと買い取り、TOB（公開買い付け）に踏み切る。この動きに対し、デ・ソーレとフォードはつぎつぎと手を打って対抗した。

1999年3月19日の金曜日、闘争はクライマックスを迎える。午前8時30分、アルノーはパリ郊外のディズニーランドで経営トップを集めた会議を開いた。その後デ・ソーレとあらためて会うつもりだった。だがデ・ソーレには別の考えがあった。彼とフォードはパリで記者会見を開き、グッチ・グループを救うホワイトナイト（会社を乗っ取りから護るために救済する会社や人）として、ピノー・プランタン・ルドゥット（ＰＰＲ）を率いるフランス人資本家、フランソワ・ピノー——アルノーのライバルだ——と手を組むと発表したのである。ピノーはグッチ株の40％を29億ドル、アルノーが支払おうとしていたよりも10ドル安い１株75ドルで買った。ピノーは同時に婦人既製服と化粧品のイヴ・サンローラン・リヴ・ゴーシュを10億ドルで買収した。

アルノーはその電光石火の動きに「息を呑んだ」と語っている。家族ぐるみでつきあっていたピノーが、この取引について事前に自分に相談する配慮を持たなかったことに、とりわけ落ち込んだ。だが、ピノーはこう言って笑った。

「アルノーに電話して、『やあ、君からグッチを盗むからね』と私が言うとでも思ったのかな」

フォードはサンローランとグッチの両社のデザインを見るようになり、彼とデ・ソーレは垂直統合システムを導入してサンローランをグローバルな高級ブランドへと変身させた。ＰＰＲはほかにもバレンシャガ、ボッテガ・ヴェネタ、宝飾品のブシュロンといった老舗ブランドを傘下に収めてテコ入れをする一方、２つの新しいブランドを立ち上げるために資金を投入した。ひとつはクロエのデザイナーをやめたステラ・マッカートニーで、もうひとつがジヴァンシーを去ったアレキサンダー・マックイーンによるものだ。

だが、グッチ経営陣とＰＰＲとの蜜月も長くは続かなかった。２００４年４月、フォードとデ・ソーレは「ＰＰＲが、自分たちの裁量の自由を制限し、グループの上級経営幹部に報告するよう命じた」ことから、グッチを去った——見方を変えれば、ＰＰＲもよりグループ企業化を進めたのである。

いずれにせよ、グッチのアルノーに対する勝利は、ある意味では象徴的な出来事だった。アルノーは、自分が采配をふるっていたゲームに初めて敗れた。その敗北は苦かった。

「ベルナール・アルノーは負けることを憎んでいる」かつてアルノーの側近は私にそう言った。LVMHは突出した力を持つリーダーだった。グッチ・グループが形成された今、アルノーにはブランド、デザイナー、顧客獲得などすべてにおいて、渡り合わねばならない競合相手ができたことになる。新しいゲームがスタートし、もはやベルナール・アルノーは自分でルールを書くことができなくなった。

ブルジョワの女王――プラダ

LVMH対グッチの闘いで最大の漁夫の利を得たのがプラダだ。会長のパトリツィオ・ベルテッリはグッチ株の10％をLVMHに売却し、1億4000万ドルの利益を得て、そのカネで高級ブランドの買収に打って出た。1999年、ベルテッリはニューヨークで活躍するオーストリア人デザイナー、ヘルムート・ラングの既製服会社の株の51％を、英国の靴メーカー、チャーチ＆Co.の所有権を、そして（長年にわたってせがみ続けたおかげで）ドイツのデザイナー、ジル・サンダーの、非常に成功していた既製服会社の経営権を握った。最初の買収からたったの6ヵ月でベルテッリはそのすべてを統合し、高級ブランドの1グループを独占的に支配することになった。グループ全体を合わせると、年間10億ドル以上の売上げになる。

ミラノに置かれているプラダ本社の外観からは、この企業が世界でもっとも成功している高級ブランドのひとつで、そこがグループの重要な本拠地だとはとてもうかがえない。ヴィア・ベルガモ21番地にある本社の総合ビル前に到着すると、一瞬、タクシー運転手にまちがったところに連れてこられたのではないかと思うだろう。工場と倉庫が立ち並ぶ工業地帯のど真ん中にあり、通りは殺風景でうらぶれている。

社名も看板も何も出ていない扉を開けてなかに入ると、グレイのユニフォームを着た警備員に出迎えられる。すべてがグレイだ。警備員室も小石が敷き詰められた中庭も、それを取り囲む工場のようないくつもの建物も、駐車してある車までグレイだ。そんな場所で唯一高級ファッションでブランドらしさを感じさせるのが、警備員のプラダらしいかっちりとした仕立て（ネオファシスト的ともいえる）のユニフォームだ。そしてもうひとつは、ミラノ、ニューヨーク、ロサンゼルス、東京、シドニー、香港の現地時間を刻む壁の時計だろう。私が訪れた２００６年春には、時計のいくつかは２〜３分以上遅れていた。

何度となく雑誌の記事などで見てきたオフィスに案内された。公式には、そこはミウッチャ・プラダのオフィスとされていて、彼女のデザインのように厳格で人工的だ。壁も床もコンクリートむきだしの空間に、オレンジとイエローのイームズのプラスチック製椅子があちこちに置かれ、中央にアーティスト、カーステン・ヘラーによる「ザ・スライドＮＯ５」という名の、３階分をぶち抜いて駐車場まで下りていけるメタリックなエスカレーターがある（ミウッチャは、訪問者が頼むと動かしてみせる）。

ミウッチャは、まるで自宅の居間にでもいるようにくつろいだ様子でオフィスに入ってきた。上流ブルジョワ家庭で使用人たちにかしずかれて育った雰囲気だ。競争相手のドナテッラ・ヴェルサーチがゼロからのしあがったのとは対照的に、ミウッチャ・プラダは上流階級出身で、周囲を威圧するオーラをまとっており、そのスノッブは骨の髄まで浸透している。着ているのは１９５０年代風のウエストを細くしぼったドレス。白いものが混じる栗色の髪は肩にかかる長さでカットされ、ブルジョワらしさを象徴するようなニットのヘアバンドをつけている。化粧っ気はまったくないが、眉毛はきれいに整えられていた。

彼女の祖父、マリオ・プラダは役人だった。「あちこち旅行していたから、お金は持っていたはず」とミウッチャが回想するように、ヨーロッパの上流階級のぜいたくな暮らしをしていた。

1913年、マリオはフラテッリ・プラダと名づけた店を兄弟のマルティーノとともにドゥオモ（大聖堂）に続くアーケード、ガッレリア・ヴィットリオ・エマヌエレ2世通りに出した。

フラテッリ・プラダはルイ・ヴィトンのような旅行鞄店でも「荷造業者」でもなく、「高級品」に特化したブティックだったと、ミウッチャは私に語った。たしかにガッレリアの店の入り口の扉には、今も「高級品」の文字が書かれている。

「祖父はウィーンに出かけて最高級の皮革を仕入れて旅行鞄をつくったり、ポーランドでクリスタルを仕入れてボトルをつくったりしていました。時計やパーティ用のバッグも売っていたの。職人に頼むだけでなく、アーティストにデザインさせていた。祖父はすぐれたアイデアの持ち主だったわ」

第2次世界大戦を店がどう生き抜いたかについては、ミウッチャは詳しく知らないが、戦後まもなくマルティーノが抜けて、マリオはスカラ座近くのマンゾーニ通りに2軒目の店を開いた。

ただし、そこからプラダ家がどう発展していったのか、ミウッチャの話はあやふやになる。「過去には興味がないから」と彼女は言うし、たしかにそれもある意味本当だろう。彼女のデザインのなかで一族の歴史を示す唯一のものは、祖父のトランクのラベルを元にした、小さなエナメルの三角形のブランドロゴだけだ。

最低限のことしか話さないのは彼女の育ちから来るものかもしれない。だがこの一族には――少なくともミウッチャ自身には――何か隠された秘密があるような気がした。食い下がると彼女はいらだち、口をにごした。彼女が私に話さなかったことを、後に私は周辺の情報源から聞いた。

ブランド嫌い？　ミウッチャ・プラダ

マリオはフェルナンダという女性と結婚し——ミウッチャはその名前を決して口にしようとしなかった——生まれた2人の娘の1人、ルイーザがミウッチャの母である（ミウッチャは叔母の名前も口にしなかった）。1940年代のあるとき、ルイーザは「富裕で変わり者の一族」とミウッチャが表現する、ビアンキ家の男性と結婚した。その男性についてミウッチャはそれ以上何も——仕事をしていたのか、家庭を支えたのか、プラダ家の事業にかかわっていたのか、ということにも——触れず、ただ「変人」だったと繰り返した。彼の名前さえも出さなかった。

「母が怒り狂うから。いつも私がしゃべりすぎるって言うの」

と彼女は説明した（あとで知ったその名前はルイージで、みんなからジノと呼ばれていた）。

ビアンキ夫妻にはアルベルト、マリーナ、そして（のちにミウッチャと愛称で呼ばれる）マリアの3人の子どもが生まれ、現在も家族一緒に暮らしている4階建てのパラッツォで育った。なぜミウッチャ・ビアンキではなく、ミウッチャ・プラダと名乗っているのかと私がたずねると、「私の名前はミウッチャ・ビアンキ・プラダよ。結婚しても実家の姓を名乗る女性がいるの。イタリアではよくあることだわ」と答えた。

なお、プラダからの情報によれば、1980年代までミウッチャはビアンキ姓を名乗っていたが、母方の、未婚で年配の叔母が彼女を養女にしてから公式にプラダ姓になったという。

戦後、マリオ・プラダは事業に関心を失い、1958年に亡くなるまでほそぼそと続けていたが、死後はルイーザが引き継いだ。上流ブルジョワ階級出身で、3人の子持ちの既婚女性が店に出て働くなど、当時のイタリアでは考えられないことだった。実質的に店を経営していたのは2人のビジネスマンで、「一応母も手伝ってたわよ。片手間のひまつぶしだったけど」とミウッチャは私に語った。あなたは店を手伝ったのかと尋ねると、何を言っているのかという目で見られた。「私は学生だったのよ」彼女のような階級の学生が、たとえ自分の家が経営する店でも働くなどありえないという調子だった。

母のルイーザはそれから20年間にわたって「ひまつぶし」に店を経営し、一家の財産を食いつぶした。１９７８年、28歳になったミウッチャがついに経営を引き継いだが、経営者としての下地はまったくなかった。彼女はミラノ大学で政治学の博士号を取得し、ピッコロ・テアトロで5年間パントマイムを学んでいた。高級ブランド品についての関心は、日常的に愛好する一消費者という程度でしかなかった。イヴ・サンローラン、ビバ、アンドレ・クレージュが大好きなファッション中毒者だった。それでも事業を継いだのは、道義的にそうせざるを得なかったからだ。

1年もたたないうちに、彼女は事業を投げ出しそうになった。パトリツィオ・ベルテッリに出会ったのはそのころのことだ。彼はトスカーナ、アレッツォでレザー製品を扱う商人だった。

ファッション界に残る伝説としては、１９７８年、ミラノで開かれたある展示会で、プラダのハンドバッグの安物のコピーを売っていた彼をつかまえ、法的手段に訴えてやめさせようとしたが、結局、プラダの事業経営に彼を幹部として迎え入れることを決意した、ということになっている。

だが、これまで私が聞いていたその話をぶつけたところ、彼女からはまったく別の話が返ってきた。ベルテッリ——彼女は決して名前のパトリツィオとは呼ばず、ベルテッリと姓で呼ぶ——が、ガッレリアの店にやってきて、彼女に「一緒にやろうじゃないか」と声をかけたのがきっかけだという。その「鋭い視線」に引き込まれて、ミウッチャは「考えてみる」と返事をした。

「もし彼に出会っていなかったら、もう会社を続けていなかったでしょうね。当時の私には工場を買収することなどできなかった。今ならできるけれど、あのころはね。女性が1人で工場を切り盛りできると思う？　そんなことはとっても無理だと思っていた。彼は工場を持っていた。もう経営していたの。あの人はすべて持っていた。だから経営は彼にまかせ、私はクリエイティヴな分野に専念できた。おかげで会社はすぐに大きく成長できたわ」

ふたりの関係はビジネスの共同経営者同士から、ロマンチックなものへと急速に発展した。８年間同棲し、１９８７年に結婚して２人の息子がいる。

はっきりしているのは、ミウッチャひとりだったら決してやらなかったであろうことを、ベルテッリがやらせたことだ。ふたりが組んでから10年間に、ミウッチャは靴と婦人服のデザインを統括するようになり、ブルジョワ階級出身の趣味をそこに反映させた。１９９０年代半ば、プラダはセカンダリー・ラインとしてもっと若々しいラインのミュウミュウと、メンズウェアとカジュアルウェアのプラダ・スポーツを立ち上げた――ところがそういう仕事を本当はやりたくなかった、とミウッチャは私に強調した。

「靴なんてやりたくなかった。服もよ。事業を広げたくなかったの」

だが、「やりたくない」とわめくミウッチャにベルテッリが応酬したという。

「いいよ、それじゃ君抜きで勝手にやるから」

「それだけは、ぜったいに許せなかった。今もよ」と彼女は言う。だが、振り返ってみると、夫に無理やりさせられてよかったと彼女は考えている。

「もしもバッグだけをつくっていたら、飽きてしまっていたでしょうね」と今は言う。

興味深かったのは、学ぶことが多いものよ」

興味深かったのは、「生計を立てるためにやっている今の仕事に納得できず、常に悩んでいる」と彼女が心境を吐露したことだった。

「大きな葛藤《かっとう》があるの」とミウッチャは説明した。

「本当の高級品とは何かと、ときどき私は思う。16～17世紀ごろに、王族や貴族が送っていた召使にかしずかれる生活だったからこそ高級品の価値があった。(高級ブランド品は)希少な美しさがあるというのなら、それはわかる。現代の見栄えだけのブランド品は安易よね。ブランドの過去から一部分だけ持ってきて、ゴールドをちょっと使えばそれで一丁上がり。そういう安易なやり方に我慢ならないのね……。

　本当の高級品が分かっている人は、それでステータスを誇示することを忌み嫌うわ。豪華なドレスを着ているからって、金持ちに見えるわけじゃないのよ。人を見るときに、精神とか性的魅力とかクリエイティヴィティとかを見るかしら？　目に入るのは大きなダイアモンドだけだったりしない？　それじゃ自己満足に過ぎない。お金が人間の判断基準になるのはぞっとする。高級ブランドをシンボルのように持っているからといって、かっこよく見えるというのは幻想よ。高級ブランドは実際何ももたらさないわ。そんなの野暮よ」

　日常的に感じるその苦しみから救われたことがある。イタリアの国会議員への立候補を要請されたことだ。もちろんいつ、どの政党から誘われたかは私に言わなかった。迷ったが、結局やめた。

「そうなれば今の仕事をやめなくてはならないから」とミウッチャは私にやめた理由を説明した。

「有名デザイナーが政治家をやっている姿が想像できる？」

　あやうく、チッチョリーナの芸名で知られるポルノ・スターのイローナ・スターラーだって1980年代後半にイタリアの国会議員になりましたよね、と言いそうになったが、ぐっと抑えた。

不思議な夫婦

ミウッチャ・プラダが、しぶしぶ服や靴やハンドバッグをデザインする一方で、パトリツィオ・ベルテッリはプラダのビジネス面に力を注いだ。その手法は独裁的な恐怖政治を敷くことだった。ささいなミスに対しても怒りを爆発させ「しかもそれが30分以上続くんだ」と元従業員は語る。誰も言い返さない。ミウッチャ以外は。オフィスでは1日じゅう、ふたりが嚙みつきあう怒声が響きわたり、けんかが終わればディナーのために2人で帰宅する。

ベルテッリのビジネス手法はときに型破りだ。たとえば1990年代初め、「ひとつの製品だけにイメージがとらわれてしまうことを望まない」という理由から、ハンドバッグのいちばん売れているラインをつぶしてしまった。「利益が出ていても、のちのち足を引っ張ると判断すれば打ち切ります」と、ニューヨークのプラダで広報担当部長だったレスリー・ジョンソンは語っている。

ベルテッリはデザインにも深く関与し、ときにはハンドバッグのコレクションを全部自分でデザインし直してしまうことはよく知られている。表向きミウッチャは夫のちょっかいを歓迎している。

「面倒になるかもしれないけれど、彼が手を入れて、私が納得すれば、もっといい製品になる」

ミウッチャは言った。

ベルテッリはプラダを収益を上げる会社へと転換させると――売上高は1991年の2500万ドルから、1997年の7億5000万ドルへと伸びた――ミウッチャが忌み嫌っている新興成金のような浪費を始めた。大型ヨットを買い、高級スポーツカーを買い、アメリカスカップやカーラリーのスポンサーになった。1990年代後半に、本社と、夫妻で主宰するコンテンポラリーアートを支援する財団を置くための建物とするため、工場だった建物の改築を決め、建築家のロベルト・バッチョッキを雇った。むきだしの鉄骨の梁とセメントの壁のホールでは、プラダのウィメンズとメンズの既製服コレクションが開かれ、毎年２つのアート展も開催される。森万里子、バリー・マックビー、カーステン・ヘラーといった現代美術のアーティストたちの展覧会も開かれた。私が訪問したときには、ニューヨークのアーティスト、トム・サックスが展覧会の準備をしていた。

２０００年、ベルテッリにとって事態は悪い方向へと転がった。所有していたヨットのルナ・ロッサ号はアメリカスカップで決勝まで進んだが、ニュージーランドにあっさり負けてしまった。

買収したジル・サンダーは、ジル・サンダー本人がＣＥＯ兼デザイナーの座を捨て去った。30年前に創業した自分の会社を去った理由について、ジル・サンダーは私にこう語っている。

「至極当然な話、ベルテッリと私は会社経営に対する見解が異なった」

サンダーを失ったブランドは急速に価値を失った。プラダのとどまることを知らない拡大戦略――２００１年後半にオープンする予定で、４０００万ドルを投じてマンハッタンのダウンタウンに建設した中核店の費用も含めて――が経営に重くのしかかった。増資のためにベルテッリは株式公開（ＩＰＯ）を決意する。だが、公開直前の９月11日、あの恐ろしい同時多発テロが発生し、高級ブランド市場は文字どおり一晩で失墜し、プラダのＩＰＯは延期された。

２００１年末、プラダ・グループの負債は販売総額に匹敵する19億ドルにまでふくれあがったという。

ミウッチャ・プラダへのインタビューで、私がいちばん驚いたのは、このＩＰＯについて尋ねたときだった。その日の朝刊では、プラダはジル・サンダーとヘルムート・ラングを切って、あらためてＩＰＯに踏み切るらしいと噂されているが本当か、と私は訊いた。いいえ、それは本当ではない、とミウッチャは答えた。

「これまでに何回IPOを試みましたか？　3回ですよね？」

「いいえ、1回だけよ、2001年9月18日の1回だけ」と彼女は答えた。他のIPOは、あくまでも噂で、マスコミの捏造だ、と言うのだ。

メモを取る手を止めて、まっすぐ彼女を見た。2001年の1度目のとき以来、その後も2回にわたってIPOを試みた事実を、私はその書類を用意した監査法人のプライスウォーターハウスクーパースでたしかに確認しているし、2002年には当のベルテッリが、記者会見で複数回にわたって試みた株式公開について触れている。

率直に事実を認めようとしない彼女のその態度が、逆に、高級ブランドのアキレス腱を図らずも露呈している。高級ブランドの経営陣は、実際に製品がどのように生産されているかだけでなく、個々のブランドの経営状況をも公の目から隠しておかねばならないと考えている、という点だ。なぜなら、もしその真実が広く知れ渡れば、消費者のブランドに対する信頼が一気に失われる恐れがあるからだ。

通常、株式を公開している会社は経営の透明性が求められる――つまり財務データを決算報告書に記載する義務を負う。だが高級ブランドがグループとして統合されていれば、公表するのはグループ全体としての数字になるために、個々のブランドの現状をごまかすことができる。

たとえば、LVMHはグループ全体としては大儲けしていて、傘下のブランドは派手な誇大宣伝のおかげで成功を享受している。よくわからないのは、ヴィトンが毎年売上げの記録を塗り替えている一方で、ジヴァンシーとケンゾーの収支が迷走していることだ。

過去10年間のうちに、ブルガリ・グループやフェラガモ・グループ、ヴァレンティノ・ファッション・グループなど、多くの高級ブランドでグループ化が進み、既存のグループはポートフォリオの資産を着々と増やしている。今日、独立して私企業として成り立っているヨーロッパの高級ブランドはもはやほとんどない。フランスのソニア・リキエル、イタリアのジョルジオ・アルマーニ、ヴェルサーチ、ドルチェ&ガッバーナくらいだ。もっとも、1997年に創業者のジャンニ・ヴェルサーチが殺される以前からヴェルサーチは株式を公開すると頻繁に噂されているし、ジョルジオ・アルマーニは現在70代にもかかわらず確たる後継者がおらず、LVMHに売却して株式公開することも含めて今後の経営方針を模索中である。ただし、デザイナーのアルマーニ本人はこの話に抵抗している。

私はアルマーニに株式公開しない理由を尋ねたことがある。

「今のような状態であれば、夜オフィスに戻り、誰かの判断を仰ぐことなく、何でも自分が好きなようにできるし、財務的な目標を達成できるかどうかで心配しなくてすむ。投資家は、ブランドのことなど何もわかっていないのに、勝手に収益目標を前期比10％アップと決め、しかも20％、30％と上げていく。そこが問題なんだ」

そして彼はこうつけ加えた。

「ときには、結果が出るまでに時間がかかることもあるのに、市場は待ったなしで結果を求める。心理的にそうやって急《せ》かされるのは、我々の仕事にとっていいことがない。情熱に枷《かせ》をはめるようなものだからね」

第１部

第３章

グローバル化へと突き進む

「貧しきもの、足るを知らず」――日本のことわざ

人気ブランド、アナ・スイの服・小物・化粧品のコレクターである女性の部屋。日本人が高級ブランドのグローバル化への道を拓いた（都築響一写真集『着倒れ方丈記』青幻舎より）

都築響一《つづききょういち》は日本のフォトジャーナリストでフリーの編集者だ。

高級ブランドにのめりこみ、小さなアパートの部屋をブランドもので埋めつくしている日本人を10年近くにわたって撮影し続け、『流行通信』に掲載している。都築は被写体を「幸せな犠牲者」と呼ぶ。たしかに被写体たちは、ブランドのマーケティング戦略にはめられた犠牲者であるが、購入した品々のおかげで一種の幸福を味わっているからだ。

2005年11月の寒い朝、私は東京にある都築のアパートを訪れ、「幸せな犠牲者」について話を聞いた。たとえばある特許事務所の幹部はエルメスのコレクターで、エレベーターのない4階建ての小さなアパートに住んでいる。彼はエルメスのシャツ、ネクタイ、レザーグッズをエルメスの箱やバッグに入れて、畳の上に積み上げている。50万円で購入したエルメスのブリーフケースを持つとき、汗で持ち手のレザーが汚れないように、エルメスのタオルを巻くそうだ。

コム デ ギャルソンを信心こめてコレクションするお坊さんもいる。1ヵ月に1回、お坊さんは袈裟をコム デ ギャルソンの服に着替え、あらたに購入するために、寺から東京のコム デ ギャルソンのショップに向かう。コムデの服には奇跡を起こす力があり、ヤンキーだった姉はコムデの服を着始めてから行いを改めた、と都築に語ったという。

また、ある予備校の英語の講師は、生徒の注意を惹きつけるためにジャンニ・ヴェルサーチの派手なデザインを身につけるようになった。10年後、彼はヴェルサーチの服100着ばかりでなく、ブルガリのすばらしいコレクションも所有している。靴箱のように小さなアパートで無職のガールフレンドと同棲し、彼女は毎日を彼のコレクションの手入れで過ごしているそうだ。

マルタン・マルジェラに惚れ込んだある男性は潔癖症で、コレクションににおいがつくのが嫌だからという理由で、家ではぜったいに料理をしない。冷蔵庫にあるのは目薬だけだ。

「喉が渇けばコンビニで飲み物を買い、飲み終わってから家に帰る。彼は、部屋にはどんなゴミでもいっさい置きたがらないんだ」と都築は語った。

日本人はなぜブランドが好きなのか

都築の被写体たちは一見、極端な人種に思える。だが彼らは高級ブランドに夢中な日本人の典型だ。あるアナリストは、世界の高級ブランド品全体の20%が日本国内で販売され、さらに30%が海外の旅行先で日本人によって購入されている——つまり日本人は高級ブランド品の50%以上を買っている——と推定する。

今日、約40%の日本人がヴィトン製品を所有しているという。「なぜブランドものを買うのか」と尋ねた市場調査で、日本人はもっともな理由を挙げている。「長く使えるからだ」と。しかし、ある専門家によれば、「日本人が自分たちは階級のない社会にいると考えている」ことがおもな理由ではないかと指摘する。実際、別の調査では、85%の日本人が「自分は中流階級」と答えている。

また、日本では「他人と同じであること」を重視する。全面にロゴが入った高級ブランド品を着たり持ち歩いたりすることは、社会経済用語でいう「アイデンティティの獲得」だけでなく、社会集団の枠から外れていないことの証明になるのだ。

あたかも自分自身をブランド化するようなものだ。

日本人が高級ブランド事業に与える影響は計り知れない。製品や店舗デザインには日本人の嗜好が反映される。日本人が選ぶ海外旅行先の人気によって店舗の展開場所が決まるし、日本人の要求が店舗運営にも影響を及ぼす。

「世界戦略を決定するとき、日本人がどう考えるかを日本の同僚に聞かずに進めることはない」

ルイ・ヴィトンのCEO、イヴ・カルセルは言う。換言すれば、まさに日本人が高級ブランドを均質化したと言っていいだろう。この均質化によって、ブランドビジネスはグローバル化を図ることができたし、それが事実上世界の均質化に一役買ったのだ。

ヴィトンの日本進出

日本人が西欧の高級ブランドを愛好するようになってからの歴史は、比較的浅い。1960〜70年代にかけて、高度経済成長によって大量の新興中産階級が生まれ、彼らはもっと派手な暮らしを望んだ。一般的に、富を享受し誇示するためのもっともわかりやすい方法である豪邸や広大な土地所有は、狭い島国で人口密度の高い日本ではほぼ不可能だ。代わりに日本人が選択したのは、「高価なものを身につけて富を誇示すること」で、戦後生まれ世代にとってレザーグッズやシルクスカーフ、毛皮や宝石といった西欧の高級ブランド品は究極のステータスシンボルだった。

しかし、残念なことに、それまで日本には高級ブランド品の供給がほとんどなかった。需要の高まりに対し、輸入仲介業者は欧州に出かけて定価で商品を買い、日本に持ち帰って東京周辺で3倍から4倍の価格をつけて売る、いわゆる〝並行輸入市場〟と呼ばれるマーケットをつくりだした。このマーケットに、高級ブランドを製造・販売する会社の幹部たちは困惑した。海外で製品がどのように売られようがまったく関与できなかったからだ。

ルイ・ヴィトンのひ孫にあたるアンリ-ルイが、国際会計コンサルタント会社のコンサルタントだった秦郷次郎をパリのオフィスに呼んでこの問題について話し合ったのは、1976年2月のことである。

ブランドとは関係のないビジネスについていた秦は、高級ブランド産業についての知識はまったくなかったし、それまでルイ・ヴィトンという名前さえ聞いたことがなかった。

「（アンリ＝ルイは）非常にシャイで誠実な人物で、実に奥ゆかしい方でした」と秦は私に語った。ルイ・ヴィトンの店舗と製品の格調の高さにも感銘を受けた、という。

後に回想録『私的ブランド論――ルイ・ヴィトンと出会って』（日経ビジネス文庫）で秦は書いている。

「天井の高い、落ち着いたアンリ氏のオフィスは、私にとって、あたかも別世界に入り込んだようでした。10坪足らずの細長い部屋には、店内が見えるように小さな窓がひとつ付いていて、壁一面にアンティークトランクがはめ込まれていました。居ながらにして、ルイ・ヴィトンの古い歴史が感じられ、はじめてフランスの伝統の重さを実際に肌で感じた瞬間でした」

アンリ＝ルイは秦に、自分が現状にどれほどいらだちを感じているかを説明した。日本人が大量に買い付けるので、日本人顧客に販売できる限られた量しか店頭に置けなくなっている。アンリ＝ルイのオフィスの小さな窓から、マルソー通りの店で日本人客たちが最終バーゲンに群がるかのように買いまくっている光景を秦は眺めた。その様子に興味をそそられた秦は、日本の高級ブランド市場を検討評価するための調査をアンリ＝ルイに申し入れ、アンリ＝ルイは同意した。

秦は東京に帰ると、ヴィトンのモノグラムのバッグが、目の玉が飛び出るほどの高額でショーウィンドウに並んでいるのを見た。当時の日本にはヴィトンの卸売輸入業者は１人だけ、公認の小売店も赤坂東急ホテル（現赤坂エクセルホテル東京）にあるショッピングアーケード内のアン・インターナショナル１店しかなかった。秦がその店を訪れたとき、「在庫はまったくなく、次の入荷がいつになるか誰も知らない状態でした」という。

アンリ－ルイ・ヴィトンに提出する報告書で、秦は「ヴィトン社が日本市場に進出して適切な市場拡大を図る好機である」という結論を出した。アンリ－ルイは同意し、秦を雇った。それまで高級ブランド企業が正式に店舗を設けたコスモポリタンな首都は2〜3しかなく、せいぜいデパートで限られた量を売っていただけだった。つまりニッチな市場でしかなかったのだ。

だが、秦にははるかに大きな野心があった。日本での展開にあたって、上流階級だけでなく、拡大しつつあった富裕な中産階級を主たるターゲットとすることで、ヴィトンの海外市場のひとつを制圧することだ。ヴィトンの日本市場における拡大は、高級ブランドがグローバル化に向けて踏み出した大胆な最初の一歩であり、それを実現したのはブランドとは縁のないビジネスマンだった。

秦は2本立てのビジネスモデルを編み出して実行した。

ひとつ目は、ルイ・ヴィトン・パリから卸を通さずに直接日本の小売業者に製品を流通させるディストリビューション契約を結んだこと——当時高級ブランドでは誰もやったことがない手法だった。ふたつ目は、ブランドイメージ維持、商標の保護、品質管理、広告宣伝、パブリシティにいたるまでのすべてのコントロールを日本側の小売業者・デパートが行う、とするマネジメント・サービス契約を結ぶことである。すべてを任せる代わりに、ヴィトンは彼らからフランチャイズ保証金とマネジメント・サービス料を受け取る。フランスのルイ・ヴィトン本社は同一性を図るために、販売員のユニフォームから包装紙にいたるまで日本での事業運営のあらゆる面について指示する。デパートの、会員向け割引サービス対象商品やギフトカタログからヴィトン製品を除外し、ブランドのイメージを守るためのあらゆる努力を惜しまない。こうした努力を、秦はこう説明する。

「ヴィトンの名前だけでなく、歴史と伝統に裏づけされたブランドの価値を正確に伝えたいと思ったのです」

１９７８年3月、ヴィトンは5軒のデパートで公式に東京デビューを飾り、9月には大阪のデパート1軒が続いた。当時、どの店舗も65〜90㎡程度であったにもかかわらず、スティーマートランクを全サイズ取り揃えた——「名匠ルイ・ヴィトンの象徴でしたから」と、秦は私に語った。

次に秦は価格の問題に取り組んだ。１９７５年にヴィトンが東京に初めて出店したとき、為替相場の変動と日本政府による規制のせいで価格はパリの2・5倍以上した。競合製品との価格差を少しでも解消するためと、並行輸入を阻止するために、秦は為替相場に合わせて商品価格を変動させるという、「自由変動相場システム」を取り入れ、パリの価格の1・4倍以内に抑えた。日本での価格はたちまち半分以下に下がり、2年以内に売上げは2倍の１１００万ドルに伸びた。

１９８１年、ヴィトンは日本支社をルイ・ヴィトン・ジャパンという独立した会社に変え、秦が代表取締役社長に就任した。同年、秦はヴィトン最初の独立店舗を高級ショッピングエリアの銀座に構えた。

本格的に進出が始まったところで、日本人が比類なく商品の品質に厳しいことが判明した。

「日本人は驚くほど細かいことまで気にするし、品質に対しての要求が非常に厳しい」

シャネル・ジャパンのリシャール・コラス社長は言う。

「どんなささいなキズも日本人は我慢がならないんだ」

それを示すひとつのエピソードをコラス社長は紹介する。１９８０年代、コラスが別の高級ブランド企業で働いていたとき、ある日本人女性がドレスを持ってきてキズものだと訴えた。コラスが目を凝らして眺めまわし、やっと裾から5センチほど糸が出ているのを見つけた。彼女にとってそれが許しがたいキズだったわけだ。コラスはドレスを交換し、何回も頭を下げ、大きな花束を贈った。

コラスは後日、テストをしてみた。同じドレスをフランス人女性のところに持っていったのだ。試着して気に入った彼女は、糸を見て言った。

「カットするからいいわ」

次にアメリカ人女性のところに持っていった。試着して気に入った彼女は糸が目に入らなかった。

秦も同じような経験をしている。

「ヴィトンのビジネスを日本ではじめてから10年間は、何度となくパリに『こんな品質レベルでは日本市場では不良品になる』と言って製品を送り返しました。最初はなかなかわかってもらえなくて苦労しましたよ。『ファスナーが逆向きに付いている』と指摘すると、『それなら左利きの客に売ったらいいだろう』と言われる。縫い目がゆがんでいる、と言うと『手縫いなんだから曲がるほうが自然だし、パリでは何の問題もない』と言われる。そういう商品を全部『それならばパリで売ってください』と送り返したこともありました」

1991年、ついに秦はヴィトン製品のリペア専門のサービスセンターを日本に設立した。現在、センターは2軒に増えている。

パラサイト・シングルが日本進出を後押し

ルイ・ヴィトンの日本進出が先鞭をつけたことで、まもなく競合ブランド各社も進出に拍車をかけ、東京・銀座や大阪の主要百貨店、ブティックで商品の販売を拡大した。タイミングはこれ以上ないほどよかっただろう。1980年代初めから半ばにかけて、日本経済が急速に拡大したからだ。成長率は年3・7%で、戦後世代の可処分所得は劇的に増加した。

バブル経済は「パラサイト・シングル」と呼ばれる新たな社会階層を生んだ。おもに25歳から34歳の大学卒未婚女性で、給与水準の高い秘書、教師、企業幹部の職につき、親と同居している人たちを指す。

彼女たちの経済力は当時も、そして今でも注目に値する。パラサイト・シングルは男女あわせて日本の総人口1億3000万人のほぼ10分の1を占める、とアナリストは言う。生活費をほとんど負担しないパラサイト・シングルは、ゆとりある可処分所得を買い物につぎこむ。好んで買うのは高級ブランドのレザー製品で、全面にロゴが入ったものを好む。ちなみに、日本での高級ブランド品の売上高の23％は、財布やハンドバッグといったレザー製品が占めている。

1990年代、バブル期以降に消費が増えたのは、このグループだけで、このグループが日本の消費者支出の80％を担うまでになった。

円高のおかげで、海外ならもっと買えることを知ったパラサイト・シングルたちは、海外に買い物ツアーに出かけるようになった。大好きな旅行先のひとつがハワイだ。日本から比較的近くて、きれいで、円で買い物ができるからだ。

1984年、シャネルは米国で1号店となった独立店舗を、ロイヤル・ハワイアン・ショッピングセンター内にオープンした。店内にはアクセサリー類だけでなく、既製服コレクションの一部も置いた。そこへ群れをなしてやってきて、バッグや靴を買い漁ったのが日本人だった。1990年代を通して、ワイキキのブティックは世界中のシャネルの店のなかで売上げトップを誇り、年間6000万ドルを売り上げた。

シャネルの成功によって他のブランドもカラカウア大通りに続々と店舗をオープンした。予想されたすべてのブランドが店舗をオープンし、どの店舗も大きく豪華で、日本語が話せる従業員を置いた。賢明な事業拡大だった。1992年にオープンしたルイ・ヴィトンのカラカウア大通りの店は、年間1億ドル近くを売り上げた。複数のブランドが「ワイキキの店舗が世界でもっとも成功している」と報告したおかげで、より多くのブランドが店舗を開くきっかけとなり、すでにオープンしているブランドはよりよい立地に店を移転した。シャネルもまたショッピングセンターからカラカウア大通りに移転し、115㎡の旗艦店を設けた（シャネルの跡地にはカルティエが入った）。

シャネルのハワイ地域担当副社長、ジョイス・オカノは私に、「ハワイのシャネルの売上げの半分以上が日本人によるものですよ」と語った。

免税店の歴史

日本人がハワイに引き寄せられる理由がもうひとつある。高級ブランド品が免税で買えることだ。旅行客は搭乗券を見せて、地元の流通ルートには乗らない免税品を、定価よりも10〜30％安い価格で買うことができる。たとえば、日本国内で販売されているエルメス製品はフランス国内で買うよりも30％、免税店よりも15〜20％高い。2005年、エルメス製品の免税店での売上げは、全体の10％を占めた。

世界免税協会（TFWA）によれば、免税品の年間売上高は250億ドルに達し、そのうち91億ドルが高級ブランド品だという。世界には免税品を扱う会社が何社かあるが、ほかをはるかに引き離した最大手はデューティー・フリー・ショッパーズ（DFS）で、アジア・太平洋地域を主たる市場としており、株式の過半数を握っているのはあのLVMHである。2006年、DFSの売上高は22億ドルで、2位の競合社より30％以上も多い。

免税で商品を販売する歴史は古い。1500年代にはすでに英国は船乗りたちに、船上で飲むための酒類を国際海域で免税で提供した。19世紀には、酒類、タバコ類や香水が、何ヵ月も船上で暮らすことになる船員や旅行客に免税で販売された。

近代的なシステムでの免税販売は、国際民間航空機関が1944年のシカゴ会議で、国際便の機内で、あるいは空港に「免税区域」をつくって行うと取り決めたことから始まった。アイルランドの会社が空港内にキオスクをつくって土産物を売るようにしたところ、1950年代に海外旅行者が増加するにつれて事業は順調に伸び、1953年には売上高は12万ポンドに達した。

1960年、コーネル大学ホテル経営学科を卒業した米国人、ロバート・ミラーとチャック・フィーニーは欧州旅行に出かけた際、GI（米兵）たちに免税で酒を販売する商売を思いついた。ふたりはその事業をデューティー・フリー・ショッパーズと命名し、アジアの旅行客をターゲットにした店を香港とホノルルにオープンした。事業は順調に成長した。1977年から1995年のあいだに、DFSは30億ドルの配当金を生んだ。配当金の90%を受け取ったミラーとフィーニーとあと2名のパートナーたちは、これを現金で受け取るか、非課税となる信託や財団に預けた。

DFS本社もフィーニーが設立した財団も、オフショアの租税回避地であるバミューダに置かれた。フィーニーは保守的な人間で、儲けたカネで貧しい人たちを助けるための財団をつくり気前よく寄付した。対照的にミラーは豪勢な暮らしを楽しんだ。世界各地のリゾートに別荘を購入し、娘がギリシャの王族と結婚したときには、エリザベス女王をはじめ1万4000人を招待する豪華結婚式を開いた。

1994年、フィーニーは自分の持ち分の株を、DFSの最大のサプライヤーであるLVMHに売却することを決意した。ミラーは断固としてそれに反対した。

「約束をしていても、ベルナール・アルノーはマイノリティの株主の最大利益を図ろうとせず、一部買収した会社の資産であってもLVMHの利益のためにすべて食いものにするのが、これまでのやり口だ」

ミラーはそう言って裁判に訴えた。フィーニーともうひとりのパートナーは合わせて過半数となる株をアルノーに24億7000万ドルで売却、最終的にもうひとりのパートナーも自分の持ち分である2・5％をアルノーに売った。アルノーはそこで、ミラーが保有する38・75％分、その時点で16億ドル相当の株の買い取り交渉を打ち切り、金融アナリストに、「その段階でなお16億ドルを投資して、すでにできあがっている（LVMHとDFSの）共同体に利することはない」と説明した。このとき、高級ブランドの世界最大の生産者が、高級ブランドの世界最大の流通元を支配した、ということになったのだった。

アルノーの免税商法

高級ブランドに合わせて、アルノーはそれまで免税品ビジネスがとってきた手法を変えた。伝統的に免税品店は空港や港、または飛行中の機内か航海中の船上にあり、「地域の流通に乗らないことが保証される場所」に限定されていた。だが、アルノーには別のアイデアがあった。旅行客をターゲットにした免税品店を街中につくることだ。街中の免税品店でのショッピングには購入時に搭乗券の提示が必要だし、購買した品は機内に乗り込むまで受け取れない。だが、観光客は宿泊しているホテルのすぐそばの店で免税品を買える。

2001年、アルノーはワイキキのカラカウア大通りに6500万ドルをかけて、3階建てのショッピングモールをつくり、DFSギャラリア・ワイキキと命名して、課税品・免税品両方の高級ブランド品を売った。空港の殺風景な免税店と比べると、DFSギャラリア・ワイキキは高級ブランドにふさわしい宮殿のような建物だ。ＤＦＳでは課税品売場に出店している業者に、米国でかかる４％の売上税を免除している――カラカウア大通りの他の小売店よりも価格競争力を持たせるためだ。一方、３階には免税品だけが置かれている。高級ブランド品だけでなく、香水、酒類、タバコ類もある。免税品売場で買い物をするには、米国以外の国を目的地とする搭乗券が必要になるために、米国人の客はほとんどいない。そしてここでも大多数が日本人客だ。

ＤＦＳは日本人を集客するために、団体客を連れてくる日本人ツアーコンダクターに何がしかのキックバックを与えるという奸智《かんち》にたけた方策をとってきた。だがアルノーの指導のもと、さらに上を行く策がとられた。

日本からやってくる飛行機は、ホテルのチェックイン開始時刻よりもはるかに朝早くワイキキに到着する。パックツアーの客――ハワイに来る日本人観光客のじつに85％を占める――には、ＤＦＳギャラリアの免税品売場に入ることができるよう、搭乗券とＤＦＳショッピングカードが早々と渡されている。ＤＦＳからコミッションを受け取っている旅行会社のパックツアーでやってきた客は、空港から一直線にバスでＤＦＳギャラリアに送りこまれ、簡単な説明の後、免税品フロアに連れて行かれる。しかも店内は、すべての売場を通り抜けないと出口までたどりつけないようなつくりになっている（ちなみに出口は１ヵ所しかない）。

多くの店では割引価格であることが日本語のみで表示されている。また、免税品フロアのブティックには7½（24センチ）より大きいサイズの靴や、サイズ８（日本サイズでは11号）以上の服はめったにない。日本人女性は小柄だからだ。ただし商品のメインは服ではなくレザー製品だ。２００３年、世界中の日本人旅行客の42％が最高級ブランドをはじめとする、ブランドもののバッグやレザー製品を購入した。

一般的に日本人は、最初にDFSギャラリアを訪れたときは見るだけにとどめる。夜、ディナーのあとに店に戻ってきてからが真剣勝負なのだ。そのためDFSギャラリアだけでなく、カラカウア大通りにある大半の高級品店も夜11時まで営業している。DFSはカラカウア大通りを往復する無料のトロリー・エクスプレスを走らせ、免税品売場で買い物した客にはタクシー代を払い戻すサービスまで行っている。

免税品ビジネスを成功させる秘訣は大量販売にあるが、商品のなかには限定アイテムもある。たとえば2000年、LVMH傘下ブランドのセリーヌは、同グループの子会社であるDFSでしか販売されないハンドバッグのラインを売り出した。

エルメスも、垂涎《すいぜん》の的となっているケリーやバーキンのバッグを売り出したことがある——通常なら注文生産で、数ヵ月先までウェイティングリストが埋まっている商品だ。当然のことながら、そういった限定アイテムはまたたく間に完売する。2005年2月、エルメスはダイアモンドの留め金がついた小さな黒のバーキンをDFSギャラリア・ワイキキで8万2100ドルで売り出し、日本人客が発売後数日のうちに買った。DFSギャラリア・ワイキキはDFS最大の小売店で、DFS全体で日本人は最大、最上の顧客である。

今日、ハワイには毎年700万人の旅行者が訪れ、うち日本人が150万人を占める。日本人の滞在期間は4~5日か、週末を2回はさんだ9日間ほどで、大半は買い物目当てでやってくる。彼らにとって観光は二の次だ。

「日本人はハワイに到着してから出発するまでの行動を事前に計画しています」

シャネル社のオカノが言う。

「予定をしっかり立ててやってきて、どの店で何を買うかをもう決めているんですよ」

ゴージャスな店舗——旗艦店《フラッグシップストア》

日本人の客を引きつけるのに成功した高級ブランド企業は自信をつけ、懐も豊かになった。グローバル化を推し進める「勇気」と「カネ」の両方を得たわけだ。世界中の国際都市を席捲《せっけん》する計画が立てられた——パリ、ロンドン、ニューヨーク、ローマ、ミラノ、ビヴァリーヒルズ、そして香港といった、いずれも地元に富裕な顧客層がいて、加えて日本人旅行客が定期的に訪れる都市である。したがって、それらの場所に開設する店舗は旗艦店となる。

〝派手なショーケース〟となる大型旗艦店は、ブランドの全商品を品揃えするだけでなく、イメージを売るために重要だ。「ブランドは、服やアクセサリーで夢の世界をつくりださなくてはならない——客の憧れのライフスタイルを創造するのだ」とトム・フォードは私に簡潔に説明した。日常生活からかけ離れて、富と創造力を大胆かつ派手に演出した旗艦店は、昔の大金持ちの洗練されたぜいたくな暮らしを客に見せるだけでなく、今日の新しい華麗な奢侈をも示す。要は、夢の世界をつくるのだ。

夢の世界の構築という目的のために、各高級ブランド企業は新店舗の設計を建築家に依頼した。グッチは高い評価を得ている米国人インテリアデザイナー、ビル・ソフィールドを採用した。プラダはミラノをベースに活躍する建築家、ロベルト・バッチョッキに依頼した。そして1996年、ベルナール・アルノーは、ニューヨークに本拠を置く建築家で、バーニーズの仕事で名を揚げたピーター・マリノに電話をかけた。

マリノはかなりのクセモノである。きついニューヨーク訛りでしゃべり、黒いレザーのバイカー・ルックで身を包むこの人物はハタ迷惑なほどよくしゃべる。コーネル大学建築学科で学び、伝統のある建築設計会社でキャリアを積んだ。1970年代はじめ、アンディ・ウォーホルと仲良くしていて、後に、ニューヨークのアップタウンにあったウォーホルのタウンハウスと、ユニオン・スクエアにあった彼のファクトリーの改装を手がけた――ウォーホルの指名を受けたことで、マリノの評判がファッション界に広まった。

「アンディはかなりいい名刺代わりになったね」と当のマリノも語っている。

1978年、マリノは自分の会社（現在の社名はピーター・マリノ・アーキテクト）を興し、イヴ・サンローラン、シャネルのオーナーであるアラン・ヴェルタイマー、フィアット会長のジャンニ・アニェッリといった富裕なジェットセット族の自宅の建築設計を始めた。マリノはフランスの建築様式にこだわりをもち、顧客と一緒に世界中を旅行しながら最高級のアンティークやアートを購入していく。マリノを雇う人たちにとって、カネは問題ではない。ある顧客の居間・図書室の改装費は5700万ドルに達した。

「私がつくるのは、オートクチュールの家だよ」とマリノは言う。

そのマリノにアルノーが電話をかけてきたとき、マリノは「最初は（アルノーが）誰だかわからなかった」という。

だが、アルノーがルイ・ヴィトンとクリスチャン・ディオールという自分の会社のことについて話し始めると、マリノの頭のスイッチが入った。

「これは何か大きなことが始まるな」マリノはひそかに思った。

「それで、明日パリに来てもらえるかな？」

アルノーの早急な求めに、「それは無理ですね」とマリノは答えた。だが、翌々日、彼はパリに向かった。

マリノが最初にＬＶＭＨから依頼された仕事は、モンテーニュ通りのディオール発祥の店の改装だ。私は10代だった１９８２年、その店で母と祖母へのプレゼントに、ディオリッシモとミス・ディオールを買ったことがある。店は格式ある素封家《そほうか》の客間のような洗練された内装で、カーペットも壁も販売員のユニフォームもグレイで統一され、天井からはシャンデリアが下がっていた。客たちはささやき声で話し、シックなパリジェンヌといった風情の店員がプレゼントの香水を糊もセロハンテープも使わずにラッピングし、白いリボンをかけてくれた。それは私がこれまで買ったなかでもっとも美しいプレゼントで、まさに優雅な買物体験だった。

優美だったその店を、マリノはまるで別の場所に変えてしまった。入口には、２階分をぶち抜いた広大なスペースにハンドバッグとスカーフが並べられ、まるで大型スーパーのようだ。靴売場には黄色と黒のトラ柄のカーペットを敷き、鏡にグレイとスカーレットの布をかけている。内装は、ルイ14世治世下の新古典主義様式と、ルイ15世時代のロココ様式を混ぜ合わせたものだ。マリノは「宝石箱を思い起こさせるような空間にしたかった」と語ったが、私には単にけばけばしいだけとしか見えず、アルノー以前のディオールにあった、洗練と静謐からはほど遠い空間に思えた。

ところが、ディオールの経営幹部はマリノの改装に大興奮だった。実際、成金趣味の過剰なそのインテリアには、観光客だけでなく、あらゆる経済階層の顧客がおびきよせられ、マリノは一躍高級ファッションブランドの人気店舗デザイナーになった。ディオールに引き続き、シャネル、ダナ・キャラン、カルヴァン・クライン、フェンディ、ルイ・ヴィトンの豪奢で高級感ある店舗をつくっただけでなく、ニューヨークにあるヴァレンティノの自宅や、彼の50ヤード（約46メートル）のヨットの改装まで手がけた。

通常、実業家というものは、店舗・社屋の設計やその内装について、競合相手と同じデザイナーを起用することに尻込みするものだが、高級ファッション産業の経営幹部たちは、同じデザイナーにすることが、かえって自分たちの趣味のよさを裏打ちするものだと考えた。

創業者や後継者によって経営されていたころ、高級ファッションブランドの本社やアトリエや店は、どこも創業者のデザイナーのクリエイティヴィティを反映した個性的なスタイルを持っており、それはブティックにもはっきりと表れていた。今やそんな個性は見事に消えて、どこも同じになってしまった。ブランドの個性どころか、ブランドごとの特徴さえも均質化されてしまった。

高級ブランドはかつて革新的だった。デザインで革命を起こし、新しさを打ち出すパワーがあった。ところが今では顧客にそっぽを向かれることを恐れて、新境地の開拓を避けてしまっている。

マリノの起用は完全に妥協の産物だった。たしかに彼は人並み外れたクリエイティヴィティを持ってはいたが、高級ブランドがこぞって彼を店舗のデザイナーに起用したことで、マリノのスタイルが業界のスタンダードになってしまったのだ。

今ではどのブランドのブティックも、ゴールド、シルバー、ラメや光沢素材を大量に使ったピカピカしたクリーンなデザイン、と共通している。マリノの装飾は、レッドカーペットを歩く映画スターのようにハンドバッグを輝かせる。

「いちばんのルールは、商品を内装の添え物にしないことだ」と彼は主張する。

マリノがデザインした高級ブランドのブティックは、莫大な改装・建築費用がかかった――旗艦店の建築もしくは改装費用に2000万ドルもかけるのは尋常ではない――が、投資効果は十分あったようだ。フェンディの大阪と香港のブティックの売上げは、オープンからわずか数ヵ月で300%も増えた。マリノが2005年に、2回目となるヴィトンのシャンゼリゼ店の改装を行ったとき――こちらも推定費用は2000万ドルだ――年間売上げは9000万～1億1500万ドルになると予測された。

「〝マリノ前〟と、〝マリノ後〟では、売上げは驚くほど伸びると予測しています――20～40％増が見込めるんですから」

ヨーロッパのシャネル社社長（当時）、フランソワーズ・モントネイは私にそう言った。

「投資は2年以内に償却できます」

２００６年までに、マリノはヨーロッパ中のシャネルのブティックすべてと、アジアの店舗の大半の改装を終えている。

日本の「ヴィトン建築」

高級ブランドはグローバルな進出を続け、モンテカルロ、ヴェニス、シカゴ、マイアミ、サンパウロ、大阪という各国〝第2の都市〟へと拡大し、また、どの店舗の内装も旗艦店のテイストをそのまま反映していた。グローバリゼーションを経営方針の中核に置き、世界中の市場を一貫したイメージでまとめることにもつながった。

だが、高級ブランドのグローバル化が始まった当の日本では、ヴィトンを日本に広めた立役者である秦郷次郎が、このマーケティング戦略に苛立ちを募らせていた。

「世界中、どこにいってもすべての店が『同一化』していて、どこも同じに見えて、つまらなくなってしまいました」

彼は私にそう打ち明けた。そこで彼は、高級ブランドの世界に何か衝撃を与え、クリエイティヴィティを発信できることをしたいと考えたのである。

長く建築に興味があった秦は――義兄の円堂政嘉は日本建築家協会の元会長だ――無名の建築家に夢

のあるビルを建ててもらいたいと、コンペティションの開催を決めた。

「建築家の名前を残すための記念建造物ではなく、ヴィトンの店をつくってもらいたかったんです」

秦はその経緯を説明した。

「スター建築家に任せると、議論ができませんから」

結果的に、ルイ・ヴィトン・ジャパンは「空気のような、霧のような、蜃気楼《しんきろう》のような、曖昧な外壁」というイメージのビルを提案した青木淳を選んだ。1999年に完成したルイ・ヴィトン名古屋のビルは、青木の表現によれば「フォルムは単純な長方体。それは透明で緻密な箱。都会に置かれた宝石」で、ガラスのファサードでヴィトンのダミエのチェック柄が表現された。(『私的ブランド論』)

2002年、青木は表参道に2軒目となるルイ・ヴィトン表参道ビルをつくった。「ルイ・ヴィトンの伝統的なトランクをランダムに積み重ねる」と青木はデザインコンセプトを説明し、「優美な長方体の空間である」『トランク』のそれぞれにルイ・ヴィトン商品がディスプレイされている。

表参道のルイ・ヴィトン店は日本でもっとも魅惑的な商業施設のひとつとなった。

ビルには、店内を案内し、レストランやタクシーを予約し、東京の情報を提供してくれるコンシエルジュがいる。最上階には特別客のためのVIPサロンがあり、プライベートのエレベーターで上がっていくと、一般客の目が届かないところで、服を試着したり、特別注文した鞄やアクセサリー類を眺めることができる。

戦略は効を奏した。オープンから2日間で、表参道店には1400人の日本人が詰めかけ、開店前から長い行列をつくった。初日の売上げは、販売員の声もうわずる1040万ドルだった。

2005年11月に私がこの店を訪れたとき、中年の女性がLVのモノグラムが一面に入ったジーンズに、お揃いのデニム地にチンチラでトリミングしたショルダーバッグをかけて試着していた。その間、夫はアームチェアに座って携帯電話でしゃべっていたが、彼のシャツにもヴィトンのカフリンクが光っていた。4階ではロシア人の団体客が競って買物をするかたわらで、光る素材のスーツに胸をはだけたシャツの日本人の男の子たちとマイクロミニにスティレットブーツの女の子たちがたわむれていた。

だが、本当にファッショナブルな人たちはそこを素通りし、まっすぐセリュックス——フランス語で「豪華！」の意味——という、ビルの裏手の上階にある会員制サロンに行く。トレンディな日本人は、入会金21万円と年会費2万6250円（いずれも2006年当時）を払ってメンバーになり、モダンアートやヴィンテージもののジュエリー、東京の他のどこにも売っていない高級ファッションやレザー製品を購入する特権を得る。メンバーは秘密の裏口からセリュックスのカードキーを使って会員専用エレベーターに乗り、8階に上がってクラブに行く。そこにはLVMHのブランド品がそこかしこに置かれている。カッペリーニのソファ、コーヒーテーブルにはケンゾーのアロマテラピー製品、ヴィトンのトランクを立てたホームバー。当然ながら、置かれているアート作品や家具まで全部が売り物だ。

「当クラブのメンバーは、趣味がよく、ファッションセンスのあるアーティスト、起業家、DJやミュージシャンなど、つまりトレンドセッターとなる方々です」

とセリュックスのPR担当者は言った。メンバーになるためには、現メンバーの推薦を受けなくてはならない。2005年秋までに、セリュックスは目標にしている2000名の会員数の半分を獲得している。

ヴィトンの新店舗は、日本における高級ブランドの建築ラッシュの口火を切った形となった。エルメスは1億3700万ドルをかけて、レンゾ・ピアノの設計デザインによる12階建てのビルをオープンした。内部は130㎡のブティックのほか、ワークショップ、エグゼクティブ・オフィス、アートギャラリー、40席の映画上映室を備えている。2003年には、プラダが8000万ドルをかけ、スイスのへルツォグ&デムーロンを起用し、表参道に6階建てのポストモダニズムのビルを建てた。奇抜な外観は、買物客以上にその前で写真を撮る大勢の観光客を集めている。2004年12月、シャネルは銀座に初めてとなる自社ビルを建てた。ワーナー・ブラザースの跡地を1億1700万ドルで競り落とし、ピーター・マリノの設計で1年2ヵ月半かけて新ビルを建てたのだ。

それはすごいビルだ。10階建てで、1300㎡の売場にはバカ高い建材が使われ、地下の顧客用駐車場ではアンディ・ウォーホルが描いたシャネルNO5の絵が出迎えてくれる。上階にはエグゼクティブ・オフィス、多目的文化スペースのシャネル・ネクサス・ホールがあり、屋上には日本式庭園がある。街を展望できる最上階には、レストラン「ベージュ アラン・デュカス 東京」が開店した。「世界最高のシェフにお願いしたかった」とシャネル・ジャパンの社長、リシャール・コラスは穏やかな口調で言った。

マリノの傑作はファサードにあり、建築費の半分はそこに費やされたという。70万個の発光ダイオード(LED)をはめこんだプライバライトの巨大なカーテンウォールで、夜になるとCを組み合わせたロゴや、ツイード柄とカメリアなどのシャネルのシンボルが、その上で踊るように映し出されるという凝った仕掛けである。伝えられるところでは、建築にかかった総費用は2億4000万ドルだったそうだ(コラスは、「東京の〝クオリティの高いビル〟の2倍の建築費がかかった」としか言わない)。

オープンから1年半たっても、いまだにビルの前には行列ができていた。シャネルのフランソワーズ・モントネイ社長(当時)は、「3年以内に投資は回収できる見込みです」と私に語った。

第2部

第4章

スターと高級ブランドの甘辛い関係

「高級とは、豪華さや装飾ではなく、俗っぽさがないことを意味している」——ココ・シャネル

映画会社専属の衣装デザイナー、ジャン・ルイの服を身にまとうマレーネ・ディートリッヒ。ハリウッド・スターの衣装はやがてブランドが戦略的に提供するようになっていく（AP Images）

２００5年2月の雨が降る朝、レイチェル・ゾーがペニンシュラ・ビヴァリーヒルズ・ホテル5階にあるスイートルームに飛び込んできた。ロベルト・カヴァッリの黒のジャケットを着て、スキニージーンズにクロエのベルトを締め、10センチのスティレットヒールのブーツを履いた彼女は、すばやく３６０度見回して部屋にいる人々を確かめた。

ロンドンの高級ブランド靴会社、ジミー・チューのクリエイティヴ・ディレクター、サンドラ・チョイと、同社の創業者で社長のタマラ・メロンは、社交界のセレブ、スターの卵やAリストのスタイリストに、第77回アカデミー賞授賞式の前に開かれるディナーやパーティ用の靴を貸し出すためにこのスイートルームを借りていた。ノートを取るチョイを従え、ゾーはお茶やシャンパンをする〝偽ブロンド〟たちをかきわけながらまっすぐ奥の寝室へと向かった。ベッドが片付けられた部屋には、危険なほど高いヒールで、目が飛び出るほど高価な靴がテーブルの上にずらりと並べられている。

「サルマ（サルマ・ハエック。メキシコ出身の女優）にはサイズ6くらいが欲しいの」

ゾーはチョイに指示を出す。

「彼女、今朝になって電話してきて、『レイチェル、どうしても15センチヒールでなくちゃ』って言うのよ」

チョイはうなずいて書きとめた。ゾーはゴールドのスティレットを取り上げ、チョイに渡してノートを取らせ、同じデザインのシルバーとブロンズもチェックさせた。『ビフォア・サンセット』で脚本賞にノミネートされているジュリー・デルピーのためだ。

「彼女がどんなジュエリーをつけるかまだ決めてないの」

ゾーは説明した。

「だから、どの色でも合うようにしておきたい」

レイチェル・ゾーは、ハリウッドのセレブ御用達のトップ・スタイリストの１人だ。映画界、テレビや音楽業界で活躍するスターたちが、１日何千ドルも支払って雇うファッショニスタ（ファッションに敏感でセンスがあり、流行をリードする人）だ。

10年前、セレブ専用のスタイリストという職業は存在していなかった。だが映画のプレミア、授賞式や慈善の催しなどイベントが増え続けるなかで、出席するスターたちの誰もが『ヴォーグ』からそのまま抜け出してきたかのような格好を要求されるようになり、ハリウッドでは個人付きの広報、アシスタント、トレーナーやシェフと同じくらい、スタイリストが重要な役割を果たすようになったのである。

セレブ専用のトップ・スタイリストたちはパリ、ミラノ、ニューヨークやロサンゼルスで開かれるコレクションに出席し、ショールームを訪れ、スタイル・ドットコムのような最新ファッション情報のサイトをたえずチェックし、クライアントのためにいちばんおしゃれで、セクシーで、豪華なワードローブを見つけるために買物をしまくる。アカデミー賞やゴールデングローブ賞授賞式のような大きなイベントでは、彼らはセレブにつきっきりで服を着せ、ジュエリーをつけ、サッシュを結んでやる。トップクラスのセレブが「メディアに露出」するときは――デヴィッド・レターマンのトークショーへの出演から、レッドカーペット上での撮影まで――彼らにスタイリストがついているのはまちがいない。それは高級ブランドにとって「１００万ドルの広告費に値する無料のパブリシティ」だとゾーは語る。

ブランドと広告の歴史

高級ブランドは、最近まで宣伝広告とはほとんど無縁の存在だった。

米国シャネル前社長のアリー・コペルマンがかつて私に言ったように、もともと高級ブランドの経営者やデザイナーたちは、「ファッションを宣伝するなどとんでもない。そんな安っぽいことはできない」と考えていた。その考え方を変えたのが、ミラノのジョルジオ・アルマーニやジャンニ・ヴェルサーチ、そしてニューヨークのラルフ・ローレンやカルヴァン・クラインなど、1970年代に台頭した世代のデザイナーである。彼らはリチャード・アヴェドンやブルース・ウェーバーといったファッション写真のトップカメラマンを雇い、ジャニス・ディキンソン、ジェリー・ホールやブルック・シールズというスーパーモデルを起用したキャンペーンを張って彼女たちをスターにし、ファッション誌とアート誌の両方で広告を展開した。

1987年、シャネルはオートクチュール部門のクチュリエにカール・ラガーフェルドを起用し、アマチュアながらカメラマンとしても優れた腕前をもっていた彼は、広告写真を自ら撮り始めた。この動きに他のブランドも追随《ついずい》した。

「ファッション産業の競争が激しくなり、もっと攻めの姿勢が求められるようになったからだ」

コペルマンはそう説明する。

「広告はマーケティング戦略のひとつになった」

1990年代にファッション産業は拡大し、広告の規模も大きくなった。グッチは1993年に、収益の2・9%にあたる590万ドルだった広告費を、1994年には4・6%の1160万ドルに増額した。2000年、グッチ・グループ全体の広告費は約2億5000万ドル、売上高の13%に達している。

一方、LVMHは2002年、売上げの11%にあたる10億ドル以上を広告費にかけており、ファッション誌最大の広告出稿者となった。ベルナール・アルノーはかつてこう自慢したことがある。

「我々は世界最大の高級ブランド商品の広告出稿者だ。正確な数字は教えられない――秘密を明かすわけにはいかないからね――が、カネを出せば出すほど得られるものは大きい」

デザイナー、もしくは１９９０年代に新たにクリエイティヴ・ディレクターと名づけられた人々が、この過程において不可欠な役割を果たした。突拍子もないコンセプトをひねりだし、モデルとカメラマンを選び――ラガーフェルドは引き続きシャネルのファッション・キャンペーンを自ら撮影した――ブランドのスポークスマンとなった。

たとえばグッチではトム・フォードを前面に立てた。

「ドメニコ（・デ・ソーレ）とトム（・フォード）が、役員会の席上で、『グッチをどう変えていったらいいと思う?』と尋ねた。そこで、『それじゃトムをスターにしよう』って決めたんだ」

２００１年当時、グッチの財務担当だったロバート・シンガーは振り返って言う。

その後、フォードは雑誌の人物紹介記事やテレビのインタビューに登場し――撮影場所にはよく彼の豪邸が使われた――ニュースを提供するために記者会見を開き、ジェットセット族と世界を飛び回り、奇矯《ききょう》な行動でゴシップ欄にネタを提供した。やがてフォードとグッチは享楽主義的なライフスタイルでひとくくりにされるようになり、「信じられないほどの数のバッグを売る基盤となった」とシンガーは語った。

しばらくは効果があった。だが、やがて高級ブランドをクライアントに抱えるパリの広告代理店、ＢＥＴＣのクラウス・リンドルフが解説するように、高級ブランド各社は「きれいな女の子が出ているきれいな写真」以上の広告が必要だと気づいた。もっと魅力のオーラを漂わせているような実在の人物が求められている。

そこで彼らが目をつけたのが、ハリウッドだったのである。

ハリウッド・スターは最高の宣伝媒体

ハリウッドは高級ブランドと長く深いつきあいがある。
1920～1960年代のハリウッド映画の黄金期、ジャック・ワーナーやルイス・B・メイヤーといった映画撮影所のトップは意のままに制作現場を操り、映画界には巨額のカネが流れこんだ。銀幕に登場するスターたちは気取ったアクセントでしゃべり、豪邸に住み、使用人を雇い、派手に着飾り、観客たちに夢を与えた。

夢の最初のつくり手はコスチューマーと呼ばれる衣装デザイナーだった——主役からエキストラまで、映画に出演するすべての登場人物の衣装一式をつくる、撮影所に雇われたデザイナーたちである。1930年代にMGMの衣装デザイナー、エイドリアンがグレタ・ガルボのためにデザインしたバイアスカットのロングドレスは、神々しいほど美しく、何人ものファンから売って欲しいと懇願する手紙が届いたほどだった。また、パラマウントの衣装デザイナー、トラヴィス・バントンがマレーネ・ディートリッヒのためにつくったロングドレスとスリムなタキシードは、「ディートリッヒをつくった」とダイアナ・ヴリーランドに絶賛された。

コロンビア・ピクチャーズの衣装デザイナー、ジャン・ルイには天才的なセンスがあり、「ハリウッドの魅惑の貴公子」と呼ばれるほどの名声を博した。彼の傑作が、リタ・ヘイワースが『ギルダ』で着た、黒サテン地のアワーグラス・ガウン（砂時計のように豊かなバストとヒップと、ウエストのくびれを強調したロングドレス）と、マリリン・モンローがジョン・F・ケネディに「ハッピーバースデイ」を歌ったときに着た、シフォン地にビーズをちりばめた、肌にぴったりはりつくドレスだ。

スターはその豪華さをたっぷり味わった。サイレント映画時代のグロリア・スワンソンは、しなやかなサテン地のロングドレスに身を包み、ダイアモンドをきらめかせ、ミンクやアーミンの毛皮をはおってスクリーンの内外に登場した。保安警備会社、ピンカートン社のセキュリティ・ガードは、スワンソンの撮影所内の着替え室まで宝石箱を持ってやってきた。

「大衆は私たちスターが王族のような暮らしをすることを望んでいるのよ」とスワンソンは言った。「だからそのとおりにするの」

ジョーン・クロフォードは1日に10回着替えることで有名だった。「ファンレターの返事を書くときだけ着る特別な衣装ももっていた」と監督のジョゼフ・マンキウィッツは明かす。旅行のときには40ほどのスーツケースをもって移動し、気に入ったデザインの帽子は色とりどり12個ずつつくらせ、毛皮のコートは16枚もっていた。

「そういうのを見ると、ああ、私はスターだなと思うのよ」彼女は語っている。「映画では、脚本より私のワードローブにかかっている金額の方が多い」と言ったこともある。

「あのころの女優にはファッションセンスがあった。最初はセンスがなくても、磨いたのよ」

『風と共に去りぬ』で、メラニー役を演じたオリヴィア・デ・ハヴィランドはある冬の午後、パリのタウンハウスで私にそう話してくれた。

「一般大衆の期待に応えるために、この職業には磨かれたファッションセンスが欠かせない才能のひとつだから。ある日、映画の撮影に行くと、フランシス・ファーマーが、休憩時間にスッピンのままのだらしない格好でいて、誰かが『あれがフランシス・ファーマーだなんて！　信じられない！』という声が聞こえてきたの。それ以降、私は外見に細心の注意を払うようになった。つねに非の打ちどころのない美しさでいることが、女優という職業に課せられた責任だったのよ」

このころから、映画スターが着ることによる宣伝効果はめざましかった。クロフォードが1932年『令嬢殺人事件』で着た、エイドリアンがデザインした白いロングドレスのコピーを、メイシーズは50万枚販売した。1956年、グレース・ケリーがモナコのレニエ大公と結婚するときに、MGMの衣装デザイナー、ヘレン・ローズがデザインしたウェディングドレスは、もっともコピーされたひとつだ。ハリウッドのスターたちはシアーズ・ローバックのカタログのために衣装を宣伝し、メーカーはラベルにスターのサインをつけて売った。シャーリー・テンプルやジョーン・クロフォードのサインが刺繍されたラベルは、最上級品の証明だった。

デザイナーとスターの蜜月時代

ハリウッド御用達のトップの靴屋となったのは、イタリア、ナポリ東部の寒村出身のサルヴァトーレ・フェラガモだ。1914年、兄弟とともに最初の店をカリフォルニア州サンタバーバラに開いたフェラガモは、アメリカン・フィルム・カンパニー制作の映画向けにブーツや靴をつくっていた。この撮影所所属の女優たち——メアリー・ピックフォードと妹のロティ、ポーラ・ネグリ、ドロレス・デル・リオ——は映画の中で履いたフェラガモの靴が非常に気に入り、プライベート用にパンプスを注文した。

1920年代はじめ、フェラガモはロサンゼルスに移転し、ラスパルマス大通りとハリウッド大通りの交差点にハリウッド・ブーツ・ショップを開業した。セシル・B・デミルの『十戒』や『キング・オブ・キングス』といった大作映画のために「古代ローマ人風」サンダルをつくり、グロウマンズ・チャイニーズ・シアターのフロアショーに出演するダンサーたちの足元を飾った。ルドルフ・ヴァレンティノ、リリアン・ギッシュ、クララ・ボウやジョン・バリモアたちからもオーダーメイドを受けた。フェラガモはハリウッド社交界の渦中に飛び込んだ。
「ヴァレンティノはビーチウッド・ドライヴにある私の家にふらりと立ち寄って、イタリアでの好みどおりにつくられたスパゲッティを食べていった。美しい若者で、いつも申し分なく礼儀正しかった」

著書『夢の靴職人――フェラガモ自伝』（邦訳は文藝春秋）でフェラガモはそのように書いている。

禁酒法時代には、靴を買うという名目で、ジョン・バリモア、メアリー・ピックフォードやダグラス・フェアバンクスが彼の家に一杯やりに立ち寄っていたことも打ち明けている。だが、どれだけスターたちと親しくつきあっているようでも、フェラガモは「世界のトップスターたちは、私の名声を買いにサロンを訪れたのではない」ことはわかっていた。

「彼らは、足にフィットし、美しく見せてくれる靴を買いにやってきたのだ」

当時、パリのオートクチュールのメゾンとハリウッドとの関係は限られ、ときにはきわめてもろかった。ココ・シャネルは1930年代はじめに5本ほどの映画の衣装をデザインしたが、すぐに苛立ちを募らせてパリに戻ってしまった。ディオールも、気に入った数名の女優のためには衣装デザインを引き受けた（アルフレッド・ヒッチコック監督『舞台恐怖症』のマレーネ・ディートリッヒの衣装や、ノーマン・クラスナー監督の映画に出演したオリヴィア・デ・ハヴィランドの衣装など）が、ブリジット・バルドーが演じる花嫁のウェディングドレスのデザインは拒絶した。

「俗っぽい映画に自分のデザインを提供して、最上流階級の顧客の不興を買う危険をディオールが冒すはずがなかった」この件について、マリー＝フランス・ポシュナはこう書いている（“Christian Dior : The Man Who Made the World Look New”）。

「ディオールはスノッブな人だった。彼のなかで生きて呼吸している貴族たちを、舞台やスクリーン上で彼らの貧弱なまねごとをする俳優たちよりもはるかに上に位置づけていた」

フランスのクチュリエでは、ユベール・ド・ジヴァンシーだけがハリウッド・スターを高級ブランドの大使だと考えていた。だがその彼でさえも、スターを重視するようになるまでに時間がかかった。

1953年、パラマウントはパリのジヴァンシーに電話をかけて、『麗しのサブリナ』に主演するミス・ヘップバーンのために、何着か衣装を見つくろってほしい」と依頼した。

ショートカットで、Tシャツにギンガムチェックのパンツをはき、ノーメイクの女の子が現れたとき、ジヴァンシーは驚いた。当時のハリウッドの大スター、キャサリン・ヘップバーンがやってくるものと思い込んでいたからだ。ジヴァンシーは少年のようなオードリー・ヘップバーンに、次シーズン用の服がかかっているラックを指し、好きな服を選んでください、とていねいに頼んだ。

「彼女の相手をしている時間がなかったからね」とジヴァンシーは回想している。

「2回目のコレクションを製作している真っ最中で、当時はスタッフも大勢いなかったんだ」

その夜ディナーをともにして、オードリー――彼女もヨーロッパの良家の出身だった――の社交的な魅力にふれてはじめて、ジヴァンシーは手を組むことができるかもしれない、と思った。『ティファニーで朝食を』と『シャレード』を含むその後の映画でオードリーの衣装をデザインしたジヴァンシーは、彼女を説得して自社の香水『ランテルディ』の広告キャンペーンのモデルに起用した。映画スターが香水の宣伝に自分の顔を使うのを許可した最初である。

ヘップバーンがスクリーンの内外で前代未聞のPR活動をしてくれたおかげで、ジヴァンシーはクチュールの小さなメゾンから、グローバルに認知され、経営的にも成功した最初の高級ブランドのひとつとなった。しかし、それでも他の高級ブランドがハリウッド・セレブのもつパワーを理解し、利用するまでにはその後何十年もかかったのだった。

衣装デザイナーの絶滅

1950年代、テレビ時代の到来と、ハリウッド独占禁止法裁判の判決（米最高裁が撮影所に対し、傘下にあった映画館チェーンを売却するよう命じた）によって、映画産業は財政的に逼迫《ひっぱく》し、事業の運営方法を変えなくてはならなくなった。

衣装デザイナーをはじめ、俳優や技術スタッフはしだいに撮影所との専属契約を解除されてゆき、多くの衣装部門が閉鎖された。次第に映画が現実的なテーマを扱うようになったことも、衣装部門の境遇をさらに悪化させた。俳優たちが日常的な服で日常生活を送る一般人を演じるようになった結果、1960年代半ばまでに、映画の衣装デザイナーという人種はほぼ絶滅した。

「映画会社はデザイナーの仕事部屋を閉鎖し、デザイナーたちを追い払った」

1960年代はじめにジャン・ルイとイーディス・ヘッドのアシスタントとしてキャリアをスタートしたボブ・マッキーは私にそう言った。

「パラマウントはイーディス・ヘッドを切った。それが転換点となった。私は撮影所のデザイナーになりたかったけれど、映画界に入った時点でその仕事はもう終わっていたんだ」

イーディス・ヘッド、ヘレン・ローズ、ジャン・ルイといった撮影所所属の衣装デザイナーが豪華なワードローブを無料でスターに提供しなくなったため、プレミアやアカデミー賞をはじめとする授賞式に出るときに着る服をスターたちは自前で調達しなくてはならなくなった。ドン・ローパーやジェームズ・ガラノスといった地元のデザイナー、バロックス、I.マグニンというデパート、そしてロデオドライブにあったジョルジオ・ビヴァリーヒルズという、ヨーロッパスタイルの流行の先端を行くブティックなどでスターたちは服を探した。
だが、概して「ロデオドライブはファッショナブルな通りではなかった」とフレッド・ヘイマンは私に言った――少なくとも彼が店を開くまでは。

ハリウッド　伝説のブティック

ハリウッドのファッションを、ひいては今日の米国における高級ブランドの小売市場を理解するためには、アメリカ人に近代的高級品ショッピングのありかたを、自ら創設したブティック、ジョルジオ・ビヴァリーヒルズで示したフレッド・ヘイマンを外すわけにはいかない。2004年10月、ロデオドライブ近くにあるヘイマンのオフィスを訪ねた私は、近所の彼の行きつけのレストランで、80歳を目前にしてもなお粋《いき》でありつづける彼に話を聞いた。

1925年、スイスのサンギャルという小さな繊維の町で生まれ育ったヘイマンは、幼いときにニューヨークに移住する。17歳でコンラッド・ヒルトン・チェーンの有名一流ホテル、ウォードルフ・アストリアの厨房で見習いを始め、やがて宴会担当マネジャーまで出世した。1955年、ヒルトンから、新しくできたビヴァリー・ヒルトンのダイニングルームを任せたいのでロサンゼルスに異動するよう言われたヘイマンは、ウォードルフから50人のスタッフを連れてロスに乗り込み、〝ヘイマン流〟の経営スタイルを身につけるよう指導した。ヘイマン流とは、個人を大事にするサービス、非の打ちどころのないマナーと見えないところまで徹底する完璧主義だ。ビヴァリー・ヒルトンはすぐに超一流ホテルとみなされるようになり、クラーク・ゲーブル、ノーマ・シアラーやアイリーン・ダンといったスターの行きつけの場所となった。

1950年代後半、ヘイマンは、ロデオドライブから1本入ったデイトン・ウェイにあるビルに投資した。そのビルにはジョルジオという婦人衣料品店が入っていた。これをきっかけに小売業の楽しさに目覚めたヘイマンは、ホテルをやめてパートナーから所有権を買い取り、店を自分のものにする。ロデオドライブ273番地にある隣の店も買い取ると2軒をつなげ、明るい黄色と白のストライプの日よけをかけ、ビリヤード台を置いて、「アルコールを数本ばかり並べた」オークバーをつくった。制服を着たバーテンダーが、買い物客に無料でお茶、カプチーノ、ワインやカクテルをサービスした。片隅には居心地のよい居間のような空間があり、暖炉にゆったりと座れる椅子と新聞ラックが置かれた。ヘイマンの3人目の妻、ゲイルが店のバイヤーをつとめた。

エリザベス・テイラー、バーブラ・ストライサンドやナタリー・ウッドといった常連客たちとおしゃべりを楽しみ、販売員のきれいな女性たちがホルストン、ダイアン・フォン・ファーステンバーグ、オスカー・デ・ラ・レンタやクリスチャン・ディオールの最新コレクションを、自らモデルになって着こなした。

ヘイマンのやり方は、ビヴァリー・ヒルトンと同じように、顧客の1人ひとりに個人的なサービスを尽くすことだ。

「お客様が店で買い物をすれば、礼状を書きました。お客様お1人ずつのファイルをつくり、それは厚いものでした。しばらくお買い物していらっしゃらなければ、どうなさっているか、手書きの手紙で連絡したものです」とヘイマンは私に語った。

その手紙は273のナンバープレートをつけたロールスロイス・シルバーレイスで届けられた。

「ジョルジオは婦人服店ではありませんでした。そこはお客様の〝我が家〟だったのです」

ヘイマンの唯一の商売敵は、1968年、ヨーロッパの高級ブランドとして最初にロデオドライブにブティックを開業したグッチだった。創業者グッチョ・グッチの息子で、当時会社のトップだったアルド・グッチには、ロデオドライブがやがて一流店が並ぶショッピング街になるという読みがあった。

グッチ店は目を見張る壮麗さだった。ガラス張りのウィンドウとブロンズの正面扉は壮麗という表現がふさわしく、なかに入るとグッチのブランド・カラーであるグリーンのカーペットが敷き詰められ、シャンデリアが吊るされている。2階はガッレリアと呼ばれるクチュールのサロンになっていて、VIP客はガラス張りのエレベーターで上がった。グッチにはグレース・ケリー、ソフィア・ローレン、ジョン・ウエインといった有名人の上質な顧客がついていた。フランク・シナトラはグッチのローファーをこよなく愛し、ロデオドライブの店がオープンするよりはるかに以前から、秘書に命じて取り寄せさせていたほどだ。1970年代後半、有名人や観光客を相手にグッチのバッグ——100ドルのベーシックなデザインから、1万1000ドルのワニ革まで——は飛ぶように売れ、店長が「最大の問題は品不足です」とこぼすほどだった。ライバルのヘイマンも「グッチの店は大繁盛していました」と語る。

数年のうちにジョルジオとグッチはロデオドライブを一流高級ショッピング街に変え、富裕な顧客を惹きつけただけでなく、他のブランドへの呼び水となった。

ラルフ・ローレンは1971年にポロの第1号店を開いた。イヴ・サンローラン、セリーヌ、クレージュ、宝石店のフレッドが続き、地元の小売店やガソリンスタンドがファッショナブルなブティックに変わった。超のつく金持ちがロデオドライブに集まり、気前よくカネを使った。1977年、ジョルジオ・ビヴァリーヒルズは500万ドルの収益を上げたが、これは当時米国でもっとも成功していたデパート、ブルーミングデールズの1㎡あたりの売上高の4倍以上だった、と『ニューウェスト』の当時の記事には記されている。

「時代がよかったし、我々は時代の波に乗っていました」

ヘイマンは笑いながらそう言った。

1985年、シャネルが米本土で最初の店をロデオドライブにオープンした。そのきらびやかな内装はこの通りの高級感をいっそう高めたという。

このようなことは、ロサンゼルス以外では実現できなかっただろう。LAは若く自由な都市で、保守的な出自から逃れ、新しい人生を始めようとした人たちがつくった街である。主要産業である映画も、また、それを支える資本も新しかった。権威もスノビズムも伝統的な階級の縛りもなかった——少なくともその当時はまだなかった。米国の他の古い歴史のある都市とはちがって、上流階級でなくても、一流品を身につけていなくても、高級ブティックで買物ができた。カネさえあれば、高級店に行けたのである。

アカデミー賞授賞式の時期、当時のロデオドライブにはスターたちが往来していちばんの繁忙期だった。そのころの様子をヘイマンが回想する。

「アカデミー賞で着る衣装を決めるのにスターたちは何ヵ月もかけていましたよ。あのころは、スターに服を届ける人などいませんでしたからね」

問題は、スターの大半が洗練された趣味をもっておらず、もはや撮影所の衣装デザイナーに教わることもできなかったことだ。カジュアルな服装にドレスダウンする術《すべ》は知っていても、ドレスアップする術は誰も知らなかった（デミ・ムーアが1989年のアカデミー賞授賞式で、スパンデックスのバイシクルパンツに黒いケープをはおってレッドカーペットに現れた姿を忘れられる人はいないだろう）。

スターには、以前のようにエレガントな装いを教える人が誰か必要だった。そしてその役目を喜んで引き受けたのが、ジョルジオ・アルマーニだったのである。

アルマーニのハリウッド進出

１９７０年代半ば、イタリアでは既製服デザイナーに新世代が台頭し、工業都市だったミラノをまたたくうちに重要なファッション都市へと変えた。新世代の１人は南部のカラブリア州出身のジャンニ・ヴェルサーチで、娼婦の服装にヒントを得たラメとレザーを駆使した服で有名になった。ジャンフランコ・フェレは建築家を志していたデザイナーらしく、高度に計算された構築的な服をつくった。そしてハンサムで物静かな男、ジョルジオ・アルマーニは、ソフトスーツと呼ばれるスタイルを編み出した。

ジョルジオ・アルマーニとその渋いデザインを理解するには、幼少期までさかのぼらなくてはならない。１９３４年、彼は３人きょうだいの真ん中として、ミラノから65キロほど離れた工業都市、ピアチェンツァに生まれた。街は当時、連合軍の絶え間ない爆撃にさらされていた。

「空爆のとき、３歳だった幼い妹と防空壕に身をひそめていました」と彼は振り返る。友だちと外で遊んでいるときにもよく爆撃があり、そんなときは空襲警報が鳴り響いて、子どもたちは防空壕に飛び込まなくてはならなかった。だがある日、今では思い出せないが何かの用事があって彼は友だちと一緒に防空壕には入らず、その結果、友人は死んで、ジョルジオは生き残った。

「ほんとに運がよかったです」ミラノでインタビューしたとき彼はそう語った。

もっとも運があまりよくなかったこともあった。近所の少年たちと、連合軍が落とした弾薬筒を見つけて火薬を抜いて遊んでいたとき、いきなり爆発したのだ。のぞきこんだジョルジオの全身が炎に包まれた。40日間入院し、純度１００％のアルコールが入った水槽につけられた。サンダルのバックルが燃えて張り付いた痕が今も足に残っているという。

「いやな時代でした」控え目に彼は言う。「あのころの記憶は今も焼きついています」

物心つくころから、視覚的な美に対するアルマーニの非凡な才能ははっきりと現れていたようだ。戦争が終わってすぐのクリスマスに、彼の母はローストチキンを焼いてお祝い用のテーブルセッティングをした。だが、幼いジョルジオは母のやり方が気に入らず、不機嫌な顔になった。

「たくさんものが並びすぎていたんですよ――センターピースとしてテーブルの中央に花を活けた花瓶が置かれ、あちこちに小さな花が飾られていました。母にこう言ったのを覚えています。『ひとつだけにしぼって、いろいろなものを置かないほうがいいよ』とね」

最初母は取り合わなかったが、息子が部屋を出ていくとセンターピースを片づけた。

「母は、私が人とはちがい、美や外見に対して特別な感性を持っていることをよくわかっていました。何が美しくて、何が醜いかを見分ける力があることに気づいていたんです」

以来、母は装飾に関して息子の意見を求めるようになった。

「母は、私の仕事と人生の方向性に影響を与えた唯一の女性です。簡素だが、厳格で真摯な生き方で、私に進むべき方向を示しました。寡黙な人でしたが、口に出す言葉には重みがありました」

１９５５年、アルマーニはミラノの医学校に入学したが、すぐに医者には向いていないと気づき、ラ・リナシェンテというミラノのデパートに就職した。８年間勤める間に、カメラマン、ウィンドウディスプレイ担当者、紳士服バイヤーのアシスタント、ファッション・コーディネイターの仕事をした。どれもやりがいのある仕事ではあったが、あわただしかった。

当時のイタリアでは、お金もセンスもある男性は行きつけの仕立屋で服を誂《あつら》えた。だが、そうではない男性たちは、サイズが限られ、仕立ての悪い服が並んだ貧相な売場で既製服を買うしかなかった。アルマーニはこの状況にショックを受け、なんとかしようと決意する。そこで、セルッティで紳士服デザイナーのアシスタントとして働き、スーツの構成と製造の基本を学んだ。このとき彼は、後のデコンストラクション、かっちりとした形をとらない非構築的なスーツの原点となるデザインを試みるようになり、メンズウェアで新しいシルエットをつくることに挑んでいる。数年働いてセルッティを辞めたアルマーニは、フリーランスになった。

「自分の道を究《きわ》めていく準備が整いました。独自の美を見つけ出したいと思ったのです」

1975年、アルマーニとボーイフレンドのセルジオ・ガレオッティは開業資金として1万ドルをかき集め、コルソ・ヴェネツィアに2部屋のオフィスを借りて、ジョルジオ・アルマーニ・ファッション・カンパニーを立ち上げた。ガレオッティが経営を担当し、アルマーニがデザインする。バイヤーを呼んで、住んでいたアパートの1階で最初のメンズウェア・コレクションを開き、それまでのかっちりとしたスーツの型を崩したアンストラクチャード・スーツという新しいシルエットを発表した。英国の伝統的なスーツに使われる紺、黒、チャコールグレイのウールやフランネルを捨て、オリーブ、モーブ、スレートブルー、後に「グレージュ」と名付けられて彼のトレードマークとなるグレイがかったベージュの色を使い、軽くてしなやかなリネン、ウールジャージーや梳毛素材で仕立てた。3ヵ月後、今度は紳士物素材を使って同じスタイルで婦人物をデザインした。

「フェミニズムの時代でした」とアルマーニは私に言った。

「女性たちは可愛らしいドレスや、身体の線を出したスーツを超える服を求めていました――力強さとパワーを与えてくれる服です。イヴ・サンローランはその願いをかなえて成功していましたが、もっとわかりやすく、もっと多くの人たちに手が届く形で提供したかった。そこで私のオフィスで働く女性たちが、紳士物のスーツを見て『こういうのを私たちだって着たい』と言っているのを聞いて、サンローランが打ち出した精神を若干変えた形にしてみました」

ニューヨークの紳士服店、バーニーズのオーナーだったフレッド・プレスマンはアルマーニのスーツに天才を感じ、1976年6月ミラノに飛んで、アルマーニの服の販売権として1万ドル支払った（ジョシュア・レヴィーン“The Rise and Fall of the House of Barneys”）――駆け出しの会社にとっては目を見張るような大金だ。その代償として、アルマーニはバーニーズにニューヨーク市場における独占販売権を与えた。

アルマーニの米市場の初期の顧客は、映画監督でファッション通のマーティン・スコセッシ、コロンビア・ピクチャーズ社長のドーン・スティール、『トップガン』のプロデューサー、ドン・シンプソン（LAでアルマーニの販売が限られていたため、ニューヨークのバーニーズで一度に20着の黒のスーツをオーダーした）、ジョン・トラヴォルタを『サタデー・ナイト・フィーバー』と『グリース』でスターにしたマネジャーのボブ・ルモンドらがいた。

1979年、トラヴォルタがポール・シュレイダー監督の映画『アメリカン・ジゴロ』で高級売春夫の役を得たとき、ルモンドはシュレイダーに「ジョルジオ・アルマーニのスーツはトラヴォルタの役柄にぴったりだ」と話した。ロサンゼルスにいる、物腰がやわらかく、薄っぺらな売春夫がいかにも着そうな服だ。シュレイダーとトラヴォルタはミラノのアルマーニの仕事場で打ち合わせをし、役に合わせた衣装を一緒に考えた。

ところが撮影開始の数日前、トラヴォルタが『アーバン・カウボーイ』の主役に引き抜かれ、代わりに無名だったリチャード・ギアが抜擢される。だが、これがあまりにも適役だった。

アルマーニのソフトスーツはギアのさっそうと歩く姿を優雅に見せ、ぴったりしたシャツが筋骨たくましい上半身を引き立てた。ギアはスーツを無造作に着こなし、息を呑むほどセクシーだった。映画はアルマーニのファッションに対する評価を高めたが、販売はバーニーズと2～3軒のデパート・専門店に限られていた。

１９８２年、アルマーニはイヴ・サンローランにつぐ２人目のファッションデザイナーとして『タイム』の表紙に取り上げられる栄誉を授かり、米国での売上高も１４００万ドル近くに達したが、それでも世界全体の10％にすぎなかった。

アルマーニはハリウッドのスターやウォールストリートのビジネスマンにもっと自分の服を着てもらいたかった。そして、彼らもすばらしいスーツを欲していたのだった。

ファッションの伝道師

１９８５年、セルジオ・ガレオッティがエイズで亡くなった。独り遺されたアルマーニは仕事に全精力をつぎこんだ。そしてデザインを見るだけでなく、企業の経営戦略についても彼が方針を定めて実行していかなくてはならなくなった。

『アメリカン・ジゴロ』がパブリシティとして大きな効果があったことを知ったアルマーニは、米国の中間階層に商品を普及させるには、スターに着てもらうのがいちばんいいと悟る。１９８７年、ブライアン・デ・パルマ監督の『アンタッチャブル』に登場するギャングに着せる30年代風の衣装をデザインし、突如としてアメリカの大衆は、マディソン街にあるアルマーニの米国1号店に熱いまなざしを注ぐようになった。翌年、アルマーニは１２００㎡の、全面ガラス張りの大型店をロデオドライブにオープン。ＬＡの現代美術館を特別に貸し切り、ハリウッドでもっとも力があり、知名度の高い３００人を招待して、派手なオープニング・パーティを開催した。舞台は整った。欠けているのはひとつだけだ。

「私の服をイメージどおりに着こなすそれなりの人物が必要になりました」

ニューヨークでアルマーニは、ジャクリーヌ・ケネディ・オナシスの妹、リー・ラジウィルを「スペシャル・イベント・コーディネイター」として雇った。ラジウィルはバレエ、オペラ、チャリティ・ガラなどどこに行くにもアルマーニを着て出席し、彼女の社交界の友人たちもたちまちアルマーニを着るようになり、その姿がメディアに取り上げられた。

だが西海岸では？　ハリウッドの人たちにどうやってアルマーニを広めたらいい？　ラジウィルは姉の夫、ケネディ元大統領の姪で、ロサンゼルスに住んでいるマリア・シュライバーに話し、シュライバーは友人で『ロサンゼルス・ヘラルド・エグザミナー』の社交欄編集者のワンダ・マクダニエルに声をかけた。

マクダニエルは、1986年にシュライバーがアーノルド・シュワルツェネッガーと結婚したときにブライズメイドをつとめたほど仲が良い。そしてアルマーニにはマクダニエルが、保守的で洗練された面と、ハリウッド的な仕事の勘を程よく合わせもった人物に思えた。ミズーリ州メイコンで生まれ育った彼女は、ミズーリ大学の有名なジャーナリズム学部を出て、『ダラス・タイムズ・ヘラルド』で社交欄編集者としてキャリアを磨き、1977年から『ロサンゼルス・ヘラルド・エグザミナー』で働いている。

「LAで働き始めて最初の週、ビヴァリー・ウィルトシャーでイベントがあって、ジミー・スチュワート、ケイリー・グラントとジーン・ケリーが出席していたの」

マクダニエルはビヴァリーヒルズ・ホテルのポロ・ラウンジで私に思い出を語りはじめた。

「『どうしよう、私はここではあまりにも場違いだわ』と思ったのよ。だって、ダラスでのスターと言ったら、せいぜいアメリカンフットボールのチームの監督や選手なのよ。それが、LAには文字どおりの大スターがいる。だからケイリー・グラントのところに行って、『今週から働き始めた者ですが、とてもやっていけそうにないので、挨拶だけさせてください』と言ったの」

挨拶だけでは終わらず、ケイリー・グラントは彼女を自分の友人全員に紹介してくれた。数ヵ月もたたないうちに彼女はスターに顔が利くようになった。

翌年、マクダニエルは『ゴッドファーザー』や『ロンゲスト・ヤード』といった1970年代の大ヒット映画を手がけたプロデューサー、アルバート・ラディと結婚し、ビヴァリーヒルズ・ホテルで大勢のスターが出席する披露宴を催した。2人はハリウッドきってのパワーカップルとなり、彼女は高級ファッションに身を包むスター記者となったのだった。

1988年5月、アルマーニはマクダニエルを「エンターテインメント産業担当コミュニケーション部長」として雇った。任務は、「ハリウッド映画に出演する俳優たちにアルマーニを着せること」である。マクダニエルはセレブの個人広報担当者、マネジャー、エージェントとランチをともにし、ディナーパーティにはアルマーニを着て出席し、アルマーニのすばらしさを伝道した。アルマーニはすみやかにLAのプロデューサー、エグゼクティヴ、エージェントや政治力のあるブローカーのユニフォームになった。だがジョルジオ・アルマーニはそれ以上を望んでいた。映画スターが公衆の目に広く姿をさらす場所でアルマーニの服を着てパパラッツィに写真を撮られ、世界中の新聞雑誌にその写真が掲載されてセンセーションを引き起こす——といったようなことだ。

ジョディ・フォスターとミシェル・ファイファー

マクダニエルは最初の獲物を射止めた。ジョディ・フォスターである。

1989年、フォスターは『告発の行方』でレイプの犠牲者となる役を演じて、アカデミー賞主演女優賞を受賞し、その授賞式では、彼女がミラノでウィンドウショッピングをしていて購入したという、お尻に大きなボウがついたベビーブルーのイヴニングドレスを着た。

「あらゆる方面でその衣装は大不評だったわ」マクダニエルは言う。

「プレゼンターとして翌年のアカデミー賞授賞式の舞台に彼女がまた立つと知った私は、すぐに電話をかけて、『また来年もまちがいをしでかすつもり？　私たちに任せてくれない？』と言ってみたの」

ジョディの答えは次のようなものだった。

「願ってもないわ！　これから死ぬまで私のために（衣装選びを）やってちょうだいよ」

アルマーニは、ブライアン・デ・パルマ監督の１９８３年の作品『スカーフェイス』を見ていて、２人目の獲物を見つけた。すらりとしたしなやかな姿態の女性、ミシェル・ファイファーだ。マクダニエルはファイファーに連絡し、アカデミー賞授賞式用のドレスの提供を申し入れた。２人で一緒に選んだのは、ネイビーブルーの身体に張り付くラインのシースドレスだ。

「オスカーの日の午後、身支度を整えるために彼女の自宅に向かう直前に電話をかけて『小物にはどんなものを用意してる？』と訊いたの」

マクダニエルはそのときのことを振り返る。

「わからない」ファイファーは答えた。「こっちに来てあなたが決めて」

マクダニエルは手持ちのハンドバッグとジュエリーをいくつか車に積み、サンタモニカにあるファイファーの自宅に向かった。ファイファーがアルマーニのドレスに、こともあろうにボーイフレンドのフィッシャー・スティーブンスから贈られた小さなパールのネックレスをつけて階下に下りてきた。

「ミシェル」マクダニエルはほとんど咎《とが》めるような口調で言った。

「今日はオスカーなのよ」

マクダニエルは持ってきた大粒のバロック真珠の長いネックレスと、ワニ革の黒のイヴニング用クラッチバッグを取り出した。

「でも、これだけじゃ地味すぎちゃう!」ファイファーは不満げに鼻を鳴らした。

マクダニエルは自分の指にはまっていた大きなダイアモンドの結婚指輪を外すと、ファイファーに渡したのだった。

翌朝、『ウイメンズ・ウェア・デイリー』は、「苦悶と恍惚」というキャプションを掲げ、2枚の写真を並べた。1枚は、キム・ベイシンガーが自分でデザインした、片側だけ袖がついた一風変わった白いドレスを着た写真。そしてもう1枚は、抑制が効いて、どこまでも上品なアルマーニを着た輝かしいファイファーの写真だった。

1990年3月26日の授賞式でアルマーニを着たのは、ファイファーだけではなかった。主演女優賞を受賞したジェシカ・タンディ、助演女優賞にノミネートされたリーナ・オリン、主演男優賞にノミネートされたトム・クルーズ、助演男優賞を受賞したデンゼル・ワシントン、同じく助演男優賞にノミネートされたダン・エイクロイド、それにスティーヴ・マーティン、ジェフ・ゴールドブラム、デニス・ホッパーといった名優たち、そして授賞式の司会をつとめたビリー・クリスタルもアルマーニを着た。

「アルマーニの独り勝ちだったわ」マクダニエルは言う。

「その日、ハリウッドは私たちの独擅場だった」

『ウィメンズ・ウェア・デイリー』は、その年のアカデミー賞授賞式を「アルマーニ賞」と名づけた。

『ヴォーグ』編集長のアナ・ウィントゥアーは「これは革命」だと断じた。

「けばけばしく、装飾過剰の、下品といってもいいような服は終焉を迎えようとしている。アルマーニは映画スターに外見のモダンなつくり方を教えた」

より重要な点は、米国の大衆に実生活でも着ることができる魅惑の衣装を与えたことだ。アルマーニの売上げは急伸した。1990年から1993年にかけて、世界全体の売上高は2倍の4億4200万ドルになり、とくに米国での伸びが著しかった。これについて、ラルフ・ローレンの西海岸担当だったジェニファー・メイヤーは、「マクダニエルがたった1人で状況を変えてしまった結果だ」と断言した。

言いたいことははっきりした。レッドカーペットを歩くセレブに服を着せることが、高級ブランドビジネスにとっていちばん安上がりで最高の宣伝になる、ということだ。

「みんなが私を引き抜こうとしたわ」マクダニエルは苦笑しながら言う。

「ヴァレンティノも私を雇おうとした。ジャンニ・ヴェルサーチにはビヴァリーヒルズ・ホテルのプールの脱衣場を出たところで待ちぶせされた。『今はアルマーニのために働いているけれど、つぎは俺のところで働けよ』と迫られたわ」

すべての申し出を断り、彼女はセレブたちにアルマーニを着るよう説得し続けた。

すぐに、他のブランドもこぞってアルマーニに追随しはじめた。

カルヴァン・クラインは1年に2回、ビヴァリー・ウィルシャー・ホテルに厳選したセレブ――メグ・ライアン、アンジェリカ・ヒューストンやゴールディ・ホーン――を集めて西海岸限定のファッションショーを開き、ディスカウント価格で服を選べるように便宜をはかった。クチュールのメゾンは、旅費、ホテル代や衣装をすべて提供して、お気に入りのスターたちをパリやミラノで開かれるコレクションの最前列に座らせた。スターに課せられた任務は、パパラッツィの前で2分間ほど笑顔をふりまくことと、コレクションの後に開かれるディナーやパーティに顔を出すことだけだ。そうやってメゾンはアカデミー賞授賞式やゴールデングローブ賞授賞式をはじめ、レッドカーペットを歩く大きなイベントで、スターたちに服を着てもらえるためのいい関係を築こうとした。

売上げに与える影響は絶大だった。たとえばマドンナが１９９５年にＭＴＶ賞で着たグッチのサテンのシャツとヒップハングのパンツは、爆発的に売れた。数日のうちに世界中の店で、グッチのパンツにはウェイティングリストができた。

世界のトップセレブだった故ダイアナ元英国皇太子妃が、１９９５年にディオールのハンドバッグ――謹んで「レディ・ディオール」と命名された――を持っている姿が写真に撮られると、１個１０００ドルのこのバッグが10万個も売れ、そのおかげで１９９６年のディオールの年間収益は20％も伸びた。

１９９３年8月創刊の雑誌『インスタイル』が口火を切ったように、雑誌もセレブのスタイルにページを割くことで急成長した。『インスタイル』の存在意義は「(スターのゴージャスな) スタイルが手の届くところにある」ことを見せることだ、と創刊時の編集長、マーサ・ネルソンは私に語った。

「読者はモデルをいくら眺めても知り合いになった気がしないけれど、ある意味でセレブとは『知り合い』になった気がする。そこにあるのは魅惑の世界だけれど、遠い手の届かないところで輝いている世界ではない。セレブたちはテレビ、映画やポップミュージックのなかにいるのよ。人々の家の居間に座っているようなもの。決して神秘的存在ではないの」

やがて『ヴォーグ』『ハーパース・バザー』といった高級ファッション誌も、表紙にモデルではなくセレブを起用し始めた。

「その根底にある大きな理由は、セレブを出すほうが売上げが伸びるからよ」

『ヴォーグ』編集長のアナ・ウィントゥアーは私にそう説明した。

アカデミー賞授賞式は、高級ブランドにとって他のイベントとは比較にならないほど、最大かつもっとも重要なセレブがメディアに露出するイベントだ。

「オスカーは世界中で何百万、何千万人もの人々が視聴します」

グッチ・グループで元コミュニケーション担当部長だったリザ・シークが言う。

「ブランドのイメージにぴったりの男優や女優がレッドカーペットでブランドの服を着てくれ、彼らにデザイナーの名前を何回も何回も言わせることに成功したら、大センセーションが起きて世界を手に入れたも同然。その効果は計り知れません」

ベア・スターンズで高級ブランド商品のアナリストだったダナ・テルセイもこう断言する。

「ファッションやジュエリーのデザイナーにとって、受賞の期待が高いスターがレッドカーペットを歩くのは、まちがいなくもっとも重要な瞬間です」

宝飾品ブランド、ハリー・ウィンストンで働いていたキャロル・ブロディーは、２００５年のオスカーのとき私に、アカデミー賞授賞式のレッドカーペット上でセレブが自社製品をつけてくれたら「何年にもわたって1ヵ月に1回、ヒット商品が出る保証をもらったようなものだ」と言ったことがある。

「ハリー・ウィンストンの米国内の広告予算は年間１００万ドルを超えるかどうかというところだけど、10人中9人は『ハリー・ウィンストン？　ああ、知ってる。スターたちがつけている宝石だ』って答えるでしょ。セレブにつけてもらうことは、認知度を高めるうえで圧倒的な効力がある。ユマ・サーマンがプラダを、シャーリーズ・セロンがヴェラ・ワンを、ハル・ベリーがエリー・サーブを有名にした。米国人が高級ブランドに何十億ドルも使うのは、セレブが着ているからよ」

セレブに高級ブランドを着せてブランドやデザイナーの認知度を上げる手法は、しかし当時はまだ撮影所の衣装部屋の発想が抜けない個人的なつきあいのなかでの話だった。

「当時のセレブは私に直接コンタクトを取ってきた」とマクダニエルは言う。お茶を一緒に飲んで、３

階のVIPラウンジでおしゃべりをして、最新のイヴニングドレスを試着し、その後、階下にある店でちょっと買物をする。フレンドリーな商売で、あくまで個人的なサービスの域を出ていなかった。だが、マクダニエルの言葉を借りれば、「そこに突如として割って入ってきた人たちがいた」のである。

新しい権力者 スタイリスト

この章の冒頭で述べたようなトップ・スタイリストは、ファッション界においては比較的新しい人種だ。もともとスタイリストは、ファッション関係の編集者として、雑誌やカタログの撮影でモデルを着せ替える――もしくは「スタイリング」する――仕事をしていた。

しかし1990年代にオスカーやプレミアなど、パパラッツィが群がるイベントが爆発的に増えたことで、スタイリストにとってニッチな市場が生まれた。「セレブを飾り付ける」という仕事である。スタイリストはフリーランスになり、映画、テレビや音楽界のスターたちと個人的に契約を結ぶようになった。

ここでふたたび、レイチェル・ゾーにご登場願おう。

ゾーの定義によれば、スタイリストの仕事は「すべてを請け負うこと」だ。ショッピング、コーディネイト、着付けなど、スターのイメージに添った、もしくは彼らが望んでいるイメージに合わせ、統一された「らしい格好」をつくり、一般大衆の頭のなかに刻みつける。

スターがメディアツアーに出かけるときには服装一式――「ブラから靴まで」とゾーは言う――のポラロイドをいっぱいに貼り付けたノートを用意する。どのイベントにはどの一式を着るか、雨が降ればこっち、晴れればこれ、といった具合だ。

「どれだけ美しい女優でも、着こなしはわかっていないものです」

ファッションPR会社、ピープルズ・レボリューションを設立したケリー・カットローンは言う。

「公の席でデザイナーの名前を正確に発音することや、靴を履いたときの歩き方から教えなくてはなりません。そこにスタイリストが入りこむ余地があります。かつては撮影所がやっていたことを、今度はスタイリストが代わりにやっているんです」

またたくうちにスタイリストは実績で自分の名前を売り出すようになり、自分たちがファッション界のスターになった。たとえば、ジェシカ・パスターは1998年のオスカーで助演女優賞にノミネートされたキム・ベイシンガーとミニー・ドライヴァーのスタイリストとして名を馳せた。キムにはエスカーダのイヴニングドレスを、ミニーにはホルストンのコラムドレスにファーのストールを合わせて着せつけた。ベイシンガーが『L.A.コンフィデンシャル』で助演女優賞を受賞すると、エスカーダとパスターの知名度は急上昇した。以来、パスターはケイト・ブランシェット、ユマ・サーマン、ナオミ・ワッツ、ジョーン・アレン、ケイト・ベッキンセールのスタイリストをつとめている。

ミック・ジャガーの長年の恋人で元モデルのロレン・スコットは、写真家のヘルムート・ラングやハーブ・リッツのためにスタイリングを担当したことからこの道に入った。スコットのスタイリングは、洗練されたオートクチュール的な雰囲気が特徴だ。いちばんのクライアントはニコール・キッドマンだが、マリサ・トメイとサラ・ジェシカ・パーカーのスタイリストをしたこともある。

やはりモデルからスタイリストに転じたフィリップ・ブロックは、2002年のオスカーでハル・ベリーに、それまで無名に近かったレバノン人デザイナー、エリー・サーブのドレスを着せたことで有名になった。主演女優賞を獲得したベリーがベストドレッサーに挙げられ、サーブがパリのクチュリエ並みの高評価を得るという動きが同時進行で起こった。ブロックは著書を出版し、ライクラとVISAカードのスポークスマンになり、2007年には「ハリウッドの魅惑を大衆に」を売り文句に、中間階層のライフスタイルに合わせたコレクションを発表した。

　レイチェル・ゾーはたぶん、2005年にジミー・チューがオスカー用に設定したサロンで私が会ったとき、いちばん人気のスタイリストだったと思う。クライアントには『ニューヨーク・ポスト』のゴシップ欄に登場するようなセレブがずらりと顔をそろえる。サルマ・ハイエック、ジュリー・デルピーに始まり、リンジー・ローハン、ニコール・リッチー、ミーシャ・バートン、ジェシカ・シンプソンなどだ。スター自身にセンスがあり、組み合わせのヒントを出して手助けするだけでいい人もいるが、そうでない人たちには、完璧な非の打ちどころがない新しいスタイルを一から全部つくっていってあげなくてはならない。1日6000ドルと言われる報酬で、ゾーはTシャツとジーンズしか着ない人を高級ブランドの看板モデルへと変身させる。

「ディナーやランチに行くときはもちろん、朝、ほんの数分だけ家の外に出るときや眠りにつくときでさえも、（セレブの女性は）写真に撮られるのよ」とゾーは言う。

　ニューヨークのデザイナー、マイケル・コースが指摘するように、「我々はかつてないほどのパパラッツィの時代に生きている。驚くほど多くの女性がタブロイド紙からファッション情報を得ている。だから（ゾーは）、被写体として狙われる女性たちが、スターバックスに寄るときでさえも、はっとするほど魅力的に豪華に見える術を編み出した」

　2006年の夏ごろには、高級ブランドのショーで彼女のつくったファッションがひとつのスタンダードになるほどにまで、ゾーの影響力は大きくなった。ゾー自身の熱烈なファンまで現れ、出席したコレクションでサインをせがまれることもあった。

　レイチェル・ゾー・ローゼンヴァイグは1971年、エンジニアの父とカリフォルニア大学バークレー校出身の母のもとに、2人姉妹の妹としてニューヨークで生まれ、ニュージャージー州ショートヒルズで育った。彼女は幼いころから高級なものが好きだった。

「13歳から『ヴォーグ』を読んで、一流に憧れていたわ。父がいつも話すんだけれど、安物雑貨店みたいなところに連れていかれても、私は必ずその店でいちばん高額の1ドルのものを見つけてきたんですって」

13歳でパリに家族旅行に出かけたとき、ゾーは貯金でルイ・ヴィトンのモノグラムのメッセンジャーバッグを買った（まだそれを大事に持っていて、数百個あるヴィトンのバッグの1個としてクローゼットにしまってあるそうだ）。ワシントンDCにあるジョージ・ワシントン大学で社会学と心理学を学び、ジョージタウンにあるレストラン、モナ・リザで接客の仕事をしていたゾーは、そこでロジャー・バーマンというイケメンのウェイターと出会って恋に落ちた。

2人は1998年に結婚する。バーマンは投資銀行で働き、現在はIT企業の社長だ。一方のゾーは大学を卒業すると、大学院に進学して精神科医になろうかと考えたが、結局就職するほうを選んだ。友人の友人が『YM』誌のファッション・アシスタントの口を紹介してくれた。

「いいじゃない！」と彼女は即断で引き受けた。日給75ドルで、週に3日働く仕事だったが、3年以内にゾーは『YM』のシニアファッションエディターになった。

「その仕事を本当に愛していたから、生涯やっていこうと思っていたの」そう彼女は言う。1997年、彼女はファッション誌のスタイリストとしてフリーになった。セレブを担当することが増え、レッドカーペットで着る衣装のスタイリングを頼まれることもしばしばだった。ゾーはすぐに個人顧客を何人も抱えるようになり、その中にはバックストリート・ボーイズのメンバーやブリトニー・スピアーズ、エンリケ・イグレシアスがいた。

ゾーがトレードマークとするスタイルは、映画『サタデー・ナイト・フィーバー』と初期のシェールのファッションが合体したような格好だ。昼間は、スキニーのクロップドジーンズに、丈の短いぴったりしたジャケット、足元はワニ革のスティレットでじゃらじゃらとチェーンをつける。夜には、身体にぴったりはりつく、しなやかなロングドレスだ。お気に入りのデザイナーはシャネルのカール・ラガーフェルド、クリスチャン・ラクロワ、ジョン・ガリアーノ、マーク・ジェイコブス、トム・フォード。

「もしもタトゥーを入れるとしたら、『トム・フォードよ永遠に』と彫るわ」

２００５年、『ハーパース・バザー』のインタビューで彼女はそう言ってのけた。ヴィンテージもの、とくにホルストン、エミリオ・プッチとイヴ・サンローランの服はコレクションしていて、よく使う。ゾーは自分用のワードローブを、「女の子たち」と彼女が呼んでいる顧客のリンジー・ローハン、ニコール・リッチー、ジェシカ・シンプソンらに惜しげもなくタダで着せて自分とそっくりな格好をさせる。そのため、ファッション関係のメディアは彼女たちを「ゾー・クローン」と呼ぶ。

『コスモポリタン』での連載や、テレビの人気トークショー『オプラ』への出演、ニューヨークのバッグ・ブランド、ジュディス・レイバーでカプセル・コレクション（個人が自分のセンスで選んだアイテムだけを集めて売り出す商品ライン）のデザインなども含め、ゾーはスタイリスト以外にも仕事の幅を広げている。そのファッションセンスと知名度から、今や無名の富裕層からも仕事の依頼があるほどだ。

「LAに3日間旅行する人から、1日2万ドルでショッピングにつきあって欲しいと頼まれるわ」信じられないでしょ、という顔で彼女は言った。

「パリに娘を連れて行って、ショッピングにつきあってくれ、っていう依頼もあったわ」

高級ブランドのデザイナーたちから、レッドカーペットに登場する服について相談を受け、デザインのアドバイスもしている。

「デザイナーは自分の顧客を知る時間がないのよ――コレクション製作で忙しすぎるから。それにメディアのプレッシャーがすごいでしょ。だから私の出番となるわけ。顧客は――エージェントや広報もだけれど――みんな私のところに『お願い、助けて！　力を貸して！』と言ってくる」

2007年3月、彼女は、1970年代に米国で大人気だった伝説のファッションブランド、ホルストンの諮問委員となり、クリエイティヴ・コンサルタントとして契約した。

ゾーは1年中、顧客の衣装選びに忙しく過ごしているが、なかでもオスカーのシーズンは「ふだんの倍以上の超繁忙期」だと笑いながら語る。

「1月から3月までは睡眠なんて言葉は忘れちゃうわ。100万回くらいフィッティングして、アクセサリーを集める。私と2人のアシスタントは深夜にコーヒーを飲んで徹夜でがんばるのよ。1日300本の電話を受けて、200通のメールを受信するわ」

ひとつだけ、彼女がぜったいに譲らないルールがある。

「レッドカーペットで、同じブランドのドレスを着た人をぜったいに歩かせない」というものだ。それを守るために、ゾーはひとつのブランドから選ぶ服は1着だけに決めている。

「ブランドの過剰露出を防ぐため、そして何より私の顧客の名誉を守るためよ」

2006年、ゾーは、プレゼンターをつとめるジェニファー・ガーナー、主演女優賞にノミネートされたキーラ・ナイトレイなど6人の顧客をもっていた。アカデミー賞授賞式の当日、ゾーは最上客のナイトレイにヴェラ・ワンがデザインしたワンショルダーのロングドレスを着つけするために自ら赴《おもむ》き、アシスタントを他の顧客に立ち会うように派遣した。

「緊急事態に備えて、誰か必ず立ち会う必要があるの。ジッパーが壊れたとか、ボタンがとれてしまったとか、よくあるから」

修羅場のレッドカーペット

高級ブランドは、レッドカーペットを歩くセレブに自社製品を身につけてもらうためなら、手段を選ばない。頼まれもしないのにセレブに(たいていは広報を通してだが)事あるごとに商品を送りつける――これは業界用語で「貢ぎ物《スワッグ》」と呼ばれる。

ヒラリー・スワンク、アンジー・ハーモンやセルマ・ブレアの広報をつとめるトロイ・ナンキンは、かつて私に「雪崩のごとく押し寄せる貢ぎ物をさばくために、私はいるの」と言ったことがある。「貢ぎ物は、スターのお母さんやチャリティに送ることにしているわ。たとえば、エスカーダはクリスマス直前に小型バッグをあちこちに送りまくったから、『USウィークリー』がセルマ・ブレアの写真に『セルマは新しいエスカーダのバッグを愛用』とキャプションをつけたりするわけ。ちがうわ。新しいバッグを愛用しているのは、セルマ・ブレアのメイドだもの」

アカデミー賞授賞式は伝統的に貢ぎ物の品評会だ。プレゼンターの前には貢ぎ物の巨大な山が築かれ――エキゾチックな旅行、高価な時計、最新式のビデオカメラなど――国税局の調査が入るまで、その額は何万~何十万ドルにものぼった。

この風潮を憂えた主催者の映画芸術科学アカデミーは、とうとう2007年にその慣習を断ち切ることを決めた。だが、高級ブランドは独自に、候補者やプレゼンターに貢ぎ物を贈り続けている。2005年、ロンドンに本社があるレザー製品会社、アニヤ・ハインドマーチは、主演女優賞と助演女優賞にノミネートされた全員に対し、オーダーメイドのビスポーク・エイブリーのトートバッグに、監督や共演者からの個人的なメッセージを型押しし、レブロン製品を詰めて贈った。

オスカーに出席するセレブたちに自社ブランド品をつけさせるために、高級ブランドが行う最大の努力は、街いちばんの高級ホテルや会場にサロンを開くことだ。Aリスト、Bリストのセレブ、広報、エージェントとスタイリストを、ランチ、お茶やカクテルに招待し、最新のコレクションから最高に魅力的な商品を紹介する。もちろん、すべてはレッドカーペットのために「貸し出し」可能だ。

ジミー・チューのような小さな会社にとって、オスカーのためのサロンは自社ブランドを宣伝する絶好の機会だ。

「授賞式のときに、魅惑的な靴を惚れ惚れするほど美しい女優が履くことは、どんな宣伝にも勝るのよ」ジミー・チューのクリエイティヴ・ディレクター、サンドラ・チョイは言う。

「授賞式を見た人も、記事を読んだ人も、みんな私たちのブランドのことを知るようになる。そこに出ていたすべてが店で売られていて、それを誰でも買えて、スターのオーラを共有することができるんですから」

チョイの指摘によると、チューの靴は長いドレスの裾の下に隠れて、通常はほとんど目に入らない。だが女優はチャンスがあれば、必ずテレビのコメンテーターやリポーターに、自分の靴はジミー・チューだと言って、ドレスの裾を少し持ち上げる。ドレスやバッグや宝石類を借りて（もしくはもらって）いれば同じことをする。レッドカーペットのイベントが終わった翌朝、チョイは、スターが身につけた主要高級ブランド全社と同じように、世界中のリポーターに「誰がどの靴を履いたか」を説明したプレスリリースをメールで送り、レッドカーペットでの写真も添付する。

チョイは言う。

「その後の年間売上げへの貢献度は驚異的です」

当然ながら、一般の人々に与える影響も大きい。コットン・インコーポレイテッドが２００４年に行った調査では、20歳から24歳までの女性の年齢層の27％が、「衣服を買うときはセレブを見てヒントを得る」と答え、1994年の15％から大きく増えた。25～34歳の年齢層では、1994年の10％から2004年には18％へ、35～44歳でも、8％から14％へとそれぞれ伸びている。

2005年2月、私は実際に高級ブランドが開くサロンを取材することに決めた。古くから映画スターー御用達のハリウッドのホテル、シャトー・マーモントにチェックインし、複数の高級ブランドとプロダクト・プレイスメント（テレビ、映画や雑誌の記事に自社の製品をさりげなく忍び込ませて、目に触れさせるマーケティング手法のひとつ）専門の広報にコンタクトを取ったところ、招待状がどんどん舞い込んだ。シャトー・マーモントのサロンでは、フランスのデザイナー、ローラン・ムレがスタイリストとセレブにクチュールのコレクションを開いているという。彼はオスカー・ウィークのイベントで、ケイト・ブランシェットとセルマ・ブレアの服を用意することになっており、授賞式ではスカーレット・ヨハンソンの服を担当することになっていた。

『W』誌は招待客限定のパーティ、「ハリウッド・リトリート」をハリウッド・ヒルズの邸宅で開き、スターたちがレナ・ランゲの服、ペニー・プレヴィルの宝石やジャガー・ルクルトの時計を試着していた。奥の寝室では、セレブ御用達の美容師、クリス・マクミランがスターたちの長い巻き毛をセットしていた（私が訪ねたときには、歌手のポーラ・アブドゥルがセットしてもらっているところだった）。

ロデオドライブでは、シャネルがフレデリック・フェッカイ・サロンで、常連客やセレブのクライアントにプロが無料でメイクするサービスを行っていたし、ハリー・ウィンストンは顧客とスタイリストを店のサロンに招いて、執事がマティーニをサービスしていた。2003年、ハリー・ウィンストンは4000万ドル相当のダイアモンドをオスカーの舞台に提供し、なかには歌手で女優のクイーン・ラティファがつけた350万ドル相当のネックレスもあった。

オーストリアのカットクリスタルの会社で、１００年の歴史を持つスワロフスキーは、ビヴァリーヒルズでも最高級のラッフルズ・レルミタージュのガーデンスイートでサロンを催した。オスカー・ウィークには１泊２０００ドルなる広い部屋だ。インターナショナル・コミュニケーションズ担当副社長で創業者の孫にあたるナジャ・スワロフスキーは、何百個というハンドバッグを母国から船便で送り、選りすぐりのスタッフとともに乗り込んできた。

「スーパーモデルからセレブへと戦略を変えたんです。セレブのほうがもっと現実的に見せてくれるからね」ナジャは私にそう言った。

同社のインターナショナルＰＲ部長のフランソワ・オルタリクスも言う。

「米国人の需要は特殊です。需要の大半はクラッチバッグです。冒険的なデザインはダメですね。カンヌ映画祭では突拍子もないデザインがレッドカーペット上で見られますが、オスカーでは保守的で伝統的デザインのものが中心です。身につけるものについてあまりにもうるさく批評されるので、少しでも間違いが許されない。大衆が望んでいる姿を体現するという意味で完璧でなくてはならない。自分がなりたい姿を追求する場ではないのです」

仁義なき戦い

「セレブに高級ブランドを着せること」で、大きな権力とカネが動くようになったために、スタイリストの間ではなりふり構わぬ仁義なき戦いが勃発した。

スタイリストのなかには、ブランド・コレクションのすべてをイベントの前夜まで借り切ってしまい、他の誰も借りることはおろか、見ることさえできないようにする〝策略〟で有名な人物がいる。セレブの顧客に、実際にはブランドからのプレゼントだった製品を、いかにも買い取ったかのように言って代金を支払わせたり、もらったものを顧客には言わずに転売して、そのカネを懐に入れるスタイリストもいる。大人気歌手のピンク、メアリー・J.ブライジ、ショーン・〝P.ディディ〟を顧客にしていたある有名スタイリストは、ニューヨークの宝飾店8軒から150万ドル相当の金品をだまし取り、1年半から3年の実刑判決が下ったと言われている。宝飾店から借りたはずの宝石を売り払って、派手な暮らしをまかなう資金に充てていたそうだ。

また、スタイリストにはたくさんの役得がある。ある高級ブランドに、現金、ローンの支払いやエキゾチックな国への休暇旅行をおねだりしたスタイリストがいた。ピープルズ・レボリューションのケリー・カットローンは言う。

「スタイリストの7割は高級ブランドにこうもちかけるんです。『あなたのお望みをかなえてあげてもいい』とね。そして高級ブランドに『こちらの望みをかなえてくれたら、こんなことをやってあげる』と言わせるよう仕向ける。そして、他の25％から30％はこんな感じです。『ええ、必ずあなたの望みはかなえますよ。それで私には何をくれます?』見返りはカネ、服、豪華な休暇旅行、ファーストクラスでの移動、パリのホテル・リッツの宿泊なんかです」

スタイリストの1人は、デザイナーに脂肪吸引手術の費用を要求し、デザイナーがそのおねだりをかなえてくれたので、顧客が主演女優賞にノミネートされたときにそのデザイナーの服を着せた、という。ハリー・ウィンストンのキャロル・ブロディーは、デザイナーに家を1軒要求したスタイリストがいた、という話を「嘘いつわりなく、実話よ」と教えてくれた。

ゾーは言う。

「私はワイロを受け取ったことはないし、レッドカーペットで着せるためにブランドからお金を受け取ったこともない。でも世界旅行の誘いや、プレゼントや現金や何やかやは提供される」

鼻つまみ者のスタイリストもいる。2000年のゴールデングローブ賞授賞式のために、ジェシカ・パスターは大物顧客のヒラリー・スワンクに、ハリウッドのデザイナー、ランドルフ・デュークのイヴニングドレスを着せたがった。

ランドルフ・デュークの広報は、そのときの話を次のように打ち明けた。

「ジェシカは、どこからか、私たちがヒラリーと同じドレスをシャーリーズ・セロンにも着せる、という話を聞き込んだらしいの。もちろん、そんな話はまったくのでたらめよ。だけど、朝5時、いきなりジェシカから電話がかかってきた。『バカにするんじゃないわよ！』ってすさまじい声で怒鳴られたわ。気が変になったんじゃないかというほどの声で、思わず受話器を耳から離した。『あんたなんかぶっつぶしてやる！　二度と私のクライアントの仕事はさせてやんないから、覚えてらっしゃい！』結局彼女はうちのドレスはやめて、ヒラリーにはヴェルサーチを着せたのよ」

レイチェル・ゾーにスタイリストのそういった悪行について訊くと、ため息をついた。

「スタイリストは概して執念深いし、欲深いのよ。高校生みたいなレベルの低いいがみあいに、私は本当にうんざりしている」

もっとも、ワイロや背後から手を回すような努力をいくらしたところで、ブランドがスタイリストを通して贈ったものをスターが身につける保証は何もない。だから、高級ブランド側では、そのイベントで自分たちの製品をセレブが身につけてくれる「確約」をとろうとする。ハリー・ウィンストンのキャロル・ブロディーは言う。

「2005年のゴールデングローブ賞のとき、トップクラスのスターに時計、カフス、飾りボタンのコレクションを贈った。そのうえ、そのスターのガールフレンド、マネジャーとマネジャーの奥さんにもコレクションを貸し出したのよ。それなのに、翌日配信されたニュースを見たら、彼は贈ったものをつけていなかったの。スタイリストに電話して『いったいどういうこと？　時間を無駄にさせたわけ？』ととがめたら、こう言われたわ。『さあつけよう、というときに、別のメーカーから時計が山と積まれたトレイを差し出されて、どれでもつけてくれたらただで差し上げます、って言われたのよ』」

結局、セレブの広報からブランド側が確約をもらえるのは、イベント会場に向かうリムジンの中で、ということになる。だが、ときには車のなかでつけていたものでさえも、降りたときには外されてしまっていたことがあった。

「ある年、クロエ・セヴィニーが、車に乗り込んだときにブルガリをつけたと教えてもらった」

ビヴァリーヒルズのブルガリで働いていたカットローンは言った。

「ところが、車から降りたセヴィニーがつけていたのは、アスプレイ&ガラードのクロスだったのよ」

ついにブランド側は、スターから、特別なイベントやプレスツアーに、もしくは年間を通して自社ブランドをつけさせるという「契約」を結ぶことを始めた。数年前からトップ・スタイリストとひそかに契約を結び、彼女のクライアントのスターたちは、そのグループに所属するブランドのものだけを着て、プレミアやガラのイベントに現れたのだ――ある女優は、そのグループの服を結婚式にも着た。このスタイリストはブランドとスターの両方から報酬を得ることに成功したという。いいことを思いついた。ある高級ブランドのグループ企業は、もっとにはそのグループ傘下のブランド製品だけを身につけさせるようにしたのである。たしかに彼女のクラ

ただし、スタイリスト側も安穏としてはいられないようだ。

2～3年前からだが、決定権はスタイリストからセレブ自身へと移ってきている。セレブたちが、靴や服やジュエリーなどを自分たちに直接プレゼントしてくれないか、と高級ブランドに頼むようになっ

たのだ。前出のカットローンは言う。

「セレブたちが現金を要求するようになるまで時間はかからなかった。オスカーのノミニー（候補者）やプレゼンターにわたる金額はどんどん高騰している。10万ドル、20万ドル、なかには25万ドルを要求するスターもいるわ」

ウィリアム・モリス、ＣＡＡ、ＩＣＭといったセレブのエージェントは契約交渉の窓口になり、高級ブランド側は自分たちの要求をはっきり出す。ブローチは、バストアップの写真にはっきり写るようにウエストより上につけてくれ。イヤリングを見せるために、髪はアップで。全国放送では必ず最低２回から4回くらいはブランドの名前を言ってほしい。服装について訊かれたら、セレブははっきりした口調でブランド名を言わなくてはならない、など。

「エージェントが所属しているスターをメールで私たちに売り込んできたのには驚いたわ」

アルマーニのワンダ・マクダニエルは言う。

「でも、エージェントにとっては、それもスターがキャリアを築く上での一要素であることは明白だわ。それもスターのブランディングの一部なのよ」

オスカーやゴールデングローブの授賞式で、男優、女優を問わず高級ブランドからお金をもらい、見返りにブランドものを身につけるのは今や周知の事実となっている。シャーリーズ・セロンとヒラリー・スワンクが、２００５年ゴールデングローブ賞授賞式で、土壇場でハリー・ウィンストンから借りた宝石をキャンセルし、ショパールから提供された大きなイヤリングをつけて何十万ドルもの小切手を受け取ったというのはいちばん有名な話だが、誰も公には触れていない。

ショパールは定期的に、ジュエリーをつけてほしいセレブに、「うなるほどの大金」を贈っている、という話をハリウッドの内情に詳しい人から聞いた。ショパールの米国のスポークスウーマン、ステフアニー・ラベイユは、『ロサンゼルス・タイムズ』で、「公式に契約を結んでいるスターはいないが、過去には報奨金を渡したことがあった」と語っている。だが、セレブへの報奨金を公の場で認めてしまったことで、ショパールは苦しい立場に追い込まれたらしい。『ロサンゼルス・タイムズ』の記事が出た数日後、ラベイユは私に、「ショパールは自社の宝石をつけてもらう見返りにスターにカネを渡したことはない」と記事を否定するコメントを出したのだった。

「1社と契約を結んでいるにもかかわらず、お金をもらって別の会社のものを身につけると、それはワイロと呼ばれます。米国ではそれは違法よ」キャロル・ブロディーは言う。

「それじゃ、セレブがある会社の商品をつけてほしいと頼まれてお金を渡され、お金を受け取ったから着たとしたら、それは違法かしら？　むずかしい道義的な問題よね。一般大衆を欺《あざむ》かず、契約を結んでいるからその商品を選んだ、と正直に認めるかぎり、全面的に許されることだと私は思う。これから数年のうちに、どのブランドも〝自社の顔〟と言われるセレブを立てるようになる、つまり、セレブがそのブランドの帽子から靴まで身につけるのと引き換えに、なんらかの金銭的報酬を渡すようになると思う。セレブが身につけるものすべてが、公然と認められる、純粋なプロダクト・プレイスメントになる日がきっと来ます」

第２部

第５章

成功の甘い香り

「一流品で身を包んだ女性には、特別な輝きがある」
——ココ・シャネル

20世紀を代表するデザイナー、ココ・シャネル。世界的にヒットした香水「シャネルNO5」をめぐってヴェルタイマー家と訴訟合戦を繰り広げていた（AP Images）

フランス南部にあるグラースは、起伏《きふく》のある丘の間の小さな町で、あたり一面にはバラとジャスミンの花畑が広がっている。ル・プティ・キャンパデュー（神の小さな野原）という名前の花卉《かき》農園の15代目、ジョゼフ・ミュルは、さまざまな花を育てる100ヘクタールの農園のなかで、センティフォリアという名前のバラとジャスミンをそれぞれ5ヘクタールずつ栽培している。毎年5月にセンティフォリアを50トン、9月にジャスミンを25トン収穫する。

ル・プティ・キャンパデューは、グラースで最後に残った大手花卉農園だ。

ミュル家は19世紀、この地で干し草をつくっていた。当時、グラースはレザー製品の主要産地のひとつだった。動物の皮が放つ鼻をつく悪臭を緩和するために、業者は花の香りをつけた動物性脂肪で皮をなめしていたのだが、それに使うための花の需要が高まり、ミュル家は干し草からバラとジャスミンの栽培に切り替えた。そこからグラースは香水産業の産地として発展していく。

ジョゼフは5月の早朝、バラ園に私を案内しながら、グラースの最盛期は1920年代から50年代にかけてだったと説明してくれた。

「その時期のグラースには勢いがあった。まさにブームでした」

だが1950年代、フランスの人件費は高騰し、人手を必要とする花卉ビジネスは労賃が安いイタリア南部やモロッコに移り、やがてエジプトがになうようになった。現在、安い労働力に頼る花卉はトルコ、インド、中国が主要産地となっている。

ミュル家では、長年シャネルに香水の原料となる花を供給してきた。シャネルはグラースを支えるもっとも重要なパトロンで、ジョゼフ・ミュルのジャスミンすべてと、センティフォリアの40％を買っている（残りの60％は、インターナショナル・フレイヴァーズ＆フレグランシズ（IFF）などの香りの研究所が香水をつくるために購入している）。ただし、この世界にもグローバリゼーションの波が押し寄せている。

たとえば、シャネルでは現在、トルコやブルガリアで栽培されるダマセナという種類の甘くやさしい香りのバラを使っている。ブルガリアのダマセナは1キロ当たり1ドルで、グラースで栽培されるセンティフォリアの6分の1だ。

1920年代、グラースはジャスミンのアブソリュート（花弁を溶剤抽出した純度の高いエッセンシャルオイル）を年間30トン生産していた。今日ではわずか30キロと実に1000分の1まで減ってしまっている。グラースはいまや香水産業において、パリのオートクチュールのアトリエと同様の存在になっている。クオリティを理解し、真価を認め、財布が許すかぎりの最高価格で買うことができる層がこの地のビジネスを支えているのだ。

そのジョゼフが言う。

「シャネルNO5があるかぎり、私たちはここで花をつくっていきますよ」

ジョゼフが花卉農園で栽培しているセンティフォリアは、ローズ・ドゥ・メイ（5月のバラ）と呼ばれる種類で、その名のとおり1年に1回、5月から6月はじめまでの5週間しか開花しない。その香りは濃厚で、非常に個性がある。芳香のあるバラだが、かぐわしいというよりも官能的で重い香りで、鼻をつんと刺す刺激臭がある。

私が取材したとき、農園では40人の労働者が並んで手早くバラの花だけをつみとり、斜めがけした袋のなかにそっと入れる作業をしていた。彼らの大半はアラビア語を話す外国人労働者だ。袋のバラは、トラクターにつながれたトレイター上の大きな麻袋に集められ、農園の端にある、縦30メートル、横15メートルほどの2階建ての抽出工場に運び込まれる。

工場に運ばれたバラは50キロずつ、抽出機と呼ばれるタンク――ジョゼフの工場には4つある――に入れられる。タンクにはヘキサンという揮発性の化学物質が注がれ、花の分子を溶かして主要な香りを抽出する。この工程が終了すると、用済みとなったバラの花は取り出され――堆肥用の容器に捨てられる。いっぽう、抽出されたどろりとした液体は、溶剤が気化するまで蒸留器で熱せられ、後にはコンクリートという、刺激的な香りを放つ、キャンドルのようなオレンジ色の蠟成分が残る。1回の作業で600グラムほどのコンクリートがつくられる。コンクリートはブリキ容器に入れられて、約2年間保存される。

調香師が香水をつくるときには、このコンクリートをアルコール――シャネルの場合はビートからつくられる――と混ぜ、摂氏マイナス15度まで冷凍する。すると脂肪分が浮き、アルコールのなかに溶けこんだアブソリュートという純粋なエッセンシャルオイル（精油）が残る。それをあらためて摂氏40度まで熱し、アルコールを気化させ、香り成分だけ残して純度を高めていく。計算上は、400キロのバラから取れるコンクリートは1キロ、アブソリュートはわずか600グラムに過ぎない。

抽出法と呼ばれるこの方法とは別に、エッセンシャルオイルを抽出するためにもうひとつ、水蒸気蒸留法と呼ばれるものがある。花に摂氏100度の水蒸気を吹き込み、香り成分の含んだ油を引き出す。この水蒸気を冷却して液化する。その後、水とエッセンスと呼ばれる香料を分離して瓶詰めする。

抽出法からのアブソリュートと、水蒸気蒸留法からできるエッセンスは異なる性質をもっているので、香水製造においての使われ方もちがう。

エルメスの調香師、ジャンクロード・エレーナは「アブソリュートのほうがより芳醇な香りだね」と私に説明した。

「エッセンスはもっとはじけるような、いきいきした感じがする」

神と人の絆《きずな》——香水

現在、香水産業の年間売上げは１５０億ドルに達する。香水のなかには、人気不動のロングセラーがある。シャネルＮＯ５、イヴ・サンローランのオピウム、ディオールのディオリッシモ、ニナ・リッチのレール・デュ・タンなどだ。だが、現在発売されている大半は新しい商品である。

毎年２００の新製品が売り出され、10年前に比べると2倍に増えている。その理由は簡単だ。香水は高級品のなかでもっとも手が届きやすく、強い影響力のある商品だからだ。売り方も面倒なことがなく、国や文化やターゲット層の違いといった垣根も簡単に越えて売ることができる。たとえば、男性をターゲットにした香水でもっとも売れ行きのいい商品の30〜35%は、実際には女性がつけている。香水とは、客を高級ブランドの世界へと誘う商品であると同時に、そのブランドの象徴でもあり、しかも大きな利益を生む。

「ディオールの香水部門とクチュール部門はきわめて密接な相関関係にある」と言うのはパルファン・クリスチャン・ディオール財務担当部長のジャック・マンツだ。

「クチュールのブランドから発せられるすべてのメッセージと、ブランドをめぐって起きるもろもろの出来事は、我々香水部門の売上げにつながっていきますし、その逆に、香水が世界中の高級小売店に並ぶことで、ディオールのクチュール部門も恩恵をこうむります」

そう。高級ブランドの大物たちが常々口にするように、香水は〝あなたにも買える夢〟なのだ。

と同時に、香水には神秘と魔力がある。人の注意を引き、魅了する。個性を引き出し、より魅力的にする。つけたあなたの周囲の人々の感情を刺激する。

「香水はかつて神と人間を結びつけるものでした。神と触れ合うための手段だったのです」

エルメスの香水調香師――ノーズ＝鼻と呼ばれる――のジャンクロード・エレーナは私に語った。

「今では俗界の絆です。あなたと私をつなぐものになっています」

そういえば、フランスの詩人、ポール・ヴァレリーもこう言っている。

「香水をつけない女に未来はない」

香水は、他のぜいたく品と同じく、文明の始まりから人類とともに存在した。有史以前の男性は身体に香りをつけたし、メソポタミア人は神のために香を焚いた。エジプト人はバラ、クロッカスやスミレといった香りのある植物をつぶして香りの蒸気を油脂やパウダーにしみこませるアンフラージュという方法を発明し、ガラス瓶に詰めてマッサージや日常の身だしなみに使った。宴会では花びらを床に撒き、客が踏んで部屋じゅうに香りを漂わせるような演出もあった。

クレオパトラは香りの魔力にとらわれたあまり、香り高いヒマラヤスギで船を建造した。

「(クレオパトラが乗る船の) はしけから／目には見えねどふしぎな香りが漂ってきて／近隣の波止場の人々の感覚を刺激した」と、シェークスピアは『アントニーとクレオパトラ』で香りの魔力を表現している。

クレタでは、競技者が試合の前に特別なアロマオイルを身体に塗った、とダイアン・アッカーマンは著書『「愛」の博物誌』(邦訳は河出書房新社) に記している。ギリシャ人の作家たちは腕にはミント、膝にはタイム、顎と胸にはシナモン、バラとヤシ油を、髪と眉毛にはマジョラムを塗るといいと勧めた。アレキサンダー大王は身体にふんだんに香水をふりかけ、チュニックはサフランのエッセンスに浸した。ローマ人は香水入りの風呂に入り、衣服にも十分にしみこませ、馬やペットにもふりかけたという。

13世紀、スペインの錬金術師、アルナウド・デ・ヴィジェネウヴェが蒸留・精製するアルコールの製造方法を改良し――つくられたアルコールはアクア・ヴィータ（命の水）と呼ばれた――現代に近い近代的な香水ができるようになった。

「アルコールは医療に利用されていましたが、使用感をよりよくするためにレモンやハーブで香りづけされていました」

２００６年10月、古今東西の香りを集めた香水博物館、オズモテークを訪ねた私にジャン・カーレオは説明した。今日、カーレオほど香水について詳しい人はいない。35年間パトゥの主任調香師をつとめた後、１９９０年にオズモテークを設立して、現在も経営にあたっている。

彼はオー・ドゥ・ラ・レーヌ・ドゥ・オングリー（ハンガリー水と呼ばれた）とラベルに書かれている小瓶にトゥーシュ（香水やオードパルファンの香りを調べるために用いる紙片）を軽く浸して私に渡した。カーレオによれば、１３７０年、ハンガリー王国のエリザベト王妃がリューマチと痛風をいやすためにつくらせた最初の香料入りアルコールだ。ローズマリーの香りが軽く鼻孔を刺激した。王妃は常時この香水を愛用し、美貌を保つのにおおいに役立てたと言われている。

フランスのルイ14世は、部屋をローズウォーターとマジョラムの香りで満たすために常に従僕一団をはべらせ、服はスパイスと麝香《じゃこう》を入れた水で洗わせた。調香師には毎日新しい香りをひとつつくるように命じた。「香りの宮廷」と呼ばれたルイ15世の饗宴では、従僕たちは鳩に香りを振りかけてサロンに放ち、客たちの間を飛び回らせたので、鳩が羽ばたくたびにサロンが濃厚な香りで満たされた。18世紀には、女性たちは服や身体に香水を振りかけ、髪には甘い香りのパウダーをかけ、部屋にポプリを置いた。ナポレオンはケルンからドイツにかけて進軍した２度の戦場で、毎朝洗面の際にオーデコロンを瓶２本分使った。

19世紀半ばにウビガンやゲランといった、現代の私たちも知っているフランスの香水メーカーが登場し、素封家の貴族や新興成金の実業家のために香りをつくるようになった。高級注文仕立て服やレザー製品と同様に、香水を製造・販売する者は独立して独自の分野を築いていた。

だが、１９１０年、クチュリエであるポール・ポワレが最初の香水、クープドール（黄金杯）を発売した。カーレオはクープドールの小瓶にトゥーシュを浸して私に渡した。麝香のにおいが混じる花のスパイシーな香りだ。

「とてもモダンですよね」カーレオは言った。「いまでも十分につけられる」

そのとおりだ。あちこちにつけてみたくなる。

ポワレは第１次世界大戦をはさむ15年間に36の香水をつくった。ポワレの製品はよく売れたが、１９２９年の株の大暴落で彼は財産を失った。まもなく破産し、15年後、貧窮のうちに亡くなった。

彼のつくった香水もクチュールのデザインも、今ではほとんど忘れ去られている。だがクチュールブランドが香水をつくって売る、というそのアイデアは今も生きている。シャネル、ランバン、スキャパレリ、パトゥといった当時活躍していたクチュリエたちは、第２次世界大戦が勃発する前にこぞって香水を売り出した。その香りはいずれも重く、香料と花がふんだんに使われた。香水瓶は芸術作品並みに凝ったもので、バカラやラリックといった高級クリスタルメーカーが生産し、顧客はきわめて限られていた。香水（パフューム）――当時、業界では薬効性能があることから、エキスと呼ばれていた――は、上流階級のワードローブには欠かせない一部となった。

一方、大衆は香水よりも安価で、ほんの少量の香料をレモン水やオレンジの花の抽出液で希釈したオーデコロンをつけた。

「オーデコロンは戦争が始まる前、１９２０年代から30年代にかけて大流行しました」

シャネルのノーズであるジャック・ポルジュは言った。

「一般大衆向けに販売され、大勢の人がつけました。今やまったく消えてしまいましたがね」

１９３０年代、高級香水ブランドはオードトワレを導入する。６～12％の香料を、エタノールや水を溶剤にして希釈したもので、１９５０年代には一般的になった。オーデコロンとちがって、パフュームの香りを薄めた感じで、価格もパフュームの何分の一かですんだ。

「オードトワレは香りをつける習慣を一般に普及させました」つまり、中間階層に広まった、という意味だ、とポルジュは説明した。

「高級香水の民主化の始まりでした」

１９８５年、ベルナール・アルノーがディオールを買収してまもなく、高級香水事業分野では新しい香りの創造、生産、マーケティング、消費のいずれもが急激に拡張していく。たとえばディオールでは創業後の40年間に、ミス・ディオール、ディオリッシモ、ディオレッラ、オーフレッシュなど12の香水がつくられた。３～４年ごとに新商品がつくられた割合だ。

アルノーの買収後20年間に、ディオールは30の新しい香水を売り出した。２００５年だけでも４つを打ち出している。その多くはシリーズ化している。１９８５年にプワゾンがヒットすると、１９９４年にはタンドゥル・プワゾン、１９９８年にはイプノティーク・プワゾン、２００４年にはピュア・プワゾンを売り出した。

１９８０年代、高級ブランドはターゲットを中間マーケットにより絞り込み、オードパルファン――香料を８～20％の濃度でアルコールと混ぜたもの――を投入し、オードトワレよりやや上の購入者層をねらい始めた。ディオールのジャドールの１・７オンスのオードパルファンは、小売価格が62ドルだが、同じサイズのオードトワレは50ドルだ。製品のネーミングにパルファン（香水）を入れることで、中間階層の消費者に、いかにも高級品であるかのように思わせて夢のかけらを売る、という巧妙なマーケティング戦略である。

香水（パフューム）は、アルコール中の香料の濃度が15～30％あるものだ。いまだに価格的に最高位（ジャドールのパフュームの小売価格は1オンス215ドルだ）に位置づけられてはいるものの、実は、シェアはほんのわずかでしかない。実際のところ、香水はブランドにおいてクチュールのような存在になっている。富裕層をターゲットにした製品で、ビジネスとしてはほんの一部を占めるにすぎない。そこで、より広く中間階層に売り、より利益を稼ぐために、高級ブランドではボディローションやバスオイルといった別のカテゴリーに香水部門の製品分野を広げていった。現在では香水から派生した多様な製品カテゴリーが、高級ブランドを支える柱のひとつになっている。

またファッションとは何の関係もなかった高級ブランド、たとえば宝飾品のカルティエやヴァンクリーフ＆アーペルなども香水を販売している。ナルシソ・ロドリゲスやステラ・マッカートニーといった新参ブランドも、会社の経営基盤が安定するとすぐに香水事業に乗り出した。主要高級ブランドで唯一香水事業に手を染めていないのは、ルイ・ヴィトンだ。ヴィトンでは流通を厳格に管理するというポリシーに沿って、独立店舗かデパートのインストアでしか製品を販売しないので、香水事業に必要とされる十分な小売網を展開するのに売場が十分でないと考えているためだ。独自の香水ブランドをもっているコティなどは、香水関連製品をつぎつぎ発売して巨大企業になった。周知のとおり、高級ブランドは香水市場を支配している。デパートには香水売場が点在し、免税店やセフォラ（ＬＶＭＨ傘下）のような化粧品のチェーン店の棚に凝ったデザインのパッケージがずらりと並び、パトゥのような小規模ブランドは片隅に追いやられた。

現在の高級ブランドの香水をおびやかす最大のライバルは、サラ・ジェシカ・パーカーのラヴリーやジェニファー・ロペスのグロウといった、セレブがプロデュースした香水で、どちらもコティが生産・販売している。ただし、セレブの香水は爆発的に売れるが寿命が短い。怒濤《どとう》のようにパブリシティを打ち、広範な中間階層に販売してすぐに消える。おかげでシャネル、ディオールやジヴァンシーの香水も、同じ経過をたどるはめになった。

「香水ビジネスを産業化するにあたって、熱しやすく冷めやすくなれと消費者を教育した結果です」

ロンドンのモルガン・スタンレーの消費者商品アナリストをつとめるマイケル・スタイブはそう言う。

伝説のシャネルNO5

現代の香水の始祖ともいえるべき存在が、シャネルNO5だ。

第2次世界大戦が終結したとき、ヨーロッパに派兵されていた米国兵たちは愛する人へのプレゼントとして競って買い求めた。マリリン・モンローが「ベッドでつけるのはシャネルの5番だけ」と言ったのは有名な話だ。1959年、ニューヨーク近代美術館はこの瓶を永久保存のコレクションに加え、アンディ・ウォーホルは虹色でこの瓶のイメージをシルクスクリーンで描いた。駆け出しの調香師はNO5のスパイシーでオリエンタルな花々の香りをまず真似しようとする。ノーズの能力をはかるための、ひとつの物差しになっている香りなのだ。ちなみに、NO5は世界中のどこかで、30秒に1瓶ずつ売れていると言われている。

2003年、シャネルの美容関連商品の売上げは16億ドルだったが、NO5が売上げにおおいに貢献していた。『ウィメンズ・ウェア・デイリー』によれば、NO5の利ざやは40％で、競合する製品の4

倍以上だそうだ。安定して高い利益をあげているおかげで、オーナーであるヴェルタイマー一族は会社を長期的展望のもとに成長させていくことができた。

「ＮＯ５は流行に左右されません」ジャック・ポルジュは私に言った。「前世紀につくられたものなのに、年を重ねるごとに、さらに意外性のある一面を見せていくのです」

シャネルの創設者であるガブリエル・「ココ」・シャネルは、ルイ・ヴィトンよりも貧しい階層の出身だ。１８８３年、フランスのソーミュールで、病気がちの母と、行商人で浮気者の父のもとに３人娘の１人として生まれた。ガブリエルが11歳のとき母が結核で亡くなると、父は娘たちを人里離れたオーベルニュ地方の孤児院に預け、二度と姿を現さなかった。18歳のとき、ガブリエルはカトリックの寄宿学校に送られ、そこで修道女から縫い物を習った。地元の下着会社で売り子として働き、仕立屋でアルバイトした。夜には兵士たちのたまり場になっている町のキャバレーで歌った。十八番が「ココリコ」と、迷い犬を歌った「誰かココを見なかった?」だった。兵士たちは彼女が歌うと「ココ！」とはやした。あだ名のココはそこから来ている。

パリに出ようとしていたココは、厩舎を経営する男性の囲われ者となり、やがて彼のところに出入りする女性たちに帽子をつくるようになった。恋人だった粋人の実業家、アーサー・「ボイ」・カペルからの出資を受け、彼女は１９１０年、ヴァンドーム広場の西、ホテル・リッツのすぐ裏手のカンボン通り21番地に帽子屋を開業した。１９１２年には、ノルマンディ地方の海辺のリゾート、ドーヴィルに、１９１５年には大西洋沿岸のビアリッツにも店を開いた。１９１８年、シャネルはパリの店をカンボン通り31番地に移転し、以来、現在もそこに本店がある。

店では帽子だけでなく、ポロの選手でもあったカペルが着ていたジャージー素材の服もつくって売った。その服は、当時固いタフタ地や重いウール地で仕立てられていた婦人服を、根本から変えるほどの画期的なデザインだった。

１９１９年、シャネルは新しい愛人、ディミトリ・パヴロヴィッチ・ロマノフ大公から、調香師として名声の高かったエルネスト・ボーを紹介された。ボーは１８８０年代、ロシアでフランス人調香師の家に生まれ、モスクワで育ってツァー（皇帝）に抱えられる調香師になった。ロマノフ王朝が崩壊すると、ボーはロシアを逃れてフランス、カンヌ近くのラボッカという町に移住していた。

シャネルはボーと香水をつくるアイデアについて、彼の研究室で話し合った。当時、香水は主としてスミレならスミレ、バラならバラとひとつの花の香りだけを使ってつくられ、豪華な瓶に詰められ売られていた。シャネルはそういうのはつまらないと思った。

「私はあらゆるものが入っている香水が欲しい。そして簡素な瓶にしたい」

彼女の説明はシンプルだった。さまざまな花の香りを混ぜ合わせて、つけている女性のにおいを想い起こさせるものにしてほしい。ボーはたちまちエキゾチックな香りのサンプルをいくつか用意したが、あまりにも濃厚で、バランスをとるために何かを入れる必要があった。そこでアルコールのような化学作用を起こす有機化合物、アルデヒドを選んだ。ボーはマドモワゼル・シャネルに調合した複数のサンプルをかがせた。彼女は5番目のサンプルを選び、ＮＯ５と命名したのである。

シャネルＮＯ５は、当時も今も約80種の成分から成り立っている。もっとも重要な原材料はジャスミンで、１９８６年からは、この章の冒頭で紹介したジョゼフ・ミュルだけが供給者である。ジャスミンのほかには、アフリカ西海岸沖のコモロ諸島に咲くエキゾチックな花、イランイラン、インドネシアでシルクの防虫剤として使われていたパチュリの乾燥葉、オレンジの花の水や、さまざまなスパイス、とくに１９２０年代に人気があったクローブなどが使われている。ジョゼフ・ミュルが栽培するセンティフォリアも入っている。

シャネルは化学研究室で使われていたそっけない瓶にヒントを得たシンプルな四角いボトルにシャネルNO5を詰めた。

「当時としては、シンプルすぎるほどだったんです。それが今では瓶のデザインとしてはロールスロイスに匹敵する存在になっているんですからね」ポルジュは笑いながら言った。

長方形のカットグラスの蓋のデザインは、パリのエレガントなヴァンドーム広場の形に着想を得た。

シャネルは、NO5を密やかに導入していくと決め、まずカンヌでテストすることにした。ボーと数人の友人たちを最高級レストランのディナーに招待し、テーブルに香水瓶を置いて、おしゃれな女性が通りかかるたびにアトマイザーのバルブを押し、NO5を振り撒いたのだ。そのたびに女性は立ち止まり、においをかいでうっとりした表情を浮かべた。

結果に喜んだシャネルは、パリに戻って静かにNO5を売り出した。メディアに発売を知らせることも、店に商品を並べることもしなかった。自分でつけて、店の試着室にほんの少しだけ撒き、上流階級の友人たち数人にプレゼントした。まもなく噂がささやかれるようになった。

「マドモワゼル・シャネルの香水のことをお聞きになった?」ささやきが大きな声になったとき、シャネルはボーにNO5の生産を開始するように言った。シャネルの友人だったミシア・セールが言う。

「予想をはるかに超える大きな反響だった。宝くじに当たったほどの大成功だったのよ」

ココ・シャネルの執念

フランスのデパート、ギャレリー・ラファイエットの創業者であるテオフィル・ベイダーは、NO5の販売を強く望み、注文に応じるためにシャネルは生産を拡大しなくてはならなかった。そのベイダーがシャネルに紹介した人物が、化粧品会社、ブルジョワの共同オーナーで友人だったピエール・ヴェルタイマーだった。１９２４年、三者はレ・パルファン・シャネルを共同で立ち上げる契約を苦心してまとめた。ＮＯ５をブルジョワの工場で生産するヴェルタイマーが会社の権利の70％を、仲介業者のベイダーは20％を、そしてシャネルはわずか10％を所有することになった。

だまされたとシャネルが気づくのにさほど時間はかからなかった。会社の経営権と自分が受けとる利益をもっと増やそうと、あまりに何度となく訴訟を起こしたので——そのたびに敗訴した——１９２８年までには、ヴェルタイマーはこの件担当の専属法律家を雇い、「とんでもない女」とシャネルをこき下ろすまでになったという。

ドイツ軍がパリに侵攻した１９４０年、アルザス生まれのユダヤ人で、ナチスの迫害を恐れたピエールとポールのヴェルタイマー兄弟は米国に亡命する。ニューヨークに落ち着くと、Ｈ・グレゴリー・トーマスという米国人をグラースに送り、戦時中でも米国でシャネルＮＯ５を生産するために製造と主要材料を確保させた。トーマスは後に米国シャネルの社長に任命され、32年間その座に就くことになる。

一方、シャネルはパリのメゾンを閉鎖したが、戦時中ドイツ軍本部が置かれていたホテル・リッツの向かい側の家に住みつづけ、そこでハンス・ギュンター・フォン・ディンクラージという若いドイツ軍将校と恋仲になる。その権力を悪用したシャネルは、会社の経営権を奪うために、ヴィシー政権にヴェルタイマー一族を糾弾する手紙を送った。

だがヴェルタイマー一族は彼女の裏切りを予想していた。１９４３年、ドイツ軍に兵器を販売していたフランスのアーリア連合の１社で、フェリックス・アミオが経営するプロペラ機会社の50％を買収した。そして、ヴェルタイマー家はレ・パルファン・シャネルをその会社の傘下に置いたために、ドイツ軍はレ・パルファン・シャネルにも手を出せなかった。停戦後、アミオはレ・パルファン・シャネルをヴェルタイマー一族に返した。アミオはヴェルタイマー一族の会社を守り、連合軍の手から「救いあげた」と一族のアラン・ヴェルタイマーは、後に『フォーブス』に語っている。

結局、シャネルはフランスのレジスタンス軍に逮捕されたが、彼女の元恋人だったウェストミンスター公爵が友人のウィンストン・チャーチルに頼んだおかげで、３時間後に釈放される。すぐにスイスに逃げ、ヴェルタイマー一族への脅迫を続けた。

マドモワゼル・シャネルＮＯ１と命名した独自の香水を発売すると脅しをかけ、またレ・パルファン・シャネルが劣悪な製品を売っているとフランスで訴訟を起こし、製造と販売の中止と会社の所有権と種々の権利を自分に返すようにと訴えた。ヴェルタイマー一族はシャネルと新しい契約について交渉し、これまでのようにフランスにおけるＮＯ５の売上げ総額の10％を彼女から引き取る代わりに、世界中の売上げの２％を渡し、その上独自の香水の製造権を認める（ただしＮＯ５のネーミングはしない）という提案を行った。シャネルは受け入れなかった。

しかし、「和解」の時期はやってきた。

ＮＯ５の売上げは１９５０年代はじめに落ち込み始め、ピエール・ヴェルタイマーはすでに70歳になっていたマドモワゼル・シャネルを、ある日、ローザンヌのホテルに訪ねた。数日以内に彼女はパリのカンボン通りに戻り、シャネルのクチュールの再開を準備し始める。最初のコレクションは１９２０年代に流行した小悪魔のようなルックスで、クリスチャン・ディオールが提唱する女性の曲線美を強調するニュールックの対極にあり、完全に失敗した。

「大失敗！」「感傷的な復古調」と新聞は書き立て、服を見た人たちは失笑し、眉をひそめた。

だが、シャネルはあわてなかった。

「私は前に進みたい、どんどん進んで勝利するのよ」彼女はピエールに語り、コレクションを発表し続けた。やがて、数シーズンがたつうちに、シャネルの襟なしのツイードのスーツとフラッパードレスは人気のシルエットになった。

ファッション分野で成功をおさめるにつれて、シャネルの香水の売上げは再び伸びはじめ、シャネルの会社での地位も上がった。ヴェルタイマーは最後の取引を提案する。シャネルが本拠を置くカンボン通りの家の家賃、個人的な経費と税金を亡くなるまで一族が負担する代わりに、香水とファッションに彼女の名前を冠する権利を管理する、というものだ。シャネルには後継者がいなかったため、彼女の死後はヴェルタイマー一族が香水のロイヤリティを受け取ることになる。数年後、ヴェルタイマーはベイダー一族が持っていた20％の権利を買い取った。シャネルが１９７１年ホテル・リッツで亡くなったとき、ヴェルタイマー一族は会社の単独オーナーになった。そして現在もそのままだ。

ファッションブランドの香水の時代

シャネルＮＯ５の成功によって、「ファッションブランドが香水をつくる」というココ・シャネルのアイデアは、収益が望める魅力的な事業となることが証明され、多くのブランドが香水ビジネスに参入する契機となった。

大手香水研究所のひとつ、ルール・ベルトラン・デュポンを経営する、フランス人ノーズのルイ・アミックもそう考えた1人だ。１９３０～40年代に、彼はエルザ・スキャパレリ、ピゲ、バレンシャガといったクチュールのメゾンと接触し、「あなた方にはセンスがあるから、香水を売り出すべきだ。私に任せてください」と口説いてまわった。

当時はまだ、一流ブランドの香水をつくるのは呑気で楽しい仕事だった。クチュリエと調香師がランチのテーブルを囲み、フルコースの食事と上等のワインを楽しみながら、名称や配合する材料やパッケージやマーケティング計画について話し合う、というものだ。ルイ・アミックの息子、ジャンもまたこの慣習を引き継ぎ、1960年代にパコ・ラバンヌ、ジヴァンシー、ピエール・カルダンの香水をつくった。創作、製造から流通まで自社でまかなっていたのは、シャネルやパトゥなど、ほんの5軒ほどのメゾンに過ぎなかった。

1969年、ルール・ベルトラン・デュポンは、ジャック・ポルジュというサンレミ・アン・プロヴァンス出身の若手ノーズを雇い、ニューヨーク事務所に派遣した。ポルジュが調香師になったのは成り行きだが――エクス・アン・プロヴァンスの大学で英仏文学を学んでいたとき、地元企業に誘われて入社した――すぐに若手の才能あるノーズとして高い評価を得た。ルール・ベルトラン・デュポンで、ポルジュはサンローランやジヴァンシーの香水をつくる手伝いをした。

1974年、シャネルでは、ピエールの孫の当時25歳だったアラン・ヴェルタイマーがCEOに就任する。そのころまでには、シャネルは香水だけに事業を縮小し、カンボン通りの店だけで販売していた。

「ココ・シャネルが亡くなって、何もかも動きが止まってしまっていたんです」と、アランは当時を回想している。彼は、シャネル社を継ぐ前にモエ・エ・シャンドンで見習いとして働いていたことがある程度で、ビジネスの経験はほとんどなかったが、ブランドの再生のために何か手を打つ必要があることにすぐに気づいた。まずは流通をコントロール下に置き、シャネルNO5をドラッグストアから引き揚げさせた。化粧品と香水事業を展開する部門、シャネル・ボーテを立ち上げ、販売を一流店に限った。そして1979年、彼はポルジュを招聘したのである。

シャネルは60年間にたった2人しかノーズを雇わなかった。1921年にNO5をつくったエルネスト・ボーと、その後を継いで、NO19、クリスタル、シャネル・プール・ムッシュをつくったアンリ・ロベールだが、80代になっていたアンリは隠退同然の身だった。シャネルの香水を創作する事業は、しばらく休止されていたのである。

「20年ごとに新作がようやくひとつ出る、というような状態だったんです」ポルジュは笑いながら言った。「前の会社の連中には『そんなところに転職するなんてバカじゃないか。仕事なんかないぞ』と言われましたが、NO5をつくっているところに行きたい、と私は転職を決意しました。神話ともいうべき香水ですからね」

現実は同僚の言うとおりだった。シャネル社がそのころ製造していた香水は、NO5、NO19、クリスタルの3種類くらいしかなく、NO5が全売上げの8割を占めていた。

「長い間（シャネルの経営者たちは）NO5の売上げに影響を与えるのではないかと、新製品を出すのを恐れていたためです」ポルジュはその理由をそう説明した。

だがアランは違う考えをもっており、ポルジュに「既存の香水の品質を維持しつつ、香りとして同じ路線で新しいものを開発してほしい」と指示する。彼が最初につくった香水、ココは1984年に発売になったが、製作にあたってポルジュはカンボン通りのココ・シャネルのアパートを訪れたという。

「シャネルは1971年に亡くなり、私が訪れたのは1979年でしたが、誰も何ひとつ手を触れていませんでした。ヴェネチア様式とバロック様式が融合したインテリアで、この装飾様式から生み出されるものは何だろう？　と考えました」

そこでシャネルがそれまでつくってきたボワ・デ・ジル、キュイール・ドゥ・ルシーとシコモアの香りを混ぜ合わせたような、オリエンタルな香りをつくった。2001年に打ち出したココ・マドモアゼルを製作するときにも、ポルジュはカンボン通りのアパートを訪れた。香りというのはファッションと同様、時代に合わせて進化していくものだ、とポルジュは考える。1996年に発表されたアリュールによって、ポルジュはシャネルのスポーツウェアに匹敵するような香水をつくりだした――心地がよくて、気軽につけられる香りだ。

香水の総責任者としてのポルジュの仕事のひとつに、NO5の品質を守り、大事に育てていくことがある。

「我々はNO5を年中気にかけていますよ」パリ郊外にあるオフィスで彼が私に言った。「ほら、今も小瓶が2つ置いてあるでしょ」他には何も置いていないデスクの上には、「NO5」とラベルが貼ってあるアブソリュートとエッセンスの小瓶が置いてあった。「変わっていないか、最高のものかを常に確かめる」ために自分でつけてはテストしているのだという。

続いて彼は隣にある研究室に私を案内した。太陽光が差し込む真っ白な部屋だ。作業台の上にある棚に、時代を感じさせるインディゴブルーの瓶に入ったアブソリュート、エッセンス、合成香料が並べてあった。他のものはワインクーラーに使われるのと同じ冷蔵庫に入れてある。トゥーシュを取り、小瓶の液体を少しつけて私の鼻の前にもってきた。

「これがNO5に使われるジャスミンです」ジョゼフ・ミュルの農園で栽培されているジャスミンからとれるアブソリュートだ。他のどこで栽培されているジャスミンを使っても、NO5の香りは変わってしまうだろうとポルジュは言う。その液体はとろりと濃厚で琥珀色をしていた。香りはつんと鼻を刺す。

「何のにおいだと思いますか?」

「花ですね。台所のゴミを堆肥にした土で育てたみたいな、土の香りのする花です」

「それにお茶のにおいがしませんか?」

そのとおりだった。上等のセイロン紅茶のにおいがした。

香水産業の舞台裏

「20世紀初頭は、レストランがシェフを雇うように、どの高級ブランドもノーズを１人雇っていた」とポルジュは言う。

「ポワレのノーズは後にパトゥで仕事をしました。コティも１人置いていましたね。ランヴァンのノーズはアルページュをつくりました」

香水を製造する会社のうち、現在もノーズを従業員として雇っている会社は五指に満たない。シャネルのジャック・ポルジュ、エルメスは２００４年にジャン・クロード・エレーナを雇った。パトゥは現在Ｐ＆Ｇがオーナーだが、１９９９年に引退したカーレオの後釜として、ジャン・ミシェル・デュリエツをスタッフに加えた。１９９４年にＬＶＭＨが創業者一族から買収したゲランは、創業者のひ孫にあたるジャン・ポール・ゲランがその任にあたっていて、２００２年に引退したが、まだコンサルタントをつとめている。

つまり、今日の高級ブランドの大半は、香水の創作も製造も流通も自社では行っていない。ジョルジオ・アルマーニ、カルヴァン・クライン、ジル・サンダー、そしてマーク・ジェイコブスはＰ＆Ｇ――「石鹼の会社ですね」とポルジュは言った――などのコングロマリットや、コティ、エスティローダー、ロレアルといった化粧品会社に名前をライセンス供与している（２００５年にコティは、カルヴァン・クライン、ヴェラ・ワン、クロエの香水ブランドをもつユニリーバの香水部門を８億ドルで買収した）。ライセンス供与されたそれらの企業が、製造、パッケージ、流通、マーケティングをになっている。デザイナーのなかには香水の創作に最初から関与する者もいれば、創作過程の最終段階で、試作品の中から選ぶだけの者もいる。

大半の香水を実際に創作しているのは大手の香水研究所である。スイスのジヴォーダン・ルール、米国のインターナショナル・フレイヴァーズ&フレグランシズ、ドイツのシムライズやハーマン&レイマー、スイスのフィルメニッヒ、英国のクエスト・インターナショナル、日本の高砂香料工業などだ。総事業規模は年間200億ドルで、彼らは高級ブランドの香水からフライドポテトまで、あらゆるものの香りや風味をつくりだしている。

最大手のジヴォーダンの場合、2005年は21億ドルを売上げ、シェア13・2%を記録した。つくっているのはアルマーニのジョルジオ・ビヴァリーヒルズ、カルヴァン・クラインのオブセッション、シンディ・クロフォードの名前をつけた香り、ゲランの新商品、アンソレンスなどである。2006年後半、ジヴォーダンは英国のクエストを23億ドルで買収して業界に激震を起こし、世界で押しも押されもせぬ〝最大の香りと風味の製作会社〟となり、合わせて約32億6000万ドルの年間収益を上げると期待されている。事業の44%にあたる14億3000万ドルは「香り」が占める。

ジヴォーダンの最大のライバルはインターナショナル・フレイヴァーズ&フレグランシズだ。この会社は、薬やエッセンシャルオイルを製造する小さな家内事業からグローバルなコングロマリットにまで成長した社歴170年の老舗だ。2005年時点で、96人の調香師と67人のフレイヴァリスト(風味専門化学者)を抱える年商20億ドルの大企業である。代表的な商品のなかには、ジヴァンシーのオルガンザ、ランコムのトレゾア(エスティローダーの所有)、カルヴァン・クラインのエタニティ(ユニリーバの所有)、ラルフ・ローレンのポロ(コスメアの所有)、エスティローダーのホワイトリネンがある。

香水づくりのすべてを外部に委託している高級ブランドでは、新商品の開発時には、まず「どんな香水をつくるか」というブリーフをまとめ、研究所数社でコンペを行うのが一般的だ。デザイナーと調香師がランチをしながら決めていた高級香水の黄金期とはちがって、香水のブリーフは、マーケティング担当重役が、消費者・市場調査や販売の数字をもとに書く。ブリーフにはコンセプトやマーケティングが織り込まれることも多い。

たとえば、ディオールが１９９０年代後半、ジャドールの製作にあたってクエスト・インターナショナルに提出したブリーフには、「（香りは）スティレットのようにセクシーで、トッズの靴のように履き心地がいいものでなくてはならない」、とある。だが一般的に、高級ブランドの香水のブリーフはほぼ同じ台本に沿って書かれている。

「基本的に『我々は女性のために何かが欲しい』という内容だ」とある香水メーカーの幹部は『ニューヨーカー』に語っている。

「『わかりました、どんな女性ですか？』『女性だよ！　すべての女性だ！　女らしさを感じさせながらも強くて有能だと思わせ、でもその部分は出し過ぎないようにしてほしい。欧州と米国と、とりわけアジア市場でよく売れるものでなくてはならないし、新しいけれどクラシックで、若い女性に好まれるけれど、年齢が上の女性たちにもウケなくてはならない』という具合だ。

フランスのブランドだと、ブリーフは、『偉大な、妥協のない芸術作品のような香水でなくてはならない』といった口調になるし、米国のブリーフでは、『２年前、発売後２ヵ月で欧州で４００万ドルを売り上げたアルマーニのような香りで、かつ、中国で売上げ好調なジヴァンシーのような香りでなくてはならない』といった感じになる」

そういった風潮にジャック・ポルジュは鼻白《はなじろ》む。

「ブランドのブリーフを聞いていると、どうもＮ０５のようなクラシックな香水をつくりたがっているんじゃないかと思えてならないんですよ」そう言ってため息をついた。

「どこか間違っています。時代にあった香水を創作していくべきです。それで行きついたところがクラシックなものだということはありますが……」

コンペに勝った研究所は新しい香水づくりを引き受け、ノーズに任務にあたらせる。どのコングロマリットも平均して10から15ものブリーフを同時進行させている。約3週間後、研究所は、エッセイと呼ばれる試作品を高級ブランドの香水部門担当重役にプレゼンテーションする。幹部たちがひとつを選び、2〜3トンの香りの液体をまず受注する。売れ行きがよければ、もっと発注がくる。

この事業でもっとも厳しいところは「コンペを勝ち抜き、ブリーフをモノにすること」だとポルジュは言う。どれだけすばらしい香りをつくっても、選ばれるのはひとつだ。研究所は、本当にいいと思われる香りは使い回していると言われている。彼らはブリーフにぴったりで、高い好感度が得られたという市場調査をひっさげてコンペに臨む。一方、香水会社のほうも市場性があると思われる香りの液体を買い、ぴったりのブランドを登場させるまで保存しておく。ロレアルは、そのようにしてエッセイのひとつを3年間も保存し、ヴィクター&ロルフが香水を出すことになったとき、そのひとつでフラワーボムをつくって売り出している。

エルメス――伝説のノーズ

2006年5月のある晴れた朝、私はエルメスのノーズ、ジャンクロード・エレーナを、グラースの自宅内にある研究室に訪ねた。50代後半のさっそうとしたフランス人男性だ。エレーナは私を、木々がうっそうと生い茂る谷を見晴らす前衛的インテリアの居間へと案内し、香水づくりの詳細についてさっそく解説を始めた。

今日、天然素材を原料とする香水はわずか10％に過ぎず、残りの90％は化学合成香料を使用している。驚いたことに、「それは別に悪いことじゃない」とエレーナは言った。合成香料と純粋な天然香料とで品質にちがいはないのかと尋ねると、彼はこう答えた。
「私は天然素材と化学合成素材とは同レベルのものだと考えている。どちらも香りを構成していくための材料だよ」

化学合成香料が最初につくられたのは1853年だ、とエレーナは私に教えてくれた。アーモンドの刺激臭を発するアルデヒドベンゼンだ。19世紀後半に入ると、香水には多くの化学合成香料が使用された。1879年に発売されたゲランの有名なジッキーにも合成香料が使われている。1920年までに、化学者は今日利用されている合成原料の80％をつくりだしていた。
「産業革命の時代には、我々は進歩を信じ、世界中のすべての問題が科学の進歩によって解決されるだろうと思っていた。香水も科学の進歩を利用したんだ」

そう語るエレーナは人生を香水ビジネスに捧げてきた。グラース近くの小さな町で生まれ育った彼は、学校教育になじめず17歳で高校を退学した。調香師だった父は息子に、ジャスミン、クローブ、白檀《びゃくだん》やラヴェンダーなどのエッセンスを製造する仕事を見つけてきた。

やがて彼はノーズに昇進する。1960年代後半、エレーナは米国市場を知るために1年間米国で暮らし、1970年代初めにはパリに移住してジヴォーダンで働きはじめた。最初につくった高級ブランドの香水は、ヴァンクリーフ&アーペルが1976年に発売したファーストだ。28歳のときだった。以来、カルティエのデクラレーション、イヴ・サンローランのイン・ラブ・アゲイン、ブルガリのオ・パフメ・オー・テなどのヒット製品をふくむ100以上の香りをつくってきた。「当たる香水のつくり方はさっぱりわからないが、悪い香水をつくらないためにどうすればいいかはわかっている」と彼は言う。

現在エレーナはフランスに約80人いるノーズのなかで、もっとも有能な1人だ。平均して150〜300種類の香り成分を使うのが一般的ななかで、彼は10〜20種類の材料でつくることを好み、しかも仕事が早い。エルメスの香水「地中海の庭」の基本的な調合をつくるのに2週間、最終的な製品化までに3ヵ月しかかからなかった。最初の発想を得たのは、カクテルパーティでシャンパンが出されたとき、トレイに敷かれていたイチジクの葉のにおいだったという。

ノーズとしてのエレーナには、数々の伝説がささやかれる――ニンニクをけっして食べない、自宅にはいっさいにおいがない、などだ。だがそんな伝説を彼は一笑に付す。

「ばかげてるよ。香水をかぐときには、同時にほかのにおいもいっぱいかいでいるんだからね」男性用と女性用とでは製法にどんなちがいがあるのか、と尋ねると、鼻にシワを寄せてそっけなく言った。

「そんなのは単にマーケティングの問題だね」

1998年、エレーナはカルティエの香水製造を任されていたヴェロニック・ゴーティエに出会う。彼女はデクラレーションをつくる仕事を彼に依頼した。まもなくゴーティエはエルメスに入社し、エレーナに新しい香水、「地中海の庭」をつくる仕事を依頼、2003年に発売になった。

エルメスはこの香水の成功をおおいに喜び、2005年ゴーティエはエレーナをエルメスに引き入れ、エルメスの翌年のテーマだった「川の流れのように」の中心に据える商品となる「ナイルの庭」の創作を依頼したのである。ゴーティエの出したブリーフは極端に簡潔で、なんと商品名が書いてあるだけだった。

「頭のなかにはこんな香水をつくるというアイデアはあった――ジャスミン、オレンジの花、睡蓮の花、スパイス、サフランの香りだ。エジプトにはきっとそんな香りがあるだろうと想像したからね」

ところが、実際にエジプトのアスワンにアイデアを確かめに出かけたところ、そこにはジャスミンもオレンジも睡蓮もなかった。

「ものすごく不安になったよ。アイデアを根本的に見直さなくてはならないと、最初の夜は眠れなかった」

翌朝、エレーナは新しい調合を組み立てるために町に出かけ、睡蓮の根やエジプトイチジクの葉、マンゴーの実の香りをかいでテーマを決めた。パリに戻ると頭のなかで組み立てた調合を書きだし、アシスタントに渡した。そのとき出した70％の材料が完成した香水には使われている。

「20世紀はじめ、調香師は象徴的な表現を用いた。香水はさまざまな花でつくりあげるブーケだった。続いて香水は叙述的表現になった。香りがひとつのストーリーを語るんだ」

そして、その次にきたのは、〝何かを想起させる香り〟だという。つまり、その香りをかぐと、ある特定の場所や人を想い起こさせる、というものだ。「ナイルの庭」はまさにそういう香りだった。

エレーナは「ナイルの庭」を、合成香料と天然香料の両方で構成した。天然香料は、グラースにある小さな研究所で、香水産業に１００％純天然の原材料を供給しているラボラトワール・モニーク・レミー（ＬＭＲ）で手配した。

私はエレーナと会った数日後にＬＭＲを訪れた。グラースの町外れにある無味乾燥な工業団地の真ん中にひっそりと建つ本社を訪れると、そこはトタンの外壁にセメントの床という建物で、クチュールのアトリエに匹敵する香水の研究所とはとても思えなかった。だが車から降りたとたん、間違いなくそこが香水研究所だとわかった。駐車場にまで花や草やスパイスの香りが漂っていたからだ。

小さな受付のある事務所に入ると、ＬＭＲが原料となるエキスを提供してつくられた近年のヒット製品がガラスケースに陳列されていた。プラダの女性向け香水、ジヴァンシーのヴェリー・イレジスティブルやオルガンザ、ヴィクター&ロルフのフラワーボム、ディオールオムがあった。LMRの管理部長、ベルナール・トゥールモンドは穏やかな人物で、自己紹介のあとさっそくLMRの使命について説明を始めた。「もっとも上質の花からとったエキスだけを扱っています。ユリなどの白い花、バラ、チュベローズ（月下香）、ラッパズイセン、スイセン、ジャスミン、ミモザ、アイリスなどで、香水メーカーにとってはロールスロイスに匹敵するほど高価な原材料です。私たちは高級レストランの厨房で見られるような仕事をしているんです。最高の1皿は最高の材料を使ってこそつくれますね。香水も同じです。現在、LMRの製品が使われていない優れた香水はひとつもありません」

そのLMRは挫折から生まれた。1960年代から80年代はじめにかけて、モニーク・レミーはユニリーバやファイザーといった大手香水メーカーで、天然香料を専門とする化学技術者として働いていた。やがてビジネス界の大物たちが高級ブランドを買収し、すべての製品分野において、さらなる利益を上げることを求めるようになったとき、香水事業も利益優先の要求を突きつけられた。

「溶剤にいたるまで製造コストの引き下げをはかるようになり、天然原料など誰一人知らない事態にまで陥ったんだ」エレーナは当時を振り返って言う。

「グラースは魂を売ったんだよ。大半の会社が既製服を製造する発想でエキスやエッセンスをつくるようになった。たとえば、ジヴォーダンがある価格帯のバラのエキスを求めると、研究所は『できますよ。もっと安くしときます』と言う。良質の製品を希釈して、価格を下げたんだ。品質が劣化し、しかも製品ムラがあった」

1980年代初め、レミーはそんな風潮に幻滅したあまり、自分でビジネスを興すことに決めた。彼女のアイデアは「ばかばかしいほどシンプルでした」とトゥールモンドは言う。「100%天然の原料を供給する」ということだ。当時利用されていた希釈されたエキスに比べると、価格ははるかに高かった。大手研究所の営業やマーケティング部門をすっ飛ばして、直接ノーズのところに製品を持ち込んだ。彼女の製品をかぐとノーズは全員欲しがった。

「調香師は原料買い付けのバイヤーに頼んで、LMRの製品を注文するようになりました」トゥールモンドは言った。そして業績は上がった。「レミーは本当に勇気のある女性でしたよ。当時の市場の方向と正反対のことをやってのけたんですから」

引退を考えていたレミーは、いったんは自社を大手企業のインターナショナル・フレイヴァーズ&フレグランシズに売却したが、後に経営方針で対立、LMRの自立を求めて闘い、彼女が勝った。そして2002年、ネスレやサノフィで働いていたフード・エンジニアのトゥールモンドを雇って、自分の後を継がせるつもりで管理部長に任命した。翌年あらためて彼女は引退し、トゥールモンドに全権を託している。

LMRは小さな会社だ。従業員は34名で、年間売上げは1630万ドル、取引先の40%をIFFが占める。残りの60%は大手グループ企業とエルメス、シャネルだ。

「エルメスとシャネルは他のどのブランドより天然原料を多く使っています」トゥールモンドは語る。

彼は私にプラスチックの防護メガネを渡すと、隣の工場へと案内した。そこは飛行機の格納庫ほどの広さで、アルミニウムの管がそびえたち、大きな円球の耐熱ガラスの中ではさまざまな香り成分が濾過、気化、液化されている。向こう側には冷蔵室があり、エキスやエッセンスが熟成のため半年〜2年間保存され、在庫として保管されている。

「我々が扱っているのは天然素材なので、1年に1回収穫されるのが一般的で、しかも生産量はほんの少量です」ウォークインの冷蔵室でトゥールモンドは言った。LMRは特別注文だけに限っていて、しかも複雑で経費のかかる工程でつくられるために、エルメスのようなトップブランドしか手当てできない。

LMRはグラースで小さなルネサンスを興した。トゥールモンドによれば、若手起業家が5人ほどこの地方に移住してきて、花卉農園事業を復興させたのだそうだ。選ばれた顧客だけを相手にする高級ブティックのようなビジネスである。農園の規模は小さく、多くはLMRのように環境にやさしい農法を行う。「有機野菜づくりのように、とてもトレンディなんです」トゥールモンドは笑いながら言った。

香水ビジネスはいまや高級ファッション業界と同じような構図になっている。クチュールのような五指に満たない小規模な生産者が、グラース、コモロ諸島、トルコやエジプトで栽培される天然材料をLMRのような工場でエッセンスやエキスに変え、それを使って香水をつくる。また、それとは別に、既製服メーカーのような生産者がインドや中国といった第三世界の生産地で合成原料を使った製品を大量に生産する。クチュール的な生産方法から既製服的な生産方法への移行の理由も、ファッション業界と同じ――つまりはコストのため、だ。

「原材料ではあまり儲からないからね」とエレーナは言った。

激しいPR合戦

1990年代半ば、高級ブランドは自社の香水の試験販売を始めた。

「(高級香水は)大きなビジネスなので、投資に見合うものかどうか確かめたかったのです」と、ある香水研究所の幹部は私に言った。

シャネルは1996年にアリュールをつくるまで試験販売をしなかったし、そのときも香水の色とパッケージの確認程度で、香りまではテストしなかった(米国では色の評判が悪かったので変えられた)。エレーナは、エルメスは発売前の試験販売はしないと主張する。

「テストマーケティングは、消費者がすでに知っている商品の焼き直しやコピーを出すときには有効だ。だが、新しく創作したものについては意味がない」

香水がいよいよ発売となると、マーケティング部門では「新製品発表」として、メディアのローラー作戦を開始する。なかには控えめな新製品発表もある。イッセイ・ミヤケが1998年に発売したル・フー・ドゥ・イッセイのときは、50人の記者・編集者をパリの装飾美術館に招き、スピーチをして持ち帰り用のサンプルの香水を配るだけだった。

一方で、ド派手なものもある。グッチ・グループの傘下にあったイヴ・サンローランが2001年に売り出したニュの新製品発表は、フランスの旧証券取引所で深夜開かれ、トップレスダンサーたちが踊り狂った。「乱痴気騒ぎでしかなかったね」米国のファッションデザイナー、ジェレミー・スコットは言う。

「(あの新製品発表は)カネがすべてだった。証券取引所でやったんだよ。あれはカネのイベントだったんだ」

「ナイルの庭」の発表イベントとして、2005年2月、エルメスはエジプトのアスワンに24名のファッションライターと編集者を招待し、世界中のエルメスの広報担当者とコミュニケーション・ディレクターが同行した。パリからエジプト航空機をチャーターし、シャンパンとボルドーワインも積み込み、アスワンの最高級ホテルに全員を宿泊させた。3日間にわたって次から次へとイベントが企画された。ナイル河クルーズ。イシス神殿へのガイドつきツアー。オールド・カタラクト・ホテルのダイニングルームでのヌビア風宴会。夜にはもちろんベリーダンスだ。そのすべてにエルメスのスタッフが出席し、マーケティング・広告キャンペーンだけでなく、ショーウィンドゥと店内のディスプレイについても説明し、出席したジャーナリストたちに「ナイルの庭」を紹介するストーリーのアイデアをふんだんに提供した（全員が1瓶ずつ持ち帰った）。

このアスワン旅行のイベントから2週間もしないうちに、「ナイルの庭」がいたるところで目についた。パリのデパートを歩いていると、香水瓶をもった女性たちにシュッとかけられ、広告、ポスター、雑誌記事が巷にあふれた。

「初年度の売上げと同じ金額を広告宣伝に使うね。2500万ドルの売上げを見込むなら、広告宣伝には2500万ドルを使う」

トム・フォードはかつて私に言ったことがある。そして住宅ローンのように製品の売上げのなかから宣伝費を支払い続けるのだ。

「香水の宣伝には毎年投資しなくてはなりません」

ジャック・ポルジュは言った。

「パブリシティへの投資をやめたら、それだけ売上げは落ちます」

「ナイルの庭」はパブリシティが効き、初年度に約1800万ドルを売り上げ、エルメスの1億ドルの香水事業で売上げトップの製品となった。再びポルジュが言う。

「最近はヒットを出すことがむずかしくなっています。新発売の香水は数多くありますが、残っていくのは数えるほどです。ヒットを出すのはもちろんですが、残っていくのがむずかしい」

香水は当たると、創作・生産・販売に関わるあらゆるセクションに収益をもたらす。製造所はライセンシーにコストの2・5倍で香水の液体を売る。ライセンシーはコストの2〜4倍の小売価格をつけて販売し、利益率は30〜40%にもなる。高級ブランドはライセンシーから名前の使用料としてロイヤリティを受け取る。大量生産だと動くカネも大きく、それゆえデパートから空港の免税店まで、あらゆるマスマーケットで売られる。シャネルやディオールが米国で２０００の販売店に流通させているのは驚くことではない。エルメスは対照的に３００店以下だが。

１９９０年代後半、香水の売上高は広告出稿が劇的に増えたにもかかわらず落ち込んだ。他の事業と同じく、ポルジュは「香水製作の陳腐化がその原因だ」と危機感を抱く。創作までが産業化したことで職人気質が失われ、また香水がチェーン店に大量に流通するようになった。ポルジュは「香水の商品寿命がどんどん短命になりました。我々が精魂こめてつくった香水が市場からすぐ消えてしまう」と嘆く。今ではヒット商品は、セレブの香水のような単発的なものだけになった。セレブの香水は大きな利益をあげられるアイテムだ——ジェニファー・ロペスのグロウは２００２年に発売され、３年間で８０００万ドルを稼ぎだした——が、一般的に短命である。

販売が伸び悩み、減少する利益への対応策として、高級ブランドはこっそり生産コストの削減に手をつけている。コスト——ひいてはクオリティ——のなかで、もっとも簡単に落とせるのは、パッケージだ。

アラン・ロレンツォがパルファン・ジヴァンシーを１９９６年に買収した際、香水の箱の内側にあるセロファンを省略させた。大手包装メーカーのカートンドラックでは、ある高級ブランドから「最低限の価格でどの程度デザインを追求できるかを見せてくれ」と言われた、と、同社の米国支社長をつとめるブルース・ベタンコートは言った。

「12色使っていたところから4色の印刷に切り替える。型押しするかわりにメタリックカラーを印刷する。ときには箱のサイズを小さくして、紙の１シートからとれる箱の数を増やすことも提案しました」

大半の高級ブランドが、瓶を保護するために箱の内側に入れていた波状の厚紙を取った。

「今ではそんなものを入れているところはほとんどありません」とベタンコートは言う。

瓶にもコスト削減は及んでいる。高級香水の瓶の製造コストは全コストの10%にあたり、各ブランドともその引き下げに奮闘している。

「瓶の形を少し変えるとか、色を変えてコストを削減しようとします。ほんのちょっとした変化だから買う人は気がつかない。また、どのブランドもすべて、最初はデザイン優先で新製品を売り出しておいて、後からコスト削減のために美観を落としつつ、でも見かけはほとんど同じにしてコストを少しでも下げようとするんです。これはどのブランドもほとんど共通していますね」

さらに、高級ブランドの多くは、香水本体の製造コストも安くする道を探り始めている。新商品のために高級ブランドが提示するブリーフに示される最終製造価格は、10年前の半分になっているという。ポルジュが言う。

「どんなクオリティの香水でも、とてもその価格ではつくれません。花をいっさい使わずジャスミンの香りを構成しろというんです。たしかに化学の研究は進みました。我々は30年前よりもはるかに優れたジャスミンの香りを合成香料でつくりだすことができますが、それでも本物のジャスミンの最低ランクの花にも劣るクオリティでしかありません。どんなにおいも他のもので代用はできないんです。安くするために、ひとつのものを別のもので代用するというのは、過ちのなかでも最悪ですね」

ある企業では、全製造工程を中国に移転することを検討中だという。

もちろんブランドもノーズもそんな話を否定する。古い香水の成分を変えたのは、「政府が新たに導入した規制のため」だというのが彼らの一般的な公式見解だ。だが、品質のよい香水を、コストを理由にして薄めてしまうことは現実に行われている。

この業界で、実質的な香水の品質管理者とも言うべきオズモテークではどうなのかと、私はジャン・カーレオに聞いた。ブランドが、コスト削減のために本来のクラシックな香水を希釈したり、安い原材料を使うように指示したことはあるのか？　彼はうつむきながら静かに答えた。

「ありますよ」

だが、それはどのブランドかと重ねて訊くと、彼はこう答えた。

「それは私が答えるべきではないと思います」

おそらく高級香水の売上げを脅かす最大の問題は、コスト削減やクオリティの劣化ではないだろう。

それは、高級ブランドがターゲットにしている「市場の変化」そのものなのだ。

「現在でも香水は重要な事業ですよ」ジャック・ポルジュは言った。

「でも、クチュールブランドの生命線はバッグですから」

第2部

第6章

大切なものは
バッグのなかにある

「満足は天からの財産。ぜいたくは人がつくる貧しさ」——ソクラテス

娘キャロライン公女を連れて店を出るグレース公妃。右手には彼女の名前が冠されたエルメスのケリーバッグ（AP Images）

女性をじっくり観察してみよう。着ている服は似たりよったりだ。履いている靴もどれも同じに見える。だが、「バッグ」は注目に値する。

レザー、キャンバス地やナイロンと、素材はいろいろだ。手に小さなクラッチを握っているかもしれないし、肩からバックパックをぶら下げているかもしれない。バッグの中身はどうでもいい。今、何よりも女性を語るのがバッグだ。彼女たちの現実の姿や描いている夢は、バッグが物語っている。高級ブランドのマーケティングのおかげで、バッグはシーズンが変わるごとに、もしくは女性の気分が変わるごとに、つまり2～3ヵ月ごとに新作が登場する。

1990年代後半、バッグやレザーの小物製品は、香水と同じく高級ブランドへ誘《いざな》うための「導入商品」になった。既製服と変わらないほどの価格帯だった高級ブランドのバッグは、今やナイロンからクロコダイルまで幅広い素材をそろえたおかげで、価格も200ドルからと手頃になった。しかも香水とちがって、バッグはデザインや素材がひと目ではっきりとわかり、ロゴをこれ見よがしに見せつけることもできるし、ステータスと野心を公然と誇示するチャンスを与える。かつてカール・ラガーフェルドはこう言った。

「(バッグは)人生をもっと楽しくし、夢や自信を与え、順調な人生であることを周囲に示す」

世界のどこかの高級ブランド店に入れば、あらゆるところにバッグが陳列されている。サイズ探しも試着も必要のないバッグは、高級ファッションの中で販売がいちばん簡単なアイテムだ。目にとまり、気に入り、買う。商売成立。香水に比べると製造が簡単だし、利益率は目の玉が飛び出るほど高い。高級ブランドのバッグの価格は、その大半が製造コストの10倍から12倍だ。

今、バッグは高級ブランドを牽引し、命運を左右するアイテムになっている。毎年コーチが行っている消費者調査によれば、米国女性は2000年には2個新しいバッグを買っていたが、2004年にその数は4個以上になった。東京・表参道にあるルイ・ヴィトンの4階建て大型店では、総販売額の40%が、モノグラムのバッグ、財布やレザー小物が置いてある1階のフロアで売れている。

「バッグは、靴や服とちがってサイズがないので、売れ残りが出ないのよ」

ミウッチャ・プラダは私に言った。

「年齢や体重の問題に直面しなくてもいいから、ドレスよりもバッグのほうが選びやすいの。バッグには〝どうしてもこれを持たなくては〟と強迫的に思い込ませる何かがある。バッグは収益を上げやすい。だって、バッグがこの会社に奇跡を起こしたのよ」

2004年、高級ブランドのバッグおよびレザー製品の売上げは業界総額で117億ドルにのぼり、前年より業績を伸ばした唯一の分野になった。2001年から2004年にかけて、高級ブランド市場は毎年1・2%ずつ売上げを伸ばしたが、レザー製品の売上げは毎年7・5%伸びている。

売上げの大きなシェアを占めるのが「イット」バッグ——高級ブランドの広告やファッション雑誌が「最新デザイン」と銘打ち、シーズンごとにマスト・アイテムとなるような製品だ。最近の「イット」バッグには、ルイ・ヴィトンで村上隆とマーク・ジェイコブスとのコラボレーションにより製作された、白いレザーにレインボーカラーのモノグラムがスタンプされた「モノグラム・マルチカラー」や、1960年代にグレース公妃のオリジナルとしてグッチがデザインしたスカーフの小花柄をプリントした「グッチ・フローラ」などがある。

ファッションにおけるバッグの位置づけは現在ではあまりにも大きくなっている。2006年、『ロンドン・ファッション・ウィーク』で、ある英国のジャーナリストが「誰もが、本当に誰も彼もが、まるで新しい教皇を決める会議のような熱心さでバッグについて話し合っている」と書いたほどだ。

「イット」バッグに夢中になるのは若年層——20歳以下——に見られる現象で、高級ブランド各社の巧妙なマーケティング戦略によってそれは仕組まれてきた。1990年代はじめ、ファッション雑誌で読んだ記事に、「シーズンごとにワードローブを買いそろえるお金がなければ、新しいバッグをひとつ買うだけで外見を新しくすることができる」などと書かれていたのを思い出す。パリの『ニューズウィーク』支社長でさえもそのトレンドをつかんでいた。1996年、彼のオフィスで春シーズンのファッション記事についての編集会議をしていたとき、彼が言った。

「もうファッションは終わったんだよ。いまや小物がトレンドを決める時代だ」

なぜ、ファッションにうといはずの彼にそんなことがわかったのだろう？　それは高級ブランドの各社がそのメッセージを執拗なほど打ち出していたからだ。「（新しいバッグを）持たなければ、もう女も終わりだ、という勢いだよ」と、トム・フォードも言っていた。

レザー製品メーカーはブランドを――つまりは自社のバッグを――もっと広く一般受けさせるために、既製服のラインを立ち上げた。ファッション・メーカーはバッグを最前線に押し出し、急激に刺激的になっていった広告の目玉的存在にした。バッグは消費者をブランドの虜にするための〝囮《おとり》〟的アイテムになったのだ。

その結果、世の女性たちは見事に囮に引っかかり、中には危ないほどはまってしまう人たちも出てきた。まえがきでも書いたように、日本にはルイ・ヴィトン、シャネルやエルメスのバッグを買うために売春をする少女もいる。2005年9月、ハリケーン・カトリーナの被災者に生活必需品を買うようにと、赤十字からデビットカードが渡された。だが、そのカードを使って、アトランタにあるルイ・ヴィトンの店で800ドルのバッグを購入した人たちがいた（このニュースが報じられるや、ヴィトンの幹部は販売員に赤十字のカードでの支払いを拒否するように指示し、すでに販売された商品の代金を赤十字に払い戻している）。デザイナーズブランドのバッグを短期間だけ貸し出すサービスを展開しているサイトもある――これを利用すれば、毎シーズン購入しなくても、バッグをもっと頻繁にとっかえひっかえすることができるというわけだ。

現代アートのアーティストたちが、ブランドのロゴが目立つように入ったバッグに、女性たちが夢中になる現象を茶化すような作品を発表し、高級ブランドの不興を買ったこともある。ヴェネチア・ビエンナーレでは１９９９年にフランスのパフォーマンス・アーティスト、アルベルト・ソルベッリが『ラグレッセ』（攻撃の犠牲者）と題するハプニング公演を行った。黒のミニドレスを着てスパイクヒールのブーツを履いた女性が、青のレザースーツを着た男性をルイ・ヴィトンのバッグで激しく執拗《しつよう》にぶっ叩くというシーンを入れたパフォーマンスだ。

サンフランシスコのアーティスト、リビー・ブラックは、紙と絵の具と接着剤でつくったヴィトンの製品ラインすべてを並べたルイ・ヴィトンの店をつくり、２００３年にマノロ・ガルシア・ギャラリーで発表した。が、彼女とギャラリーのオーナーはすぐにヴィトンのサンフランシスコ支社に呼ばれ、企業弁護士から著作権侵害だから作品展を即刻中止するよう命令された。それでもブラックは展覧会を続行したが、ヴィトンからはその後何も言ってこなかったという。

バッグ界の最高峰――エルメス

高級ブランド・バッグの世界は、自動車や服と同様に、注文生産品を頂点、大量生産品を底辺とする〝クオリティのピラミッド構造〟になっている。

やはり最高峰はエルメスのハンドバッグだ。最高品質のレザーとファブリックを使って手縫いでつくられるバッグは、価格が６０００ドル以上で、ときには、注文してもウェイティングリストに載ってから何年も待たなくてはならない。

エルメスのバッグは、高級ファッション産業で最後に残った〝真の一流品〟だと多くの人々が考えている。それを持つのにふさわしい人間から長く選ばれてきたバッグだ。ジャクリーヌ（ジャッキー）・ケネディ・オナシスはコンスタンスを肩から提げている姿を何度となく写真に撮られたため、客はエルメスの店で「ジャッキー・Oのバッグをください」と店員に注文した。グッチ・グループのオーナー、フランソワ・ピノーの妻、マリヴォンヌ・ピノーは、2001年のパリコレにグループ傘下のブランド、グッチでもサンローランでもなく、エルメスの大きなバーキンを腕にかけて現れ、業界関係者を驚かせた。マーサ・スチュアートは2004年、インサイダー取引の被告人となった裁判に茶色のバーキンを持って現れ、「富と特権階級のにおいがぷんぷんするバッグを、陪審裁判の場に持ってくるのは軽率としか言いようがない」と『ワシントン・ポスト』に批判された。

今日、高級バッグといえども購入するときは何の緊張感もない。シックなスーツを着たセキュリティの立つきれいな店に入り、ディスプレイされたバッグを十分に吟味し、選び、カネを払い、購入した商品を持って店を出る。高級品のショッピングは、いまや価格でどきどきする以外はGAPでのショッピング体験となんら変わらない。製品として高級ブランドのバッグに際立った特徴はない。これまで何千個と生産されてきた高級ブランドのバッグは、どれも同じだ。特別に注文を出して自分だけのオリジナルでもつくってもらわないかぎり――それは非常に限られたビジネスで、せいぜい2〜3社しか受け付けてくれるところがない――手に入るのは既製のバッグでしかない。

一方、エルメスのハンドバッグ――または鞍でもトランクでもいいが――は、本物のぜいたく品を買い求める本物の体験ができる。エルメスのブティックが来店した客にその場で販売するバッグは、1シーズンに数点しかない。エルメスのバッグを買いたければ注文するのが普通だ。店に陳列されているバッグは、ただ陳列されているに過ぎない。ディスプレイされているのは、あくまでも選択するための見本としてなのだ。

まず牛革、ワニ革、オストリッチ、キャンバス地といったなかから素材を選ぶ。色を選び、金具部分をシルバー、ゴールド、あるいはダイアモンドがはまった素材にするかを選ぶ。ケリーバッグなら縫い目が外に出ているか、それとも内側に折り込まれているかを選ぶ。仕様書どおりにつくられるまで数ヵ月待つ。完成品が店に届くと、「受け取りに来てください」と知らせが来る。そこでようやく自分のバッグを手にすることができる。

エルメスのバッグは「イット」バッグと対極をなす。大半のデザインは1世紀近くも変わらず、「流行っているから」ではなく、「どの時代の流行からも決して外れない」がゆえに切望される。目立つところにロゴが入っているわけではない。だが、バッグそのもので十分にエルメスであることがわかる。バッグそのものが、代々受け継がれてきた財産と洗練された趣味を物語る――たとえバッグを持つ人が財産もセンスも持っていないとしても、だ。富と成功をさりげなく象徴する高級品、それがエルメスなのだ。

エルメスのバッグがどのようにつくられているかを見れば、かつての高級品がどのようなものだったかを知り、それが今ではどうなってしまったかが理解できるはずだ。

２００５年3月のある寒い朝、私はパリ北部のパンタンにある、エルメスの特別注文品を扱う作業所を訪れた。パンタンは、フォーブルサントノレにあるエルメスの本店から車か地下鉄で30分ほどの距離だが、パリ本店周辺とはまったくの別世界で、住民の大半がアフリカからの移民である貧困層の居住地区だ。住民の多くが公営住宅に住み、小さな商店を経営するか、非熟練労働についている。失業手当で暮らす人々も多い。２００５年10月、人種差別を発端とした暴動はこのすぐ近くで起こり、パンタンにも広がった。

そんな地区の中心にエルメスの最初の子会社はある。エルメス・セリエールは1991年に完成した、ガラスとグリーンのメタルでつくられた現代的で巨大なビルの中にある。長期にわたってエルメスのトップで、2006年に引退したジャン・ルイ・デュマの妻で、有名なインテリアデザイナーでもあるレナ・デュマが内装を担当した。ビルの様式は、フランスの伝統的な美的感覚で知られるエルメスらしさの対極にある。白い石の床とガラスの壁、ガラス張りのエレベーターのあるアトリウムは、噴水と熱帯の観葉植物があればホテル・ハイアットみたいだ。壁の1面にはエルメスのシルクのスカーフが市松で張られている。

パンタンはエルメス最大のレザー製品の生産拠点――従業員数300名、15のアトリエがある――で、管理部門や、既製服など他の製品の生産部門に加え、革細工職人の養成学校まである。エルメスでは革細工職人として新たに雇用した者すべて――その大半はフランスでもっとも名のある革細工アカデミーの卒業生だ――を自社の学校で2年間見習いとして修業させ、同社の裁断方法から独自のサドルステッチを完璧に縫える能力まで、その優れた技術を学ばせている。

ビルの4階には特別注文のための作業所がある。豪華なクロコダイルやアリゲーターの皮革を素材に、さまざまなサイズのケリー、バーキン、コンスタンスがつくられている。

特別注文は長らくエルメス製品の中核を担ってきたが、なかには変わった注文もあるという。内側にエルメスのシルクのスカーフを張った革のヴァイオリンケースを注文したヴァイオリニスト。自分が仕留めた獲物の皮革でトランクをつくってほしいと注文した狩猟家。ポケットモンスターのキャラクターをプリントしたケリーバッグを注文した日本人……。

1957年、サミー・デイヴィス・ジュニアはバーにもなる黒のクロコダイルのスーツケースを注文して、旅行やツアーに持っていった。２００３年、ある若い金持ちのギリシャ人が、所有するヨットのメインシートを破いて、ケリーバッグを３つつくってほしいと注文した（ジャン・ルイ・デュマはその出来栄えがおおいに気に入り、翌シーズンからそのデザインをコレクションに加えた）。

特別注文のアトリエで働く約40名は全員が若く――エルメスの革細工職人の平均年齢は33歳だ――驚いたことに多くが女性だ。実際のところ、エルメスは若い女性たちによって支えられている。販売員から革細工職人まで含む５８７１人の従業員のうち、61％が40歳以下で、65％が女性だ。ちなみに、２０００〜２００４年の間に、エルメスは１２３０名を新規に雇用し、そのなかには新たに創設した３つの革製品のアトリエで働く６００名の革細工職人が含まれる。

「成長することを恐れ、成長しないことを恐れ、または、あまりにも成長しすぎて始末に負えなくなることを恐れる」とデュマはかつて言ったことがある。

エルメスが競合相手とかけ離れているのは、まさにその点だ。たとえばグッチ・グループのＣＥＯ、ロベール・ポレは、２００４年にグループの舵取りを任されるとすぐに「年間売上げを20億ドルから、7年以内に倍の40億ドルにする」と宣言した。だが、高級ブランドの経営陣が二言目には利益追求を口にするのとは対照的に、エルメスは企業としての成長をさほど気にせず、気楽に考えているように見える。もっとも、エルメスの２００５年の売上高は18億５０００万ドルで、商品の小売価格が恐ろしく高額であることを考慮すれば、競合各社と比較しても悪くない数字だ。うち、レザー製品の売上げが40％を占める。

30年間に及んだデュマの支配下で、エルメスはウェイティングリストを減らし、既製品のバッグを店に置くことができたかもしれない。仮にそうしていれば、簡単に数十億ドル規模の会社に成長していただろう。だがデュマはあえてそうしなかった。小規模で限られた顧客だけを相手にする企業ポリシーを保ち続け、そのビジネス哲学は今も引き継がれている。

リヨンにはスカーフとネクタイをつくる絹織物の名匠が、リモージュには陶器のディナーセットをつくる名匠がいる。マリでは金細工師が宝飾品を、ナイジェリアではトゥアレグ族がベルトのシルバーのバックルをそれぞれつくっている。アマゾンの熱帯雨林地帯では、ゴム引きのバッグのためにラテックスの樹液を採取するインディオたちがいる。

1995年、デュマは10人の職人を連れて、インドとパキスタンの国境にあるタール砂漠に、創作のルーツを探る1週間の「探検旅行」に出かけた。エルメスの銀細工師は地元の名匠がのみや槌《つち》をつくる様子を見守り、調香師は砂漠のにおいをかいだ。現地の部族は太鼓を叩いて歓迎し、エルメス側はサンルイのクリスタルのシャンデリアをキャンプファイヤーの上に吊り下げた。デュマが伝えるメッセージは、その砂漠の晴れ渡った夜空と同じくらい明白だった。

「世界は2つに分かれる。道具を使う術を知っている人間と、知らない人間だ」

エルメスの作業工程

パンタンの作業所で働く職人はエプロンと白衣を着ている。iPodで音楽を聴きながら仕事をする者もいる。作業所には、時折ハンマーで叩く音やミシンの音が単発的に響くだけで、あとは静かだ。誰も会話も交わさず、ひたすらバッグをつくっている。

毎日多くの作業をこなしているにもかかわらず、バッグの完成までには長い時間がかかる。平均的なサイズのバーキンやケリーをひとつつくるのに15～16時間がかかる。もっと大きなサイズになれば25～30時間といったところだ。2005年、フランス国内にあるエルメスの12ヵ所の作業所でつくられたバッグは13万個。ウェイティングリストのおかげで、同時多発テロの影響で消費が最悪だった2001年にも、エルメスは損失を出すどころか、売上げを伸ばした。

「9・11後、多くのお客様が特別なスカーフやネクタイやバッグを買いにいらっしゃいました」ニューヨークにあるエルメス米国支社のCEO、ロバート・シャヴェッツは私に言った。

「『何か特別なものが欲しい』とおっしゃってね」

アトリエ内の最初の区画にある作業台にはワニ革が置かれていた。3～4人の男性が疵《きず》を調べ、バッグ用に形を整えながら裁断している。エルメスのバッグに使われるすべての素材は、非常に繊細で貴重なクロコダイル、アリゲーターなどの皮革以外は、すべてプレス機で裁断される。

特別注文品をつくる職人たちは、おもに3種類の高価な皮革を扱っている。クロコダイルが2種類、アリゲーターが1種類だ。もっともデリケートで高価なものは、オーストラリアに生息するクロコディラス（クロコダイル）・ポロサス種の皮革だ。他の2種類、すなわちクロコディラス・ニコティカスはジンバブエで飼育され、アリゲーター・ミシシッピエンシスはエルメスがフロリダに所有している飼育農場から運ばれてくる。ポロサスとミシシッピエンシスの区別は、素人ではつけにくい。だがひとつ大きな違いがある。値段だ。2006年、ポロサスのクロコが32センチ使われたケリーバッグの小売価格は1万9600ドル、ミシシッピエンシスは1万6700ドルだった。

平均サイズのバッグにはワニ3匹分の皮革を必要とする。人の指紋と同じように、クロコダイルもアリゲーターも柄は1匹ずつ違うため、組み合わせを探すのに時間がかかる。どの爬虫類《はちゆうるい》でも柔らかい脇から下の部分を使い、傷のついた凹凸のある背中部分が使用されることはない。腹の部分はバッグの側面やフラップに、うろこが大きい尻尾の下の部分は底部、側面部、マチの部分にそれぞれ使われる。皮革には艶出しのニスは塗らない。ニスを塗ったような光沢を出すために、職人は瑪瑙《めのう》で磨きをかける。

だからバッグは防水ではない。ちなみに小型スーツケースほどの大型のバーキンには、クロコダイルが使われることはめったにないという。

「クロコダイルは大人しい性質の動物ではありません。だから、身体が大きくて嚙《か》み痕《あと》のないクロコダイルはまず見つからないんです。大型バーキンに使えるほどの皮革が出るまでには10年間待たないといけないでしょうね」と、職人の1人が説明してくれた。

私が訪れたとき、1人の職人がルビーレッドのクロコを、もう1人がパイングリーンを扱っていた。2人は弾力性のあるゴムのマットの上に立ち——1日中立ちっぱなしだそうだ——まだ動物の形状をしているその皮革を白い大きな作業台の上に広げた。天井の明かり取りから射しこむ光のもとで、皮革を丁寧に調べ、疵があるところを白いマーカーで丸く囲む。疵や汚れがある部分はすべて取り除かなくてはならない。牛革に残っている疵ならば染めれば見えなくなる。だが、「クロコダイルと淡い明るい色で染めた皮革では、どんな疵も目立ってしまう」のだという。その職人が調べていた皮革にはたくさんのマークが入っていた。「たぶんこれはマチ部分に使用することになるだろう」と彼は言った。

皮革職人がバッグに合わせて裁断したレザーは、ジッパー、鍵、金具、裏地、パイピング用の皮革の紐など、バッグをつくるのに必要な部品とひとまとめにしてプラスチックのトレイに入れられ、組み立て工程を担当する職人に渡される。組み立て職人は、一度に3個から4個のバッグを同時進行でつくっていく。同モデル、同サイズ、同じ素材のものだ。ある職人は、黒のクロコで、留め金にダイアモンドがはまっている小型のケリーをつくっていた。ダイアモンドの地金素材はホワイトゴールドに限定され、品質保証されたゴールドとダイアを使用する。2004年、ホノルルのエルメス店からの特別注文でつくられた、ダイアモンドがあしらわれたルビーレッドのバーキンは9万ドルで売られた。

大半のモデルは裏返しにしたまま組み立てられる。まずは先端の鋭くとがった、アフロヘア用の櫛に似た手づくりの金具「グリッフ」を使う。いろいろなサイズがあるグリッフを、レザーの切断面に軽く押しあて、きっちり等間隔に印をつけ、手縫いするときの縫い目の目印にする。ジッパーと内側のポケット部分だけがミシンで縫われるが、あとは全部手縫いだ。外側の革と、内側の裏地となる革の間に固い牛革を挟み、バッグの強度と堅さを強化する。ジッパー以外のすべての材料はレザーだ（もちろんラフィアやキャンバス地が使用されるバッグ以外だが）。見えないところにプラスチックの補強材を入れたり、裏地をキャンバスや合成素材にすることはありえない。

ケリーバッグには2つのタイプがある。縫い目が外側に出ているセリエールと、ルトゥールネと呼ばれる内側に折り込まれたタイプだ。バーキンはルトゥールネだけだ。ルトゥールネの端はバッグと同じ色の素材でパイピングされる。パイピングはレザーを細く紐状に切ったものを、革の端を包みこむようにして、ほんのわずかの接着剤をつけて留められる。すべて縫い合わせると、8層のレザーとなる。外側の皮革、補強のための牛革、それぞれの裏地としての皮革が2層、そして端を留めるパイピングの革が表と裏に2層ずつとなる。ケリーは、バッグの背の部分からつながったフラップがついているが、バーキンのフラップは本体に縫いつけられる。

職人はすべてのレザーを、昔から伝わる鞍を縫うためのサドルステッチで手縫いする。使うのは2本の針と、それに通す長い1本の糸で、バッグに糸の結び目をつくらないために、すべての部分を縫いきれる長さにしている。フランス産リネンの糸は耐久性が高く、レザーを通しても摩擦で焼けることはない。強度を上げ、防水性とすべりをよくするために蜜蠟《みつろう》が塗られる。レザーがゴールドや天然色の場合には白糸を使うが、通常、糸はレザーの色に合わせて必ず染められる。

職人は長い木製の留め具で縫い合わせる皮革をひとつにまとめ、グリッフでつけた印の部分に千枚通しで穴を開けていく。1本目の針は表側から、2本目の針は裏側から通して縫っていく。縫い目の最初と最後は3回返し縫いをして、端をしっかり留める。縫製作業が完了すると、縫い目をプラスチックのハンマーで叩いて平らにし、端を削ぎ、やすりとワックスで磨きあげる。持ち手部分は6ピースのレザーで形づくられ、職人がひとつひとつ成型する。1本の持ち手をつくるのに3時間半ほどかかる。「持ち手の仕上がりが、バッグの完成度を決めます」と案内してくれた職人がいう。

表裏両面が完成すると、職人はひとつにまとめて金具をつける。現在、ほとんどのバッグの金具はネジで留められているが、ネジはしだいに弛《ゆる》むために、エルメスではパーリングと呼ばれる特殊な方法で金具をつけている。レザーの表側に留め金を、裏側に金属製のバッキングを置いてレザーを挟み、クギを裏側から表側へ通した後、クギの先端を削りとって留め金の金具と同じ平面にするという手法だ。先端が凹形をしている特殊な道具を使い、まるい小さな真珠のようになるまでクギの先端をそっと叩く。留め具の部分は傷がつかないように透明なプラスチックでカバーされ、そこで表に返して、アイロンをかけて形を整える。デリケートなクロコはうろこ1枚1枚の形を崩さないようにアイロンがかけられる。職人は細長い小さなアイロンを縫い目と縫い目の間に通して、汚れを除きながら、端の形をまっすぐに整える。

作業が終了すると、検査員が縫い目のバランス、パーリングの仕上がり、鍵の具合、形、表面の疵などすべてを調べる。検査員のOKが出たら、職人の名前、製造年、製造場所を示すスタンプが押される（ケリーの場合はレザーのバックルにスタンプが押されている）。

完成したバッグはエルメスのシンボルカラーであるオレンジ色のフェルトの袋に入れられ、ボビニー市から15分のところにある配送部に送られて再び検査を受ける。合格した製品は薄紙でラッピングされ、箱に入れられて店に配送されるのである。なお、「検査に合格しなかったバッグ」がどうなるのかは、エルメスは私に決して言おうとしなかった。

エルメスの歴史

２００７年、エルメスの店舗は世界中に２５７店となった。ロケーションは国際都市のショッピングエリア、郊外のショッピングモール、五つ星ホテルのアーケードや国際空港のなかだ。だが、なんといっても素晴らしいのは、フォーブルサントノレ24番地、コンコルド広場からすぐの場所にある直営旗艦店だ。６階建ての本社ビルにある店舗は、19世紀の百貨店のような重厚な店構えで、鉄とガラスの重々しい扉や、すりへったモザイクタイルの床や、アールデコ調の照明器具が古き良き時代をしのばせる。壁には18～19世紀の乗馬風景を描いた版画や絵画がかかっている。店内にあるルイ15世の雄々しい騎馬姿を描いた肖像画は３枚連作のうちの１枚で、残りの２枚はルーヴル美術館に所蔵されている。

この店がにぎわっていない日はない。シックな女性店員が、日本人の団体客やパリジェンヌの前で、シルクのスカーフをつぎつぎとドラマチックに広げて見せる。注文服の仕立師がスーツのために採寸し、帽子職人が結婚式や競馬場でかぶる帽子を注文する客のサイズを測っている。中２階では宝飾専門の店員が時計を合わせ、カフスを選ぶ客にアドバイスし、店の奥では鞍売場の男性店員が、バッグと同様に注文・手づくりされる馬勒や鞍を紹介している。

エルメスは１８３７年の創業以来、４万３０００以上の鞍をつくってきた。採寸方法は1世紀以上にわたって受け継がれている――裏階段から鞍をつくるアトリエにあがり、そこに置かれた革製の木挽き台にまたがって測る方法だ。エルメスの８人の鞍づくり職人たちは牛革のエプロンをつけ、巻き尺を手に採寸する。その光景こそ、競合する高級ブランドとエルメスが一線を画するものだ。リチャード・アヴェドンの撮影による２００４年秋の同社のキャンペーンでは「何も変わらないが、すべてが変わっている」というコピーが打ち出された。

店の中央部には、ジャン・ルイ・デュマが「エルメスの魂」と呼ぶ部屋に通じる階段がある。デュマの祖父にあたるエミール・モーリス・エルメスがかつてオフィスに使っていた部屋で、現在はエルメス・ミュージアムになっている。予約制で、エルメスの文化遺産担当部長であるメネハウルド・ド・バゼレールに案内されて見学する2部屋のミュージアムでは、まだ人々の移動手段が馬で、高貴な生まれの富裕者の生活が洗練の極致にあった時代がしのばれる。

初代のティエリー・エルメスは、ケルン市に近いライン川左岸の町、クレフェルドで宿屋を経営する両親のもとに生まれた。当時その地はフランス領で、6人兄弟の末っ子だったティエリーもフランス国籍を持っていた。一家はプロテスタントで、カトリックが支配するヨーロッパではマイノリティとして迫害された。ジャン・ルイ・デュマは「迫害されたおかげでエルメスは高級品事業で成功できたのだ」と言う。自助努力せざるをえなかったおかげで、一家は商人として成功する方法を学べたというわけだ。

クレフェルドはロシアへとつながる街道沿いにあり、ティエリーは子どものころナポレオンの軍隊が意気揚々とモスクワに進軍し、敗北した負傷兵が引き揚げる光景を目撃したという。長兄のアンリはナポレオン軍に加わって1813年スペインで戦死。両親と4人の兄弟も病死して、ティエリーは15歳にして孤児となる。

1821年、彼はドイツ人の友人とパリまで徒歩でのぼった。やがて馬の飼育地であるノルマンディに落ち着き、ハーネス製造の商売を学び、結婚して3人の子どもをもうけた。1837年、彼はパリのマドレーヌ近くでハーネス製造の作業所を開業、5年後にキャプシーヌ大通りの角に移転した。今日、そこにはオランピア劇場が立っている。以下はド・バゼレールの解説である。

「当時、その地域はとてもコスモポリタンだったのです。カフェには王族、宮廷貴族や高級娼婦たちが大勢つめかけ、なかにはアレクサンドル・デュマが書き、ヴェルディがオペラにした『椿姫』のモデルになったマリー・デュプレシスなどもいました。彼女はパリのグランブールヴァールを、エルメスのハーネスをつけた幌つき馬車に乗って移動したそうですよ」

１８５９年、ティエリーはノルマンディに隠退し、会社を2番目の息子、シャルル・エミールに譲った。当時、パリには1万９０００頭の馬がおり、シャルルは馬の暴走を防ぐしかけなど、馬と乗客の両方を守るための種々のハーネスを考案した。１８８０年には、事業の場所をこぎれいな2階建ての建物に移した。それが、現在の店があるフォーブルサントノレ24番地である。

1階に店を開き、アトリエを2階に配置し、現在ミュージアムになっている屋根裏部屋に長男のアドルフが住んだ。シャルルはハーネスだけでなく、鞍や競馬のジョッキー用のシルクなどを製造するためにアトリエを拡張した。１９０２年、あるスポーツ紙の記者は「エルメスはパリの偉大な馬市だ」と書き立てた。

20世紀の始まりは、ルイ・ヴィトンと同じくエルメスにとってもターニングポイントだった。１９０2年、シャルルは長男のアドルフとエミール・モーリスに事業を譲った。エミールは流暢な英語を話し、海外旅行が今ほど盛んではなかったこの時代に世界各国を旅してまわった。彼はアルゼンチンで、ガウチョ（南米のカウボーイ）が肩から提げた鞄に鞍を入れているのを見て、さっそく鞍用バッグを考案し、サック・オータクロアと名づけて売り出した。ロシアを旅した時にはニコライ2世からハーネスと鞍の注文を取ってきた。

第1次世界大戦中、北米に出かけた彼はジッパーという発明品に目を留めた。さっそくヨーロッパでジッパーの製造特許を取るとエルメスのデザインに取り入れ、現在はボライドという商品名になっている自動車に積める鞄をつくった。社屋を改装して6階建てにし、古い屋根裏部屋を自分のオフィスにして、店舗の南西側の角に大きなショーウィンドゥをつくった。

エミールは、友人のルイ・ルノー（自動車メーカー、ルノーの共同創業者）やエットーレ・ブガッティ（一世を風靡したイタリアの自動車メーカーの創業者）の協力を得て、自動車向けの商品を開発した。ブガッティの後部に積めるトランクや、地図を入れるためのレザーの紙入れなどだ。同時代のアーティストや職人たちの、たとえば家具デザイナーのジャン・ミシェル・フランク、靴職人でメーカーのフラテッリ・ジャコメッティ、画家のソニア・ドローネーにデザインを依頼し、注文服やベルトといった新しい商品ラインを開発し、フランスのおしゃれな高級リゾートに販売網を広げた。カンヌのブティックは、F・スコット・フィッツジェラルドの小説『夜はやさし』にも登場する。

戦時中、事業は縮小した。ドイツ軍の占領期間中、多くの店と同様、エルメスでも「商品はありません」と掲示していた。実際に原材料が不足していたこともあるが、彼らはナチスには売るつもりがなかったのだ。紙や包装材料も品薄だったが、唯一入手できたのが鮮やかなオレンジ色で、エルメスはそれで箱と紙袋をつくった。結果、一夜にして、それがエルメスの色となったのである。

1945年、エミールは19世紀の芸術家、アルフレッド・ド・ドルゥーが描いた、馬の前に立つ馬丁が馬車の扉を開けている絵から起こした図柄を、会社のロゴとして採用した（その絵は今もミュージアムの彼のデスクの背後の壁にかけられている）。数年後には、シルクのネクタイと最初の香水、オー・ド・エルメスを商品ラインに導入する。周知のとおり、2つとも今でも柱となる商品である。

1951年、心臓発作でエミールが80歳の生涯を終えると、義理の息子であるロベール・デュマが後を継いだ。ロベールが狙ったターゲットは、ブルジョワ階級のジェットセット族だった。妊娠を隠すため、サック・ア・クロアと呼ばれていた大型のバッグを持っていた姿を写真に撮られたモナコのグレース公妃の名前にちなみ、そのバッグをケリーと名づけたのも彼だ。それから半世紀後の現在も、ケリーはエルメスでもっとも人気のあるアイテムのひとつである。

しかしながらロベールのもっとも重要な功績は、エルメスを21世紀にふさわしい会社にすべく息子のジャン・ルイを教育したことだろう。ジャン・ルイ・デュマはフランス人がよく言うウン・グラン・ムッシュー（大人物）だった。高度な教育を受け、傑出した才能をもち、人を惹きつけてやまない。「オスカー・ワイルドは『エレガンスは力だ』と言った」と、彼はよく口にしたが、まさに彼こそが力があるエレガントな男だった。

1938年、ジャン・ルイがロベールの6人中4番目の子どもとして生まれたときには、デュマ家はレザーグッズをしかるべき客層に売っていただけでなく、彼ら自身がしかるべき階層に属する人々になっていた。彼はリセ・フランクリンという上流階級の子弟が通うイエズス会経営の学校に通い、エコール・ポリテクニークに進んで政治学、経済学の学位を取得した。祖父エミールのように、彼も世界中を旅した。1960年代はじめに、ギリシャ生まれの妻レナとともにくたびれたシトロエンを運転し、シルクロードを走ってインドまで行ったこともある。

1963年、父からファッション業界の販売を学ぶように言われ、ジャン・ルイはニューヨークでブルーミングデールズのアシスタント・バイヤーとして働いた後、コンサルタントという役職で家族経営の会社に加わる。そのころ高級品ビジネスは瀕死の状態だった。石油危機、不景気、それに高い失業率が重なり、消費は落ち込んでいたが、さらに悪いことに、ロベールは会社を活性化する手を打とうとしなかった。

「ロベールは非常におとなしく、商品を宣伝もせず、自分から売ろうともしない世代の人でした」とド・バゼレールは言う。常連客が来店して買っていってくれるまで、じっと座って待っていたが、客は来ず、ある年などは、売上げ激減のため2週間アトリエを閉めざるをえなかったほどだった。

そこへ転機が訪れる。1976年、セクシャルな写真を撮る写真家、ヘルムート・ニュートンのおかげで、思いがけず売上げがはねあがったのである。

ニュートンはエルメスに憧れていた。フォーブルサントノレの店は「世界一高価で豪華なセックスショップだと思った」と自伝に書いている。

「ガラスケースの中に、拍車、鞭、レザー製品や鞍の素晴らしいコレクションがディスプレイされている。女性店員はグレイフランネルの巻きスカートをはき、ブラウスは首元までボタン留めをして胸には乗馬姿をかたどったブローチをつけている。まるで厳格な教師のような格好だ」

ニュートンはエルメスにオマージュを捧げ、パリのオテル・ラファエルでエルメスを特集した一連の写真を撮影し、『ヴォーグ』に掲載した。

その写真はとんでもなかった。もっとも有名なのは、ベッドの上に四つん這いになり、背中に鞍をのせたモデルに、乗馬ズボンに拍車つきの乗馬靴を履き、上半身は黒いレースのブラをつけただけのもう1人のモデルがまたがっている、というものだ。「『ヴォーグ』の写真を見て（ロベール・デュマは）気分が悪くなって倒れたよ」とニュートンは言う。「幸いなことに立ち直ったけれどね」

ロベールが2年後に病死すると、満場一致でジャン・ルイ・デュマがトップに選ばれた。いとこのパトリック・ゲランドとベルトランド・ピューチの手を借りて、ジャン・ルイ・デュマは会社を立て直した。魅惑的な新デザインを打ち出そうとアーティストを雇ってシルクスカーフの事業をテコ入れし、販売員には新しいスカーフの結び方を研究させた。スカーフは、ベルトやホルタートップにもできるし、バッグに結んで華やかな彩りを出すこともできると客の前で実演してみせたのだ。

また、外部の会社に広告キャンペーンを委託し――エルメスとしては初めての試みだった――それまで1人しかいなかった広報部門を拡充した（2006年現在、パリだけで16人のプレス・アタッシェがいる）。1980年にはファッション専門学校を出たばかりの19歳のエリック・ベルジェールを抜擢し、沈滞していた婦人服部門の活性化をはかった。

そして――バッグ部門もよみがえらせようとジャン・ルイ・デュマは決意したのだった。

バッグが変えた女性の生き方

先史時代より人類は道具や私物を持ち運びするため、さまざまな素材の「袋」をつくってきた。アジアでは僧侶が施し物をもらうための袋を持っていたし、お守りの骨を入れるための袋を肌身離さず持ち歩くアフリカの部族もいた。ヨーロッパでは衣服が薄物になってポケットがつけられなくなった18世紀に、女性たちが小さな袋をもつのが習慣化した。19世紀に手芸が流行った際、上流階級の女性たちは裁縫道具を入れるために、美しい刺繡を施した小さなバッグをアクセサリーのひとつとして持つようになった。だが、その時代までは、高貴な人たちの持ち物はおつきの侍女や侍従が運び、バッグや鞄を持つことは身分のいやしい者のすることとされた。

近代的なバッグが誕生するのは、20世紀に入り婦人参政権論者が登場するようになってからである。ハンドバッグを持つのは「新しい自立のしるしであり、自由意思でどこにでも行け、誰にも何も言わずに家を出ることができることを意味した」とファリッド・シェナウンは書いた（"Carried Away：All About Bags"）。バッグはやがて、平均的消費者にとってなくてはならないアクセサリーのひとつとなった。

1908年、『フェミーナ』には、ある評論家が次のような文章を寄せている。

「スカートがあまりにも身体にぴったりと仕立てられるので、ポケットがつけられないのは腹立たしいことこの上ない。だからハンドバッグがなければ、財布、ノート、ハンカチという大事なものを全部なくすはめになる。金持ちの女性たちはそれでもバッグに抵抗している。こまごまとした持ちものは車に入れておけばいいからだ。だがそうでない人たちは、持ち歩きたいものはハンドバッグに入れることにした」

実際、1920年代にほっそりした「フラッパー」スタイルのファッションが流行すると、バッグは重要なアクセサリーのひとつになった。1930年代、クチュリエは顧客の名前を入れるかわりに自分たちのイニシャルをひそかにバッグにつけるようになり、高級ブランドがバッグでロゴを誇示する慣習がここから始まった。

第2次世界大戦中、バッグのデザインはシンプルかつ機能的になり、レザーのバックパックや、「ゲームバッグ」と呼ばれた大ぶりの肩掛け鞄がはやった。ガソリンが配給制になったために交通手段として自転車が人気になり、両手が自由になる便利なデザインが好まれたのだ。

戦後、デザイナーたちはプラスチック、アクリル樹脂、ラフィア、麦わらといったおもしろい新素材を次々とバッグに使った。1947年、グッチは黒い牛革地に、安くて供給が豊富だった竹の持ち手をつけたU形のバッグを売り出した。1955年2月、シャネルは今でもブランドのアイコン的商品となっている2．55（発売日から命名された）を売り出した。長四角形で、レザーをキルティングして前面を覆うフラップがつき、肩かけのストラップがゴールドのチェーンになっているデザインだ。モノグラムはいっさいついていない。Cを組み合わせたロゴは内側に縫われている。そして、グレース公妃のおかげでケリーバッグも流行した。

ダイアナ・ヴリーランドが1937年に『ハーパース・バザー』にジュニアエディターとして入社し

たころまでには、バッグはファッションビジネスにおいて重要なアイテムになっていた。自伝〝D.V.〟で、ヴリーランドはその重要性を気づかされたエピソードを書いている。

ある日、お得意のひらめきで、ヴリーランドは同僚の1人に新しいアイデアを提案した。

「（ファッション写真から）バッグを全部外しましょう！　女性たちがバッグに入れているものは、本当は全部ポケットに入れておくべきなのよ。女性の服にも男性みたいに、ちゃんとしたポケットをつけてほしいものね、まったく」

それを聞いた同僚はオフィスを走り出て――「警察を呼びに行くみたいな勢いで」と彼女は書いた――『ハーパース・バザー』の名物編集長、カーメル・スノウのもとに駆け込んだ。

「ダイアナの頭がおかしくなった」彼はわめいた。「彼女と話をしてくださいよ」

スノウはヴリーランドに話をしに行った。

「いいこと、ダイアナ。気を確かに持ってよ。ウチの雑誌にバッグの広告収入が年間何百万ドル入っているか、あなた、わかってるの？」

そして1960年代後半からフェミニズム運動が広がるなか、何世紀もの間女性のワードローブの必須アイテムだった多く――帽子、パラソル、手袋、マフなど――が消えた。残ったのは、まだその分野では〝新顔〟だったバッグで、腕に提げるものから肩にかけるものになり、女性の両手だけでなく、精神も魂も解放したのだった。

「バッグひとつだけを1日中持ち続ける慣習ができた。もう服の色に合わせてバッグを変えることも、バッグ、手袋、靴を全部おそろいにする必要もない。ストラップの長さを調節するだけで、バッグは着ているものに合わせることができる」

フランスのファッション誌『ジャルダン・デ・モード』はそう書いた。

女性たちが大挙して労働人口に加わった1980年代、昼も夜も関係なく持てて、ブリーフケースとして仕事で使えるバッグを必要とするようになった——しかも女性たちは質の良いものを買うだけの可処分所得を稼ぐようになった。男性社会で軽くあしらわれたくないという願望をくじかないように、派手すぎず、クラシックなものが必要だった。また、レザーの質の良いバッグはかなりの投資額になったので、流行に外れないようなデザインが好まれた。

高級ブランドがその願望に応えた。シャネルの経営陣は、30年の歴史がある2．55バッグを販売の前線に出すことを決断した。

「会議のたびに、もっと強力に売り出さなくてはならないと話し合いました」

米国シャネル社前社長、アリー・コペルマンは私に話した。

「小物でビジネスを牽引することができる。広告が簡単に打てる。あらゆる方面に波及効果が期待できる。そう話したんです。『どうやって最大限その効果を発揮させ、事業を後押しできるか』ということです。この機会に資本投下して、強力に売り込みをかける必要のある製品がバッグでした」

コペルマンは2．55や同様の製品ラインの販売促進のために、大がかりな広告キャンペーンを望んだ1人だった。当時にしては大胆な提案だったとコペルマンは指摘する。

「(シャネル社は) 香水と化粧品以外は広告を出していなかったんです」

フランスでは、ファッションを広告するのはみっともないことだと考えられていた。「そんなことはしなくていい」というのが一般的な反応だったのだ。だがコペルマンはシャネル社に入る前に20年間大手広告代理店で働いていた実績があり、同僚への説得力があった。広告キャンペーンが展開され、シャネルのバッグの売上げは上昇気流にのった。

さらにシャネルのデザイナー、カール・ラガーフェルドが、シーズンごとに2．55のデザインに新味を加えた。1986年には2．55にヒントを得て、刺繍でキルト地に見せかけるトロンプルイユ（だまし絵）の手法を使った豪華なイヴニングドレスをデザインした。

一方、エルメスでもジャン・ルイが発売から80年になるケリーバッグを新たな人気商品にしようと画策した。黒や茶のダークな色から明るいレインボーカラーを商品レンジに加え、刺激的な広告キャンペーンを展開した。売上げは爆発的に伸びた。ウェイティングリスト制度が取り入れられたのもこの頃だが、その勢いは今にいたるまで減じていない。

1984年、パリ発ロンドン行きのエール・フランス機内で、英国人女優のジェーン・バーキンはエルメスのスケジュール帳をバッグから取り出そうとして、なかの書類を全部床にばらまいてしまった。拾い上げながら、このスケジュール帳にはぜったいにポケットをつけるべきよ、と彼女はぶつぶつこぼした。ところが、偶然にも彼女の隣にはジャン・ルイ・デュマが座っていたのである。

「あなたのそのスケジュール帳をお貸し願えれば、私どもで何とかさせていただきます」

彼は申し出た。

数週間後、バーキンはカバーの内側にポケットが縫いこまれたスケジュール帳を受け取った。

「いまやエルメスのスケジュール帳には必ずポケットがついているのよ。すてきな話じゃない？」

当時を振り返って、バーキンは私に言った。また、その機内でバーキンはジャン・ルイに、女性が週末の旅行に出かけるときに持っていける適当なバッグがない、という不満を述べた。

「大きすぎず、たくさん入れても重すぎないものが欲しいわ」

「外観はどんなものをお望みですか？」とジャン・ルイが尋ね、彼女は説明した。

まもなく大きな小包がバーキンのアパートに届いた。レザーの週末用バッグで、思っていたとおりの出来映えだった。ジャン・ルイはオータクロアにバーキンのためにつくったバッグの見本を加え、正式にバーキンと名づけた。後に彼はバーキンにこう言ったという。
「エルメスが商品に名前をつけさせていただいたのは、あなたとグレース・ケリーだけですよ」

プラダの〝パラシュート〟バッグ

エルメスのバーキンとケリーは富裕層の間で、一方、シャネルの2．55は働く女性の間でヒットした――『ワシントン・ポスト』にファッション記事を寄稿していたとき、私はKストリートを歩くやり手のキャリアウーマンが、肩からキルトのバッグをぶら下げていたのを思い出す。

だが、若い女性や平均的収入の女性がファッショナブルになりたい、というときには何を提げればいいのだろう？　当時私は20代で、いい仕事にはついていたけれどアパートはルームメイトとシェアしていた。シャネルの記事を書いていたが、買い物はGAPだった。私が唯一持っていた高級なファッション品はシャネルNO5だったが、そのなかでいちばん安いスプレイ式のオードトワレだった。そう、私はまさに夢を買っていたのだ。

だが、と私は考えた。どうすれば私や友人のような駆け出しで賃金の安い女性が、いつも読んでいる『ヴォーグ』や『ハーパース・バザー』に掲載されているような、香水以上の高級ファッション製品を手に入れられるだろう？　コンサバなキャリアウーマンのように見られずに、高級ファッションを着こなすにはどうすればいいだろう？

その答えは、ミラノで創業80年の老舗が出してくれた。

ミウッチャ・プラダは１９７８年に会社を継いだ際、エルメスのデザインの焼き直しはしたくないと思った。新しいデザインを打ち出したい。プラダを老舗にしたくない。これまでにはない素材とデザインにしようと試行錯誤を繰り返したあげくにたどりついたのが、パラシュートに使われるナイロン素材をレザーでトリミングしたバックパックだった。そこでイタリアの軍需用パラシュートをミシンで縫わせ、黒と茶の2色で売り出したのである。

しばらくは売れなかった。

「バックパックはとても高級品には見えず、誰も欲しがらなかった」とミウッチャは2006年、私のインタビューで語った。ひと目でブランドがわかるデザインではないし、シンプルだ。『ニューヨーカー』でホリー・ブルーバックは1990年にこう書いた。

「それは成り上がり者のバッグだった。デザインから一流品だと考えてもらいたいのだろうが、当時の趣味からすると、まず使われている素材があやしげだった。本物のバッグ、持つことが自慢できるバッグは、レザーかクロコかシルクでつくられているべきで、まちがってもナイロンではなかった」

ファッションエディターはミウッチャに、ブランドの威信を高めるためにブランドのロゴをつけるべきと強く勧めたが、彼女は拒否した。少女のころから、ロゴがついた高級ブランド品が大嫌いだったからだ。代わりに祖父がトランクに張っていた小さな三角形をつけることにした。黒のエナメルで当時の会社名、フラテッリ・プラダと、イタリア王室御用達であることを示す王冠と、「MILANO」の文字を刻んだ。さらにミウッチャは、会社が1913年に高級ブランドとして創業されたことを書き加え、バックパックのフラップにつけた。

1988年、ついにバックパックが脚光を浴びる日がやってきた。プラダが最初の婦人服コレクションを発表したとき、ショールームを訪れた編集者や小売業者はバックパックに目を留めた。翌シーズン、雑誌のカラーページに小さな記事が出て、バッグはデパートの棚に並び始め、プラダはクリスマスプレゼントとして、主要編集者にバックパックを贈って評判を高めようとした。

「そしてブームが来ました」プラダのファッション関連広報担当取締役のカルラ・オットは言う。「誰も彼もがバックパックを持つようになったのです」

プラダのバックパックは平均的な消費者たちにとって、究極の「イット」バッグだった。かっこよくて、モダンで、軽くて、(上質のレザーで手が込んでいるケリーや2.55に比べるとはるかに安い)450ドルという価格だ。『ニューヨーク・タイムズ』で街角のファッションを撮るビル・カニンガムが撮ったある写真には、プラダのバックパックを肩からぶら下げた女性が、あまりにも大勢写っていた。プラダはバックパックを大流行させ、どのブランドもバックパックを取り入れた。飛ぶように売れたバックパックのおかげでプラダは一財産を築き、世界中で知らない人がいないブランドになった。その様子をミウッチャは自分のオフィスでうんざりしながら眺めていたという。プラダの北米広報担当部長だったレスリー・ジョンソンが言っていた。

「自分がデザインしたバッグを持っている女性を見るのを本気でいやがっていました」

ともあれ、ミウッチャの夫でCEOのパトリツィオ・ベルテッリは、バックパックで稼いだこの資金を元手に、本格的な世界戦略を練り始めた。

プラダのバックパックは、会社自身も気づかないうちに、高級ブランドを急激に変化させるきっかけとなった。「卓越した技術で手づくりの商品を家族経営の小さな会社が販売する」というそれまでの高級ブランドビジネスは、「グローバルな企業が中間階層をターゲットに大量に売る」ビジネスへと変わっていった。1994年、グッチのクリエイティヴ・ディレクターを引き継いだトム・フォードもまた、高級ファッションには若年層の潜在市場があることに着目し、バッグを前面に押し出す戦略を練った。ミラノで開かれるグッチの婦人服コレクションでは、ローリン・ヒルやファットボーイ・スリムのヒップホップにのって、セクシーなサテン地のスーツや白いジャージーのコラムドレスを着たモデルたちが、グッチの新作バッグを手に歩いた。まもなくファッションエディターは、フォードがデザインする服だけでなく、バッグについてもふれるようになった。フォードがデザインしたバッグの驚異的売上げは、倒産寸前だったグッチを救っただけでなく、グッチのグローバルな展開資金を提供した。

「トム・フォードがつくる服は美しかったが、いつもすばらしいバッグとセットにしていたね」

広告代理店、BETC ラックスのクラウス・リンドロフはそう言う。

「2000ドルのイヴニングドレスは売れてもわずかだ。服には損失を出すリスクがあることが高級ブランドにはわかっている。バッグはブランドへの導入商品となる。たとえ既製服の広告キャンペーンを打っていたとしても、本当に売りたいのはバッグなんだ。トム・フォードのおかげで、プレタポルテはバッグや靴といった小物の添え物になった」

現在では高級ブランドを成功させるためにバッグはあまりにも重要だ。グッチ・グループは2005年にイヴ・サンローランの売上げがかんばしくなかった原因は、2シーズンにわたってバッグのヒット商品がなかったせいだと考えているほどだ。イヴ・サンローランは、グッチ・グループが1999年に買収するまではファッションのブランドであり、レザーグッズの会社ではなかった。2006年、グッチ・グループは、アレキサンダー・マックイーンやステラ・マッカートニーがデザインを担当し始めたばかりで売上げが安定しないイヴ・サンローランを、財政的に支えてはいた。だが、本音はちがった、とリンドロフは言う。「ブランドの経営を動かすのは服ではなくバッグだと考えていた。デザイナーたちは『すごく売れるバッグをつくれ』としつこく言われていた」

「イット」バッグのおかげで、古臭い毛皮の会社から高級ファッションブランドのトップへと躍り出たのが、フェンディだ。1997年、フェンディの小物デザイナー、シルヴィア・フェンディ・ヴェンテユリーニは、脇の下にしっくりおさまる楕円形のポーチ、バゲットをデザインした。数ヵ月で完売し、まもなく長いウェイティングリストができて、その中にはフィレンツェのシルクを使った手織りの5000ドルの商品もあった。初年度にフェンディはバゲットのシリーズを全部で10万個売った。大ヒットしたテレビドラマ『セックス・アンド・ザ・シティ』で、主人公のキャリー・ブラッドショーが強盗に襲われたとき、「これはバゲットなのよ」と言いながらしぶしぶ渡すシーンがあり、重要なファッションアイテムとしてますます認知度が上がった。

ヴェンテュリーニは次々と新しいひねりを加えたデザインでバゲットを展開し——デニムだったり、海洋真珠をちりばめたり——フェンディの婦人服コレクションに登場するモデルにぶらさげさせた。バゲットはフェンディの収支を大幅に改善しただけでなく、フェンディ・ブランドを流行の先端へと押し出し、おかげで大物実業家たちは競って同社の買収合戦を繰り広げた。

1918年、ヴェンテュリーニの祖母、アデーレ・カサグランデが創業し、1954年からは彼女の5人の娘たちによって経営されてきたフェンディ社の買収を、グッチ、プラダ、ブルガリ、そしてLVMHが試みた。最終的にプラダと手を組んだLVMHがフェンディの株の51％を5億2000万ドルで取得する——会社の価値を10億ドル近いと評価したことになる。購入価格があまりにも高額すぎると、他の競合者のなかには不満をもらすものもいた。

「彼らは酔っぱらった水夫のようにカネをばらまいているよ」そのなかの1人は言った。

2001年までに、バゲットのブームは終わりを告げた。ベルテッリは賢くもプラダが取得した株の25％をLVMHに2億6000万ドルで売り、LVMHはフェンディ一族からその後も株を買い取り続けて、2007年には94％を占めるまでになった。アルノーは何年にもわたって巨額のカネをフェンディに投資し続け、スーパーな建築家、ピーター・マリノにローマの店舗を改装させ、何十もあったライセンスを買い戻した。だが、2005年もフェンディはまだ赤字だった。ある市場関係者は、同社の損失は２００４年に３１２０万ドルにのぼったと推定している。

それでもシルヴィア・フェンディ・ヴェンテュリーニとそのチームは、どれかひとつでも「イット」になることを願って、毎シーズンいくつもの新しいデザインを打ち出している。

各ブランドの〝バッグ戦略〟

バッグの需要増に対応するため、高級ブランドはそれぞれ画期的な戦略を編み出した。

エルメスは流通を制限することに固執した。ジャン・ルイ・デュマにとってそれは完璧な品質を守るためだ。エルメスの真髄は伝統的な職人技にあり、それを犠牲にすればブランドに傷がつく。他のメジャーな――そしてマイナーな――高級ブランドは、商品をもっと早く、もっと効率よく生産する方法を探した。ルイ・ヴィトンはフランスに作業所を増やし、スペインのロエベの工場に生産の一部を移転した。アニエールの特別注文を生産するアトリエを見学に訪れたとき、私はヴィトンのバッグのつくり方を垣間見た。お針子たちがミシンの前に座り、新しいデニムのモノグラムのバッグを縫っていた。エルメスでは１人の職人がかかりきりで手づくりでつくるのとは違い、ヴィトンでは流れ作業で一度に20個のバッグを処理する。ヴィトンの経営陣は品質を自慢していたが、会社は明らかに生産性の向上に照準を合わせていた。

一方、グッチはハイテクを導入した。２００４年3月、トム・フォードとドメニコ・デ・ソーレが辞める前、フィレンツェ近郊にあるグッチの本部工場を訪問してバッグがどのようにつくられているか見学したことがある。案内してくれたのはグッチの製品開発部長、アレッサンドロ・ポッジョリーニで、１９６７年にバッグ職人として入社したという60代半ばの礼儀正しい男性だった（彼は２００５年にグッチを辞めた)。

グッチが倒産の危機に瀕していた１９９０年代初め、同社が生産していたレザーグッズの多くは翌シーズンにも販売されるクラシックなものだった。だがデ・ソーレは、もっとクリエイティヴィティのあるデザインを導入して生産量を上げたいと考え、１９９４年、生産にコンピュータ・ネットワークを導入した。ポッジョリーニは私を、長い机に何十台もデスクトップが並んでいる広い部屋に案内し、そのシステムを紹介してくれた。

「昔はバッグのデザインが考案されると、すぐにレザーでサンプルをつくり、その後に製品化していましたが、時間もコストもかかるし、いいものができるとはかぎりませんでした」

だが現在では、技術者がロンドン、パリ、ミラノにいるクリエイティヴ・チームとともにコンピュータで３次元のイメージを起こしてデザインを完成させている。

「バッグをスクリーン上でいろいろな方向に動かしながら、じっくり検討するんです」

ゴーサインが出たら、技術者がパターンをピンクの厚紙にプリントし、試作品をつくる。最初の試作品はペプロンという黒いゴム引きの素材でつくり、職人にバッグの形をつかんでもらう。そこにレザーのディテールが糊づけされ、デザイン・チームに完成予想図を把握させる。フォードが試作品を承認して、そこで生産に入る。

職人が皮革を調べ、バッグの各部位に最適な部分を裁断するというエルメスと異なり、グッチではコンピュータが素材のパターンをレイアウトし、技術者に教える。オストリッチ、リザードやアリゲーターといった繊細な皮革は金属製のプレス機で裁断されるが、牛革はグッチが独自に開発した、音速の２倍の速さで動く特殊なウォータージェットで裁断する。ポッジョリーニの解説によれば、皮革をもっと速く効率よく裁断する方法を実験していたときに、「レーザーだと煙があがった」。そこでたどりついたのがウォータージェットで、「速いし、裁断面がきれいだし、質も高かった」という。その工程は一見の価値がある、というか目には見えない。魔法のように革が裁断されていく。見えるのはウォータージェットが出す霧だけだ。

１９９５年以来、グッチのレザーグッズはすべてコンピュータでデザインされている。１９９４～98年の間に、レザーグッズの生産は年間64万個から２４０万個に急増した。１９９７年、グッチのレザーグッズの在庫の60％がクラシックなデザインだったが、１９９９年までにその割合は10％まで下がった。見本作成から倉庫に運ばれるまでの生産日数は１０４日から68日間に縮まったという。２００４年までに、グッチ・グループ全体（当時は全部で６ブランドあった）のレザーグッズ生産は、３５０万個にのぼった。

本部工場を見学したあと、我々は工業団地を通り、グッチ・グループのバッグを生産する10の下請け工場のひとつが入っている小さな2階建ての建物に行った。工場のオーナーで経営者のカルロ・バッチは１９６０年にグッチにバッグ職人として入社。その後、１９６９年に辞めてフィレンツェで自社を興し、２年後、外部の下請けを使うようになった同社製品の生産を始めた。バッチの作業所を２００４年に訪れたとき、23人いた従業員の多くは、通りをへだてた向かいにあるグッチの工場で働いた経験をもっていた。バッチは毎年決まった数の注文を保証する「パートナー契約」を結んで、グッチ・グループの専業下請けになっている。

作業所はシンプルな内装だ。セメントの床には長いテーブルが並び、どのテーブルにも組み立て中のグッチ、イヴ・サンローラン、ステラ・マッカートニー、セルジオ・ロッシのバッグが積み上げてある。ベーシックな形のものは2～3時間で完成するが、複雑なデザインだと8時間以上かかる。その大半が素材を接着剤で貼り合わせ、ミシンをかけたものだ。

職人は一度に20個のバッグを手がける――エルメスの5倍だ――が、エルメスの職人のように最初から最後まで1人でつくりあげる。バッチの作業所ではバッグだけしか扱わず、財布やベルトは別のところでつくられている。もっとも高価な皮革を使い、もっとも複雑なデザインのものをつくっているため、月産250個と少ない。完成したバッグにはバッチの作業所の製作であることを示すスタンプが押される。バッチは他にも下請けの作業所を経営し、月に合計2000個のバッグを生産している。

コーチと中国

これまでヨーロッパのバッグづくりについて述べてきたが、中国では、高級ブランドのバッグ製造はまったく異なるビジネスになる。

そう、高級ブランドのバッグは中国でも生産されている。それも、トップブランドのバッグだ。あなたが持っているバッグもそうかもしれない。自分のところはメイド・イン・チャイナではない、とはっきり公言しているブランドが、実は中国で生産しているのだ。

その状況を探るために私は広東省にある工場を訪ね、自分の手にとって実際にバッグを確かめた。見学の許可を取る際に、「ぜったいにブランド名を出さない」と約束させられた。どのブランドも、中国で生産している事実は明かさないことを生産者との契約条項にこっそり盛り込んでいる。そしてそれ以上に、工場側は競合相手に自分がどこのブランドのバッグをつくっているかをぜったいに知られないように気をつかう。ブランドの人間が工場に派遣されてくると、直接生産している工場に案内され、責任者とだけ会話をする。秘密厳守は徹底している。

高級ブランドのレザー製品を特別に生産している工場は中国には3~4軒あり、ほとんどが香港から

1時間ほど北に行った広東省内の東莞《とうかん》市にある。そういった工場ではJCペニー、シアーズ、リズ・クレイボーンやアン・テイラーといった、40〜80ドルの低・中間価格帯の製品をつくっている。だが、高級ブランドのバッグもつくっている。

転換点は、コーチが一部の生産を米国から中国へと移転した1990年代半ばだった。コーチは高級ブランドの新参者だ。もともとはマイルズ・カーンという名の起業家が1941年にマンハッタンで創業し、保守的で頑丈な、いかにも米国的なレザーグッズを長くつくってきた会社だった。高級ブランドが大衆化する以前、コーチは郊外に住むママがもっているような頑丈でおもしろみのないバッグをつくっていた。

1985年、一族は会社を、米国の巨大複合企業で、冷凍チーズケーキや、ヘインズ、ワンダーブラといった下着のブランドで有名なサラ・リー・コーポレーションに売却する。1996年、コーチのCEO、リュー・フランクフォートはブランドのテコ入れを決めた。トミー・ヒルフィガーの若手実力派デザイナーのリード・クラコフをエグゼクティヴ・クリエイティヴ・ディレクターとして雇い入れ、コーチが進むべき未来図を描いた。彼らの方針は、コーチをプラダやルイ・ヴィトンの米国版と位置づけ、価格帯を125ドルから2000ドルの間に置くことだった。そして、その路線を「手が届く高級品」と呼んだ。

2000年、コーチはニューヨーク株式市場に上場し、サラ・リー・コーポレーションから分離する。2001年、売上げは6億ドルに達し、主要市場の米国以外にアジア諸国でも販売した（コーチは、競合が激しいという理由で、ヨーロッパでは販売していない。顧客の3分の2は米国と日本で、それでも十分な成長を望めると考えている）。その年、フランクフォートとクラコフは、クラシックな製品から、もっと流行を取り入れる路線へと変更すると決めた。そこで打ち出したのが、Cのロゴをチェッカーボードのようにプリントした楽しい色のキャンバス地のシグネチャー・コレクションの展開で、それまで新製品投入は1年に2回だったのを、毎月新しいデザインを出すように改めた。日本ではとりわけシグネチャー・コレクションが好まれ、文字どおり飛ぶように売れた。2003年、コーチは日本ではルイ・ヴィトンについで2番目に人気のある輸入ファッション小物のブランドとなった。

さて、コーチの売上高の伸びを継続させるために、フランクフォートは流通量を増大させることと、生産性を最大化することに焦点を当てた。そのためコーチは北米とアジア全域にわたって店舗を拡げ、米国の自社工場から海外のアウトソーシングへと生産体制を切り換えた。今日、同社の製品は15ヵ国、84ヵ所で生産されている。「その大半は中国生産だ」と、コーチのスポークスウーマンは語った。

2002年、コーチは自社で保有する最後の生産施設を閉鎖した。創業時からの工場だった34番街の建物には、現在コーチのエグゼクティヴ・オフィスと、試作品をつくるための小さな作業所が入っている。コーチはこういう。

「自社所有工場での国内生産から、自主生産者による低コスト製造へと生産体制を転換したことで、我々は幅広い製品タイプと、シーズンごとの新しいファッショナブルな製品の展開が可能になった。すべての製造者は我々が求める高い品質基準を満たし、維持していかねばならないし、我々はすべての工場内において品質検査を行い、法律・規定遵守を監視している」

その戦略は大きな成果を上げた。2001年から2006年までの各四半期ごとに、コーチは2桁の成長を遂げ、2006年までに売上高は21億ドルに上った。生産コストを下げたことが奏功し、収益もはね上がった。コーチの株価は、株式公開してからの5年間に1270%伸びている。しかも従来言われていた見方とは反対に、同社製品の品質は五感で感知されるかぎり、米国から中国など他国での生産に切り替えた後のほうが良くなった。

コーチの先駆的成功に触発され、他の高級ブランドも中国内でのレザーグッズ生産を検討し始めた。それまで彼らが開発途上国での外部調達への切り替えをためらっていたのは、品質の劣化、そしてもっと重要なのは製品のイメージダウンを恐れていたからだった。

当然ながら、もともと高級ブランドの経営幹部は、自社の製品が、経験と誇りをもった名匠の伝統を受け継ぐ、イタリアやフランスの職人がつくっていることを売りにしていた。一流のレザーグッズ、美しい織物や宝飾品をつくるその技術が、あたかも遺伝子のようにヨーロッパの職人に受け継がれているかのように自慢していたのだ。職人たちの類稀《たぐいまれ》な才能は世界の誰にも模倣できないはずだった。「メイド・イン・イタリー」「メイド・イン・フランス」――カシミア製品については「メイド・イン・スコットランド」――のラベルは品質の確固たる保証であり、その製品が「高級」であるだけでなく、非常に高額であることの証だった。

ヨーロッパでは1990年代に労働賃金が急上昇し、事業主たちは世界のいたるところでより安い賃金の生産地を探すようになった。だが、高級ブランドはちがった。細心の注意を払って築き上げてきたブランドイメージを損なわないためには、ヨーロッパ以外に生産基地を表立って移すことはできなかったのだ。対応策として彼らが最初に打ったのが小売価格の引き上げだったが、新たなターゲットの中間階層にそっぽを向かれるのが怖くて、大幅な値上げはできなかった。株式を上場した高級ブランドは、よりいっそうの配当金・収益向上を求める株主に応えなくてはならない。それは物流を増やし、コストを下げることを意味する。流通量を増やすために、とくにバッグについては生産量と広告出稿量を拡大していった。

コストを下げることはもっと微妙な問題だった。いったいどうやって高級ブランドが、生産コストを下げながら高品質を保っていくのか？　結論から言うと、そんなことはできなかった。そこで彼らは譲歩せざるをえなかった。収益増の名のもとに——もっとあからさまに言えば、貪欲さゆえに——高級ブランド各社は、本来完璧さを追求すべき品質で妥協を始めたのである。

ある複数の企業は、既製服の製造コストを切り詰め始めた。

「90年代の中ごろ、仮縫いをしていたらCEOが入ってきて『女性は裏地なんか本当は必要としていないんだよ』と言ったのを覚えています」大手高級ブランドの元アシスタントは私に教えてくれた。まもなく、裏地なしが業界のスタンダードになった。

「裁断した布地の始末をやめて切りっぱなしにしたのは、日本の前衛的デザイナーがデザインのおもしろさから始めたものの名残だと思うけれど、実際には生産コストを簡単に減らせるからでしょう」と別のアシスタントも言った。

「裏地と端の始末をやめることで、どれだけ時間とコストが節約できるか。ドレスやジャケットなどの外衣では、本体と裏地の両方を合わせて縫製し、表側からアイロンをかけ、裏返して裏地のほうからもアイロンをかけて、裏地が外れないように補正して縫うという工程が必要になります。切りっぱなしでいいなら、裁断して終わりです」

別のイタリアのブランドは、服の袖丈を2センチほど短くすることでコスト削減をはかった。「100着つくれば、それなりの削減になるから」（アシスタント）だという。

多くの高級ブランドは、安い素材を使うことでコストを削減している。たとえば、1992年、私はコットンとシルクファイユ地のピンクのカクテルドレスをプラダで購入した。全面に裏地がついていて、仕上げは見事だった。価格は2000ドルだったが、クチュールの質の高さが十分に発揮され、長く着られる服だった。10年後、プラダで今度はコットンポプリン地のクロップドパンツを500ドルで購入した。初めてはいたとき、足をそっと通しただけで裾が破れ、ポケットに手を入れると縫い目がほころび、2歳の娘を抱き上げようとしゃがむと、お尻の縫い目がさけた。着てから10分もたたないうちに、パンツは文字どおり破壊された。

以前にプラダのデザイン・アシスタントをしていた人物にこのことを言うと「糸の問題だね」と彼は言った。「安物の縫い糸を使っているから、すぐに切れちゃうんだ」１９９２年に購入したゴージャスなカクテルドレスは、ロールスロイス並みに丈夫だ、と言うと「あのころの服ならね」と、ため息をついたのだった。

さらに高級ブランドがコスト削減をはかる箇所は、他の業種とまったく同じだ。人件費である。もっとも安価で、もっとも豊富な労働力が得られるのは中国だ。中国の労働者に高級ブランドの品質基準を満たす能力があるとコーチが証明するやいなや、数社のブランドが中国に生産の一部を移転した。コーチと同様、最初はクラシックでベーシックなレザーグッズの生産から始めた。技術力を確かなものにするために、イタリアのある大手高級ブランドは本国からレザーグッズの職人を1チーム送りこみ、中国の労働者を指導させた。やがて、目論見がうまくいくごとに、ブランド各社はどんどん大胆になり、注文量を増やし、他のブランドも大挙して中国で生産するようになった。２００６年までには、消費者に知らされないまま年間何十万個という高級ブランドのバッグ、化粧ポーチ、肩かけ鞄が中国で生産されるようになっていった。

ただし、中国産であることを認める高級ブランドはまずない。イタリアの小規模レザーグッズ・メーカー、フルラは、２００２年に財布といくつかのバッグの商品ラインを中国で生産することにしたと公表した。２００４年に香港で開かれた会議では、「ヨーロッパの職人だけが一流品をつくれる」とベルナール・アルノーは公言したが、ＬＶＭＨ傘下のセリーヌは、マカダムの商品ラインのデニムとレザーのバッグを、翌年から中国で生産し始めている（内側には茶色のレザーのタグが入っていて、製品がパリでデザインされ、「品質とディテールに細心の注意を払って中国で手づくりされている」と書かれている)。

２００５年5月、プラダのＣＥＯ、パトリツィオ・ベルテッリは大胆にも『フィナンシャル・タイムズ』のインタビューで、「服も小物もすべてイタリアで生産している」とそれまで公言していたプラダだが、中国もふくめて安い労働力を提供する地域での生産に切り替えようと「現在、機会をうかがっているところだ」と発言した。もっとも実際のところ、プラダはその発言の6ヵ月前からすでに中国でレザーグッズを生産していた。

今日、高級ブランドのバッグはグローバリゼーションの研究に格好のテーマを提供する。鍵の部分はイタリアと中国(主として杭州)、ジッパーは日本、裏地は韓国、刺繍はイタリアかインドか、または中国北部、レザーは韓国かイタリアで、そして組み立ては一部中国、一部イタリアで行われている。調達される部品の、本当の生産地にはときおり疑問符がつく。生産者の1人は私に、「あるサプライヤーは、実際には中国で買い付けたシルク地を、英国産だといって英国内でヨーロッパ価格で売っている」と教えてくれた。

高級ブランドは、ロゴの保護に著しく神経をとがらせていて、オーダーごとに生産予定の個数に必要な分しかラベルを送らない。

「ラベルが別のバッグにつけられてしまったら、ロゴの価値がなくなる」と工場主は私に言った。「メイド・イン・チャイナ」のラベルが貼られるバッグはほとんどない。大半はメイド・イン・イタリー、メイド・イン・フランス、もしくはメイド・イン・ＵＫというラベルがついている。

たとえ、中国製というラベルがつけられても、巧妙に隠されている。あるバッグには、内側のポケットの下の縫い目にラベルが縫いつけられていたし、別のバッグでは、切手大のフラップの裏側にスタンプで押されていた（メイド・イン・チャイナの文字を読み取るには拡大鏡が必要なくらいだ）。あるブランドは、メイド・イン・チャイナのラベルを外側の包装紙にシールで貼っている。イタリアに製品が届くと包装紙をはがし、かわりにメイド・イン・イタリーのラベルをつける。また、別のブランドでは持ち手以外を全部中国で生産している。バッグがイタリアに送られてくると、イタリアでつくられた持ち手がつけられる。もちろん、この製品もメイド・イン・イタリーになる。

〝伝統の職人技〟なるものも複雑だ。私は中国人の若い女性が、むずかしいとされる作業――レザーを編んで持ち手とタッセルをつくっている様子――を見学した。「この技術はイタリアから学びました」と工場主は私に言った。バッグをつくるのに使用される接着剤の量によって、高級度のランクと小売価格が決まる。低ランクの高級ブランドは大量の接着剤を使う。ランクが高くなるほど少なくなる。ある新興の、高く評価されているヨーロッパのブランドは、接着剤をいっさい使わずに非常に質のいいレザーグッズをつくっている――だが、そのブランドの大半の製品もこっそりと中国で生産されているのが実態だ。生産されている部屋に入ると、レザーのにおいしかしない。「接着剤が大嫌いなんです」工場主は言った。「だけど接着剤なしではブランドものは利益が出ないんですよ」

そうやって高級ブランドは収益をあげているわけだ。

中国での生産コストはイタリアより30〜40％少なくてすむ。

「あくどいほど安いコストではないですよ」そう工場主は主張する。

「米国やヨーロッパには、中国に生産を移転すれば10％の生産コストですむ、という偏見があります。たしかにそういう工場もありますが、品質も1割程度のものになり、早晩ブランドは自らの首を絞めることになる。ちゃんとつくって、できるかぎり努力すればいい製品ができて、ブランドも利益も上げられる。そのほうが結局、高級ブランドに稼がせてあげられるんです」

そのとおりだ。中国で工場を見学した夜、香港に新しくできた、ハーヴェイ・ニコルズの店にあるバーで友人と一杯やった。香港のビジネスエリア、セントラルの中心にある高級品ばかりのショッピングモールのランドマークから店に向かうとき、私はバッグ売場の前を通った。右手の陳列棚には中国人の若い女の子がつくっていたのとまったく同じ型のバッグが売られていた。その生産コストは120ドルだった。だが、ハーヴェイ・ニコルズでの小売価格は1200ドルだった。

中国人工場主の本音

中国の工場は、大学のキャンパスにどこか似ている。10代、20代の未婚の若者たちが何千人と集まっているからだ。彼らは敷地内にある宿舎で暮らし、カフェテリアではアルミのトレイを長いテーブルに並べながら食事をし、休日には自転車かバスで街に出てカラオケバーに行く。

私が訪問したある工場ではビリヤード台、卓球台が置いてある娯楽室、野球場、コンビニにコンピュータ・ルームがあった。ジムは工事中だったが、敷地内に診療所と保育所もあった。床に埃《ほこり》ひとつ落ちていない清潔さだ。

「従業員が不健康だと、商品に反映されてしまいます」工場主は私にそう言ってからつけ加えた。「そんなことを言っている我々は中国の工場のなかでは例外ですけどね」

高級ブランド品を生産するこの工場で働くのは2000人ほどで、大量生産のブランド品に比べれば小規模だ。「ナイキの工場は2万人から3万人が働くそうですよ」と工場主は語った。

工場の労働者の大半は22歳から26歳の間の若い女性だった。中国の法律では16歳から働くことができる——だが工場主は「偽造した身分証明書で正規の工場に雇われている子どもは大勢いますよ」と指摘した。東莞の労働者のうち、地元の人間はわずか15％ほどで、残りは貧しい北部の都市や農村からやってくる。故郷以外の地で働くためには許可証が必要だ。彼らは月120ドル稼ぎ、ほとんど、そっくりそのまま故郷に送金している。

「彼らのほとんどは出稼ぎですよ。家族を支えるため、家を建てるため、またはまとまったカネを稼ぐためにやってきます。5～6年も働くと5万～6万元稼げます。6000～7000ドルくらいでしょうか。労働者は友だちがいないし、近くに親戚もいません。残業を厭わないし、長時間労働で遊びに行かなくてもかまいません。ただ働くんです。そのあたりはヨーロッパなどと文化的に大きくちがうところですね」

その工場を私が訪問した2005年10月当時、就業時間は朝8時から12時半、昼休みをはさんで午後2時から7時まで。残業があるときは夜の9時から11時まで働く。残業の時間給は通常勤務時間の1・5倍になる。日曜日はすべての従業員が休む。だが、このような勤務体制はきわめて異例だ。中国の工場は1日24時間、365日稼働していて、1シフト10時間が普通だ。

私は、労働者が休憩に入ろうとする夕方の早い時間に工場に入った。4階建ての工場の生産スペースは延べ約2500㎡ある。窓は開いているが、わずかな風しか入ってこない。東莞の夏は、息がつまるほど暑く湿度が高い。1400㎡の広い部屋のひとつには、長い作業台が15列並ぶ。テーブル1台には十数人ほどのやせた若い女性が座り、接着剤づけ、ハンマー打ち、ミシン縫いの作業を行っていた。

彼女たちの周りは高級ブランドのロゴがついたバッグでいっぱいだ。エルメスやグッチとちがって、ここではすべて流れ作業で工程が進む。1人の工員が持ち手をキャンバス地のトートバッグにつける姿をじっと観察した。厚紙のパターンをキャンバス地の先端にあてストラップを正しい位置に置き、ハンマーで打ちつけると、持ち手をミシンで縫いつける係の女性に渡す。接着剤づけする女性は1分間で2

個のバッグを処理する。やがて夕食の時間になり、女性たちは自分の持ち場をきちんと片づけ、機械類にカバーをかけ――雨漏りの用心のためだ――楽しげにおしゃべりしながら宿舎の1階にある食堂に夕飯を食べにいった。どの女性も、写真つきのＩＤバッジを首からチェーンで下げていた。

驚くことではないが、中国の工場主はさまざまな問題に頭を悩ませ始めている。原料価格の上昇、工場の濫立による電力不足……。熟練労働者の人材不足も深刻だ。教育を受け、特殊な技術を身につけた彼らはすぐに特別給を要求するようになる。２０００年から２００５年にかけて、月給は90ドルから１２０ドルへと30％も上昇した。人員確保のために、ジムや（教育訓練用の）コンピュータ・ルームを備えるところもでてきた。

ブランドメーカーの仕事は簡単にはいかない。

「（ブランド側は）何かと言うと人権問題について文句を言ってくるんですよ」工場主は言った。「我々が十分な手当てを支払っていないと不満ばかり言ってくるから、気が狂いそうになります。だから、『あなたがたが、もしヨーロッパと同じ賃金、同じやり方でやりたいのなら、どうぞ自分のところでやってください』と言うんです。私だって従業員にひどい扱いをしたくはないですよ」

それでも犠牲者は出る。東莞に向かう途中、１人の労働者が杭州の工業地帯にある工場で、24時間シフトが終わって出てきたとたんに、路上で倒れて亡くなったと新聞で読んだ。

「単なる疲労が原因でしょう」工場主は言った。

「そんなのはここでは毎年何千件もありますよ」

第2部

第7章

繊維産業と損なわれた遺産

「ぜいたくがなければ、貧困もなかっただろう」
——ケイムズ卿、ヘンリー・ホーム

個性的なシルク・プリントで70年代に一世を風靡し、現在はLVMHの傘下にあるエミリオ・プッチのコレクション（AP Images）

シルクのにおいがしませんか？　とラウドミーア・プッチが訊いた。

私たちはフィレンツェのアメリゴ・ヴェスプッチ橋近くにあるイタリア最古、いや、たぶん世界最古の絹織物工場、アンティコ・セティフィチオ・フィオレンティーノの入口に立っている。目の前には大きな木製の糸巻きが積まれていて、自然だけがつくりだせる色の光沢あるシルク糸が巻かれている。地中海の深みあるブルー、収穫前の小麦畑の黄金色、フレンチチューリップの赤紫色といった色だ。

私は大きく深呼吸してシルクのにおいをかいだ。森のなかの湿った空気に漂う、麝香と繭のにおいがする。

ラウドミーア・プッチは40代はじめの上品な女性だ。サイケデリックプリントのシルクジャージーで有名なフィレンツェの高級ファッションブランド、エミリオ・プッチの創業者、マルチェーゼ・エミリオ・プッチ・ディ・バルセントの孫娘である。プッチは２０００年にＬＶＭＨが株の過半数を取得して以来、その傘下にある。

プッチ家はフィレンツェの長い歴史とともにある一族だ。15世紀、プッチ家はフィレンツェを統治していたメディチ家の政治顧問をつとめていた。エミリオ・プッチは弟や妹たちとともに乳母に厳しく育てられた。優れた運動能力を有していたエミリオは、水泳、テニス、フェンシング、スキーをこなした。ミラノ大学と米国のジョージア大学で農業を学び、オレゴン州のリード大学にスキー選手の特待生として奨学金を得て留学、社会科学で修士号を取得した。そこで彼はスキーチームのためにユニフォームをデザインした。その後フィレンツェ大学で政治学の博士号を取得する。１９３６年のオリンピックで、イタリア・スキーチームのメンバーに選ばれ、第2次世界大戦ではイタリア空軍のパイロットとして従軍し、「勲章をたくさんもらって」帰還した、とラウドミーアは自慢した。

戦後、彼はスイスでスキーのインストラクターとなり、スキーと〝発明〟に情熱を注いだ。ゴムのストラップを裾につけた伸縮素材のスキーパンツを最初につくったのも彼だ。そのパンツが1948年に『ハーパース・バザー』で取り上げられると、またたくうちに世界中のゲレンデで見られるようになった。翌年の夏、プッチはナポリ湾のカプリ島にブティックをオープンし、カプリパンツと名づけたクロップドパンツなど、リゾートにふさわしい服を並べた。

1954年、彼は公式に会社としてハウス・オブ・プッチを立ち上げる。女性の身体をセクシーに見せるシルクジャージーにプリントした素材を開発。やがて彼がデザインし「エミリオ」と命名したサイケデリック柄のおかげで、ハウス・オブ・プッチはファッション界のスポットライトを浴びるようになった。

「祖父は、女性がコルセットやガードルから解放され、もっと自由に動けるようになるべきだと信じていたんです」ラウドミーアは言った。

さて、1950年代半ば、アンティコ・セティフィチオ・フィオレンティーノは閉鎖寸前だった。1958年、エミリオはフィレンツェの貴族が事業を経済的に支援するために結成した組合からこの工場を買い取り、解体から救った。

「あるホテル会社が買い取って、近代的ホテルに建て替える予定だったそうです」。ラウドミーアは信じられないでしょ、という顔で言った。プッチは大金を投じて工場を立て直し、一族のパラッツォを何世紀にもわたって装飾してきたダマスクやタフタの生産を再開させた。織機は以来ずっと働き続けている。

2004年春、私はラウドミーアに電話をかけて、この絹織物工場を見学させてほしいと頼んだ。工場は黄色の外壁のまるで一軒家のような建物だった。最初の部屋は、織機にかける前の準備として経糸と横糸を整形するワーピングという作業を行う場所だ。ワーピング機の1台は、オルディトイオとよばれる背の高い木製の円筒状のもので、レオナルド・ダ・ヴィンチの設計に従って18世紀につくられたものだそうだ。今日まで残っているのはそれ1台で、他のワーピング機は工場創業の1879年以降使われているベニンガー社製だ。

次の小さな部屋には、目にも鮮やかな色に染められた生糸がぎっしり詰まっている大きなビニール袋が置いてある。1920年代までセティフィチオでは生糸の染色を行い、地域の需要をまかなっていた。イタリアの生糸生産は第2次世界大戦後にほぼ消滅し、現在では中国から大量の生糸が染色済みの状態で輸入される。

「化学染料は使ってないんです。その証拠に、絹ずれの音が聞こえるでしょ」と説明された。ラウドミーアはエルミシーノという名のタフタ地を取り上げ、手の中でくしゃくしゃと丸めた。「ほら、見て。ちゃんと立つでしょ」たしかに布地は、アルミホイルのように丸められた形状をそのまま保っている。「シルクは生きた繊維です。最近のメーカーはシルクでも織るときに繊維に強い力をかけるので、シルクが本来もっている性質をダメにしてしまいます。手織りだと糸のもつ風合いがちゃんと活きるんです」

次は柄制作の部屋だ。ルネサンス期は貴族のパラッツォには織機があり、邸内の装飾品や家族の衣装に使う絹織物が織られていた。織機が置かれた部屋は、静かなセティフィチオの中でいちばん騒音を出す部屋でもある。ダマスク、モワレの絹織物だけでなく少量のリネン織物まで、すべての織物が手織り織機で織られている。

1966年11月、アルノ川が氾濫し、川沿いに立っていたセティフィチオは泥と水に浸かった。パターンもデザインも、そして何世紀にもわたって記録のために保管されていた織物も大半が失われたが、織機は救われた。織機はすべて1780年から使用されているもので、右足で踏んで使う。私が訪問したとき、1人の女性が16世紀に考案されたランパ（インテリア用織物のひとつ）を織っていた。細い金糸を使い、1日に60センチしか織れないそうだ。

職人たちはシルクやリネンが織れるようになるまで、セティフィチオで5年間修業しなくてはならない。これは代々伝えられてきた慣習だ。1920年代、フィレンツェの少女は学校が終わると自分用の小さな織機で織りの技術を学んでいた。今日、13人いる織工の全員が女性だ。どの素材も最初から最後まで1人で織りあげる。途中で織り手が替わると製品に出てしまうからだ。

セティフィチオには現在も株主である貴族たちからの注文のほか、世界中から注文が入る。2000年、シエナで毎年開かれるルネサンスの祭りで着用されたシルクの衣装もここで製作した。コペンハーゲンにあるデンマーク王宮に使用するダマスクも製作したし、リヨンの絹織物業者に代わって、ロシア・クレムリン宮殿の2部屋の改装を請け負ったこともある。

工場の隣には、セティフィチオでつくられた織物を売っているショップがある。私はそこでシルクとリネンを交織したスピノーネという名のアイヴォリー色の織物に惹かれて買おうかと迷った。1メートル125ユーロだ。ラウドミーアは私が迷っているのを見て笑いながらこう言った。

「問題がひとつあるの。もしも、その織物を椅子の張り地として使ったら、部屋の他の場所がみすぼらしく見えてしまうのよね」

シルクの歴史

周知のとおり、シルクは蚕《かいこ》の繭からつくられる。

中国で養蚕からシルクを紡いで織る技術が生まれたのは、紀元前3000年ごろと言われている。中国の歴代皇帝はこの技術を極秘にし、外部にもらした者には極刑をもって処した。だが、絹織物自体は西洋へと伝わった。アレキサンダー大王が紀元前３３１年にペルシャを征服した際、光沢のある絹織物を発見した。その後絹織物は西安からトルキスタン砂漠を越え、イラン高原からコンスタンチノープル（現イスタンブール）へと続くシルクロードを通って西欧に運ばれた。絹製品はローマ帝国では最高の富裕層にしか買えないほど高価だったが、こぞって身につけたがる人たちが大勢いたために、富の流出を恐れたオクタビアヌス帝は奢侈禁止令を発令して輸入を禁じた。

イタリアに養蚕が伝播した経緯については、諸説ある。６世紀にローマのユスティニアヌス帝が、中国から繭にくるまれた蛹《さなぎ》をこっそり密輸させたという説もあれば、アジアから輿入れした王女がもって来たという説もある。だがいちばん広く信じられているのは、中世にペルシャのホルムズで玉虫色に輝く豪華な素材を発見したイタリア商人がこれを持ち帰って再現した——という説だ。今日、エルミシーノと呼ばれるその生地は、ラウドミーナが手のなかで丸めて見せてくれたタフタ地として伝わっている。

絹織物業が最初に栄えたのは、トスカーナ地方の町、ルッカだ。14世紀、ルッカの織工数人がフィレンツェにやってきて作業所で生産を始めたのがフィレンツェの絹織物業の始まりで、フィレンツェの統治者たちは彼らの技術を保護するために税を免除した。やがてフィレンツェでは絹織物業者の組合、アルテ・デッラ・セタが組織され、絹生産に関する厳しいガイドラインが敷かれた。15世紀半ばまでに、フィレンツェの農家は蚕用の桑の木を栽培することを命じられた。プッチ家もふくめたフィレンツェの貴族は装飾や衣服に上質のシルクをこぞって使いたがり、レオナルド・ダ・ヴィンチ、ラファエロ、ボッティチェッリといったルネサンス期の巨匠たちはそんな彼らの肖像画を描いた。シルクはフィレンツェの富と洗練の象徴であった。コジモ・デ・メディチがフィレンツェにやってきたとき、通りに面した外壁にはシルクのタペストリーや窓からの掛け布がおびただしく見られた、と書いている。「看板がわりに見事な絹織物や金細工を飾っていない店は１軒もないほどだった」

イタリア北部のコモ湖地方は15世紀当時、ウールの染色と織物の中心だった。スコットランドやスペインからフランドル地方に集められたウールは、ライン川を下ってチューリッヒまで運ばれ、アルプスを越えてコモに運ばれてきた。ウールはコモ湖の澄んだ水を使って染色された。やがて、ヨーロッパ各地で戦争が繰り広げられ、ウールの流通が途絶えると、当時コモを統治していたジャン・ガレアッツォ・スフォルツァと叔父のルドヴィコはウールの損失分をまかなうために、シルクの生産をフィレンツェからコモに持って来ようと決めた。以来、コモは絹織物産業の中心となった。

15世紀、フランス貴族がイタリアから絹織物を買うのをやめさせようと、ルイ14世がリヨンで生産を始めてから、リヨンもまた、絹織物の中心地となっている。

２００６年春、私はミラノからコモに向かい、コモ市で最後に残った絹製品生産工場、タローニのオーナーであるミケーレ・カネパに会いに出かけた。カネパは洗練されたイタリア紳士だった。

カネパ家はコモで2世紀にわたり、生糸生産と織物事業を営んでいた。最盛期には、コモで働く人々のおよそ半分は織物業――特産はスカーフに使われるシルクツイル――で、残りの半分は製造業を営んでいた。それが大きく変わり始めたのが１９５０年代だ。ヨーロッパで養蚕業が次第に姿を消し、コモの織物業者は生糸をおもに中国からの輸入に頼らざるをえなくなった。やがてツイル地や他の絹織物も中国から輸入するようになり、同地の工場は織物業から、染色、プリントや最終製品の生産へと切り替わった。カネパが１９６８年に一族の会社に入社したとき、コモでは3～4番手のメーカーだった。

１９９８年、すでに自分の会社を売却し、隠退して悠々自適の生活を送っていたカネパは、タローニを経営するジャンパウロ・ポルセッツァから「工場を買ってほしい」と依頼された。仕事が恋しくなっていたカネパは、二つ返事で引き受けた。タローニは、そのときすでにコモ市内に残った最後の絹製品生産工場だった。コモ地方の生糸生産は1950年の10分の1ほどだ。現在では中国が最大の絹製品生産国で、インドとタイが続く。イタリアとリヨンの絹製品生産工場は〝高級な1点もの〟を置く店のためにあるビジネスだ。実際、両産地の絹織物は世界最高品質と考えられている。

「18メートルだけ欲しいという顧客に対応できるのが私どもです。そういう注文に応じる余裕がありま す」とカネパは言った。

コモ地方には、高いクオリティのシルク素材を生産できる工場はマンテロとラッティを含めて5軒しかない。フィレンツェにはアンティコ・セティフィチオがあるが、その生産量はほんのわずかだ。リヨンにはエルメスが所有する高品質のシルク織物工場があるほか、他のクチュールのシルクスカーフをつくるブコルをふくめて2~3軒ある。とはいえ、リヨンの絹織物産業はシルクスカーフを生産する程度の規模だ。

我々は階段をのぼり、織機の叩きつけるような騒音が聞こえる部屋へ上がった。グロブ・ホルゲン社製のコンピュータ制御の織機では、シャトルが目に見えないほどの速さで動いている――手動だったフィレンツェの工場とは大きくちがう。

1960年代に使用していた古いベニンガー社の織機は遅かったが、もっといい製品ができた、とカネパが私の耳元で叫んだ。近代的な織機では、古い織機のような品質は望めないという。

そのベニンガー社製織機のひとつで、金色の豪華なタフタ地が織られていた。あるトップクチュールのための素材で、防水だというその生地もまた、1年以内にコレクションに登場するそうだ。顧客の名前は明かさない契約を結んでいるので名前は挙げられないというカネパだが――クチュールのメゾンは素材の供給元を秘密にする――私は有名クチュールとニューヨークのトップデザイナーの大半がタローコモのシルク・メーカーの多くは市の郊外南部に続々と移転していった。この地方の第一人者はISA株式会社だ。ISAは、ルイ・ヴィトン、クリスチャン・ディオール、グッチ、フェンディ、そしてプッチのネクタイやスカーフをつくっている。

第2次世界大戦後、当時学生だったジョルジオ・ビアンキがパリを訪れた際、エルメスのシルクのスカーフに魅せられ、コモに戻って工場をつくったのがISAの始まりだ。そして彼はひとつの製品だけに焦点を絞った。スカーフに使われるシルクツイル地だ。自分でいくつかプリント柄を考案し、パリからも購入した。最初の顧客はセリーヌで、その後クリスチャン・ディオール自身がまだ健在だったときにディオールからの注文も受けた。会社は急速に成長し、1940年代後半には織機1台だったが、1990年代には150機を数えるまでになっていく。

1960年代以来、ISAの事業はタローニと同様、織物からプリント、製品生産へと切り替わった。今日、会社を経営しているのは、元気いっぱいでファッションセンスもある、ジョルジオの息子、ジャンバッティスタとガブリエッラの夫婦だ。製造業における中国の重要性を夫妻は十分に理解していて、それを効果的に利用していこうとしている。ISAの事業の中で、織物はわずか5％を占めているに過ぎず、ジャカードや高価なタフタやシフォンといった複雑な素材の生産だけに絞っている。2006年3月、ISAを訪問した私に、妻のガブリエッラ・ビアンキは言った。

「安価な素材はイタリアの他社や中国に任せているんです」

傘を手にしたガブリエッラは、古ぼけて今にも崩れそうな工場へと私を案内した。ISAはそこでネクタイとスカーフを生産している。隣の大きな部屋では、女性がヴィトンのネクタイにバーコードが印刷されたタグをつけ、セロファンの袋に入れ、出荷用の段ボールに納めていた。もうひとつのテーブルでは、グッチのツイル地のスカーフの箱が置かれていた。製品は、ヴィトンや他の複数のブランドに向けて出荷され、包装用の箱詰めはブランド側で行う。

「LVMHが買収したあと、エミリオ・プッチ用のプリントもその多くをウチで扱っています。LVMHの他のブランドであるマーク・ジェイコブス、セリーヌ、ディオール、フェンディ、ルイ・ヴィトンなどのプリントと製品製造を扱っているからです」

次のデザインスタジオは小さな部屋で、コンピュータの前の女性たちが、スカーフのプリントのデザインを調整していた。高級ブランドのデザイン・アシスタントがISAの工場を定期的に訪れ、このスタジオで打ち合わせをするそうだ。アシスタントが自分で起こしたデザインを持って来ることもあるし、ISAの提案するスケッチをブランド側が採用することもある。彼らは、過去のプリント地や織地を集めた古い革表紙のスクラップブックをよく食い入るように眺めているそうだ。

「コモの歴史がここにつまっているんです」チェック柄を集めた埃っぽいスクラップをめくりながらガブリエッラは言った。ぼろぼろにすりきれたページはすでに黄ばみ、染みもついているが、素材は見事に美しいまま保存されている。色あざやかでしっかりした織物だ。

ISAが使っているツイル地の多くもまた、中国から輸入されている。ふたたびガブリエッラが説明してくれた。

「無地のツイル地だけを生産する会社が中国には3～4社あってとても安価なんです。品質に完璧さを求められず、顧客が安価な製品を望むようになったので、私たちも中国からの輸入に踏み切りました。最高品質レベルが求められる製品については、今でもコモで織っているツイルを使います。織物の質に注目するとその差は一目瞭然ですよ。それがコモの底力ですね」

ISAでは年間70～80万枚のシルクスカーフと、60～70万本のネクタイを生産している。一時期は1

00万本のネクタイを生産していたが「ネクタイはもう流行後れなんです」と彼女は言った。ツイル地のスカーフの生産コストは40ドルから50ドルだ。小売価格はその10倍以上でめったに値下げされない。中国で生産すれば、1枚のスカーフにかかる生産コストは25ドルから30ドルで済む。ブランドの中には中国で生産しているところもある。だが、少なくとも今のところはＩＳＡでの生産にこだわるブランドもある。それは「ＩＳＡなら少量生産にも対応するし、むずかしい注文にも柔軟だし、1週間でサンプルを仕上げるし、生産地として近いから」とガブリエッラは語る。

「コストをこれ以上下げるのは不可能なので、最高級品しか生産できません。10年後にはどうなっているかわからないけれど、少なくとも今のところ経営は順調です。正直なところ、中国が、私たちがやっているような小ロット生産に関心を持つとは思えないんです。また持ってほしくないと、少なくとも私は願っています」

モーリシャスでの生産

服の製造は——香水もファッション小物も、どんな高級商品も同じなのだが——現在ピラミッド構造になっている。頂点にある最高級のアート作品のような製品は、フランス、イタリア、英国の伝統を受け継いだ高度な技術を持つ職人集団により、非常に限られた量だけ生産される。既製服のような中間レンジはスペイン、北アフリカ、トルコや、かつては社会主義国家だった東欧諸国に下請けに出される。ジョルジオ・アルマーニは2005年、「高級既製服のアルマーニ・コレッツィオーニの18％が東欧で生産されている」と語っていた。他にも、グッチはセルビアでスニーカーの一部を、プラダはスロヴェニアでアッパークラスの靴を生産している。

ヴァレンティノは、2004年、カイロの工場で小売価格1300ドルの紳士スーツの生産を始めたといわれている。ヴェールをかぶったムスリムのお針子たちが、ビデオを見ながら技術を学んだそうだ。イタリアの織物業者の時給は18・63ドルだが、エジプトでは88セントだ。欧州市場で販売されるスーツがエジプトからイタリアに運輸されると、ヴァレンティノの代理業者が「メイド・イン・エジプト」のタグをはがす。ヨーロッパでは原産地を明示しなくてもよいからだ。ヨーロッパよりも原産地証明表示について厳しい法律がある米国市場や日本市場向けの商品は、イタリアで生産されていた。米国と日本では「本当の品質よりも表示された品質のほうがより重要ですから」とヴァレンティノのCEO、ミケーレ・ノルザは言った。生産コストの削減は決算の数字に大きく影響する。2005年、ヴァレンティノは長年続いた赤字から黒字に転じた。

高級ブランド商品の最下層にある、たとえばロゴをちりばめた高級Tシャツやニットは、中国、メキシコ、マダガスカル、モーリシャスのような途上国で生産されている。2003年2月、私は、その生産現場をこの目で見ようとモーリシャスに飛んだ。

文豪マーク・トウェインは「天国のイメージは、モーリシャスを模倣して考え出されたにちがいない」と書いた。サトウキビ畑がはてしなく続く向こうに、メレンゲのような霧に山頂を包まれた火山の山並みが連なり、海岸に立てばエメラルドグリーンの海と真っ白な砂浜がまぶしい。何世紀にもわたってオランダ、フランス、英国の植民地支配下にあったモーリシャス諸島は、現在では欧州の人々の避寒リゾートであり、インドのオフショア金融センターでもあると同時に、ここ30年間は繊維産業の世界的中心地のひとつとなっている。

モーリシャスの繊維業はきわめて人工的に興された産業だ。他の繊維製品の主要生産国は、繊維の原料となる綿やシルクを生産しているが、モーリシャスは糸から包装材料まですべての材料を輸入し、織物や服などの製品の製造だけを行っている。内陸の丘陵地帯には何百という工場が点在し、圧倒的に女性が占める労働者が、安価な小売店のJCペニー用から、ジョルジオ・アルマーニ、バーバリーなど高級ブランド用まで、ありとあらゆるレベルのセーター、カシミア毛布、Tシャツを生産している。

１４９８年、ヴァスコ・ダ・ガマが喜望峰を回ったすぐ後、モーリシャスはポルトガル人によって最初に〝発見〟された。１５１１年、オランダ人が領有権を主張し、国王の名前、モーリスにちなんだ島名を決めた。50年にわたる統治の間、オランダ人は島に生息していたドードー鳥を絶滅させ、開墾してサトウキビを栽培し、アフリカから連れてきた奴隷に収穫させた。その後、フランス、英国と統治者が目まぐるしく移り変わったモーリシャスでは、島民の大半がフランス語と英語の両方を話す。１９６８年、モーリシャスは英国から独立を果たした。

繊維産業の貿易団体であるモーリシャス輸出加工地域協会（ＭＥＰＺＡ）理事長のムーケシュワーシング・ゴパルは、「この島の経済は構造的に深刻な問題を抱えてきました。かつては貧しい国だったのです」と語る。

モーリシャスに豊富にあるもののひとつ、それが労働力だ。１９７５年に結ばれた、途上国の経済を活性化させるための貿易協定のおかげで、モーリシャスは繊維製品をヨーロッパ共同体（現在のＥＵ）に非課税、輸出割当規制なしで輸出することが可能になった。政府は繊維製品の製造がモーリシャス経済発展のカギを握ると考え、繊維産業発展のためにあらゆる力をつくした。おかげでシバニ・ニッティング・カンパニーのような会社が繁栄できたのである。

シバニの社屋は、島の工業地帯であるフェニックスにあるビルで、敷地は有刺鉄線がまかれたフェンスで囲まれている。駐車場に入ると、通りをへだてた向かい側にマックスマーラの工場があるのに気づいた。建物の上階にあるきれいなショップでは、自社ブランドの1年前の春コレクションのニット、Ｔ

シャツ、ランジェリーが売られている。窓の外に広がるインド洋が見えなかったら、アパレルメーカーが軒を並べる、ニューヨークの７番街あたりにいると錯覚しただろう。

　インド系モーリシャス生まれの大柄なシュニル・Ｍ・ハッサマルがやってきた。ハッサマルの一族は１９８６年に欧州向けのセーターの生産を始め、南アフリカ人のパートナーとともにシバニを設立した。シュニルが説明する。

「手動の機械や織機を使っていた国内の他の繊維メーカーとはちがい、我々は最初からコンピュータ制御の最新機器を採用しました。以後も最新技術を導入して近代的な生産体制をはかり、拡大を続けています」

　階下の工場に入ったとたん、最新技術がいかなるものかをすぐ理解した。ニット生産の部屋では、サッカー場ほどの広さに何十台もの編み機が騒々しい音を立てて稼働している。機械の多くはドイツのシュトル社製だが、島でつくられた機械も２台あった。

「工員の手によって縫製を行う工場もありますが、ここではすべて機械で編んでいます」

　シバニが、ほかの２軒のセーター生産工場と１軒のインナーウェアのアパレル工場で生産しているブランドのなかには、フランスのカタログ販売会社のラ・ルドゥート、パリのデパートのル・ボン・マルシェ、そして高級ファッションのザディグ＆ヴォルテール、パリのクチュールブランドのカルヴァン、アルマーニ・ジーンズ、ノードストローム、ラルフ・ローレンなどがある。

「ずっとカルヴァン・クライン・ヨーロッパの生産も請け負ってきました。それにラルフ・ローレンのカシミアのブランケットはすべて我々が手がけています」シュニルは言った。

　仕上げの部屋に入ったとき、ちょうど休憩時間だった。モーリシャス人の女性はお茶を飲みながら歓談しているが、中国人の女の子は編み機の上に腕を組んで突っ伏して眠っていた。

１９９０年代半ば、同国の労働人口は不足し、工場を常時稼働させるためには労働力がもっと必要になった。政府は3年契約で外国人労働者――もしくはエキスパットと呼ばれる出稼ぎ移住者――を受け入れる制度を打ち出した。エキスパットは中国、バングラデシュ、スリランカ、インドからやってきて、今ではモーリシャスの欠かせない労働力となっている。２００4年、島内の製造業にたずさわるエキスパットは2万人に達し、20代から30代が大半を占め、工場で働く全労働者の25％に達している。基本的に、エキスパットの滞在は「3年間・1回のみ」に制限されている。

「でも、同じ人物が別の名前でパスポートをつくり、2～3年後にふたたびやってきます」

モーリシャス、コロマンデルでJCペニー、ゲス、アルマーニ・ジーンズ向けのTシャツをつくっているワールド・ニッツのミッチェル・メイヤー営業部長は言う。

シバニではセーター製造に１８００人、インナーウェア製造に４００人が働いている。外国人労働者は主として中国とインド出身で、セーター工場の10％の労働力を占める。シバニの4軒の工場は、年中無休、1日24時間・4交代制で稼働している。モーリシャス人の労働時間は、1週間45時間と定められている。シュニルが本音をもらした。

「外国人労働者の住居費、食費、モーリシャスと外国との往復の運賃を負担するくらいなら、モーリシャス人を雇いたいんですよ。でも外国人は、機械のオペレーターとしての技術レベルが高く、家の用事を理由に休むことも少ない。加えてモーリシャス人がしない夜間労働も厭いません」

休憩時間が終わると、中国人の女の子は飛び起きて仕事に戻った。彼女たちの顔は無表情で、目はうつろだ。話す人は誰もいない。聞こえるのは編み機のシュッシュッシュッという耳の奥まで響くほどの騒音だけだ。

２００3年、モーリシャスのテキスタイル、アパレル製品製造の輸出高はおよそ15億ドルに達した。

繊維産業分野だけで国内労働力の40％が雇用され、国内総生産の12％にのぼる。その結果、同国は、サハラ砂漠以南のアフリカ諸国で1人当たりの国内総生産がもっとも高い国になった。モーリシャス経済の繁栄ぶりはあたりを見渡すとすぐ目につく。欧州メーカーの新車が走り、レストランやショッピングセンターがにぎわい、あちこちで新築の家が建設中だ。

だがその繊維産業も、かつてこの島に生息したドードー鳥と同じ運命をたどることになるかもしれない。２００５年1月1日、世界貿易機関（ＷＴＯ）はモーリシャスやマダガスカルのような途上国経済の繁栄を促すきっかけとなった、「輸出割当を設けない措置」の撤廃を決めたからだ。「モーリシャスが受ける打撃がもっとも大きいだろう」と、アパレル産業コンサルタントのデヴィッド・バーンバウムは指摘する。

だが、それ以前からも、同国の繊維産業は縮小し始めている。２００３年と２００４年だけで、モーリシャスは1万５０００人ものアパレルとテキスタイル製造に従事する労働者を失った。バーンバウムの報告書によれば、米国向けのテキスタイル出荷は、２００４年に前年対比17・５％も減少したという。

驚くことではないが、生産者の大半は製造を中国へと切り替えている。

「中国人労働者は1週間に7日、１日に24時間働き、工場での寝泊まりも辞さず、時給数ペニーで働きます」

ブランド向けにＴシャツを製造するワールドニッツ社のマーケティング部長、ミッチェル・メイヤーは私に言った。

「そんな人々にどうやって太刀打ちできるというのですか？」

中国本土の窓口となる香港

香港の「新界」と呼ばれる北部地域は、高層ビルやショッピングモールなどがまったく見当たらないような古い工業地帯で、10年前までこの地域の活況を支えたはずの工場や倉庫が老朽化した姿で立ち並んでいる。過去30年間、香港のこの地域では、プラスチック製の人形から「メイド・イン・香港」のラベルをつけたカシミアセーターまで、あらゆるものがつくられていた。

２００５年秋、私はごみごみした通りにある古い工場の前に駐車し、がたつくエレベーターに乗って、創業40年、現在はニット製品に特化しているファン・ブロス社の近代的なオフィスへと上がった。会長のケネス・ファンはクイーンズ・イングリッシュを話す威厳ある中国紳士で、非の打ちどころのないマナーで私を迎えた。

ファン社のビジネスは主としてニットウェア製造だ。またスコットランドのカシミアニットの会社、プリングルを２０００年に買収し、活性化をはかっている。

１９４９年、毛沢東が中華人民共和国を打ち立てたとき、ファンの一家は上海から英国の統治下にあった香港に逃げた。「香港は当時小さな漁村でした」ファンはなつかしげに語る。

父は中国で営んでいた紡績業を香港でも続けようと会社を設立した。１９６０年代、会社は綿織物の製造を始め、衣料用として米国や英国に輸出した。１９５６年、ケネスは米国に留学した。ミシガン大学で化学工学の修士号を取得し、マサチューセッツ工科大学で博士号を取得、１９６６年に香港に戻って一家の事業拡大に尽くした。

彼の最初の決断は、ニットウェア専業に移行することだった。

当時の香港は玩具、プラスチック製品、安価な衣料品といった軽工業製品製造が中心だった。香港経済の4分の1は製造業が占め、住民の40%は工場で働いていた。やがて1970年代後半から1980年代半ばにかけて、香港の繊維・アパレルの製造技術は向上し、ラルフ・ローレン、カルヴァン・クラインやマックスマーラのような高級ファッションブランドの製品がつくれるほどになった。ファアン・ブロスはラルフ・ローレンのポロシャツを製造する大メーカーのひとつとなった。

1978年、中国が外国企業に門戸を開放し、安価な土地と安い労働力を売りものに投資を呼び込んだ。ファアン・ブロスのような中国人亡命者が興した香港企業は、隣接する広東州珠江デルタ地帯につぎつぎと工場をつくった。香港から、車か鉄道で1時間ほどで行ける深圳《しんせん》市の周辺だ。

1990年代半ば、深圳周辺には、香港の製造業者が所有・経営する工場が約3万あり、600万人が働いていた――これは香港の総人口に当たる人数だ。

こうして中国本土の製造業が拡大していくにつれて、香港の製造業は縮小していった。中国人労働者の技術力は向上し、生産のクオリティは上がったが、生産コストは低いままだった。

まもなく高級ブランドが欧州、米国、香港、モーリシャスなどに置いていた生産拠点を中国に移転していった。2005年秋、私が香港に滞在していた間も、イタリアの複数の主要ブランドが中国で既製服やニットを生産し、イタリアに送って「メイド・イン・イタリー」のラベルをつけている――という話を中国の繊維産業の有力者から聞いた。ファアンは言った。「我々はかなりの量のラルフ・ローレン製品を製造していますし、ダナ・キャランも少しつくっています」

ちなみにダナ・キャランは2001年からLVMH傘下に入っている。

バーバリーの財務主任、ステイシー・カートライトは2004年12月に香港で開かれたある高級ブランドの会議で、「中国で鞄を実験的に生産している。でも量的にはほんのわずかだ」と私に語った。その翌日には、当時バーバリーで働いていたある人物が「バーバリーの中国生産は実験の段階を超えている。相当量にのぼっている」と言い、おもにレザーグッズやファッション小物だと教えてくれた。バーバリー・ブルーレーベルは低価格帯のブランドで、三陽商会がライセンス生産し、日本で販売しているが、同じく生産は中国で行われている。西安で夫が試着したバーバリーのトレンチコートを思い出し、「たぶん本物だったんだ」と思った。

余談になるが、２００６年９月、バーバリーは、１９３９年に設立され、ポロシャツをつくりつづけてきたサウスウェールズの工場を閉鎖し、労働者３００人を解雇すると発表した。11月、ウェールズ出身の俳優で、同社の広告キャンペーンのモデルをつとめたこともあるヨアン・グリフィズが閉鎖に抗議し、ロンドンの『タイムズ』には、チャールズ皇太子が、工場移転を中止するため「何か私にできることはないか」とウェールズ政府の閣僚たちに尋ねた、という記事も掲載された。英国の北アイルランド兼ウェールズ担当大臣、ピーター・ヘインは、バーバリーＣＥＯ、アンジェラ・アーレンツに移転を考え直すようにと申し入れ、バーバリーの株を４９０万ドル保有している英国国教会も移転理由についての公式な釈明を求めた。

「ポロシャツの海外生産のコストがウェールズの製品に比べるとはるかに低いとわかったからです」同社の商務部長、マイケル・マホニーはそのときそう釈明した。「実際のところ、半分以下なのです」

私が耳にしたかぎり、中国生産を進んでおおっぴらにしている高級ブランドのデザイナーはただ１人、ジョルジオ・アルマーニだけだ。２００４年の中国訪問で彼はこのように語った。

「『メイド・イン・イタリー』のラベルは、特別な製品を意味し、最高ランクを示すためにも非常に重要だ。だが、他のラインについては中国で生産している。品質管理をきっちりしていれば、何の問題があるだろうか」

現在広東省では、3万社以上のアパレルとテキスタイルメーカーがあり、500万人以上の労働者が雇用されている。この両産業は、中国全土で年間1000億ドル以上を売り上げている。一方、香港の製造業は風前の灯だ。2002年時点で、製造業は香港経済全体の5％を占めるにすぎず、工場で働く香港住民は10人に1人まで減った。

「メーカーの大半は、本社、デザイン、マーケティング部門は今でも香港に置いています。ですが、工場は中国に移転しました」ファンが言った。ファン社もまた、香港の工場で少量のニット生産こそ行っているものの、大半は中国生産に切り替え、中国にある4軒の工場では1万人の従業員が香港の3分の1の労賃で働いているという。

広東省のアパレル製造とテキスタイル工場の平均賃金は月50ドルから100ドルだ（プリングルのカシミアセーターは今でもスコットランドで生産されているが、既製服の一部はファン社の中国工場で生産されている）。香港の物価水準は過去40年間で著しく上がり、今では世界でもっとも物価が高い国際都市のひとつになった。「若者たちはブルーカラーの仕事をしたがらない」とファンは言う。

ファンは、中国の製造業もまた、かつての日本や台湾と同じく、技術レベルもコストも上がっていくだろうと見ている。「どこも同じ道を歩むんですよ」と彼は語る。

「今でこそ中国人の製造業者はブランドの請負業をしていますが、もうすぐ彼らは自分たちでブランドを立ち上げるでしょう。私は今後10年で、東洋のブランドが、特に中国市場向けにもっと力を増してくると期待しているんです。中国政府はその流れを支援しています。北京、上海、広州ではファッションショーが開かれ、メーカーは品質や耐久性にもっと注意を払うようになっています。高品質で高能率の工場が実際あるんですよ。しかも熟練労働者もいます。あと10年でちがう市場になるでしょう」

また、ファンは、「高級ブランドが中国に自社工場をつくるとは思えない」とも語った。

「自分たちの代わりに製品をつくってくれて、しかも品質が保証されるのであれば、わざわざ自社工場にする意味はありませんよ」

その一方で、製造業の発展があまりにも目覚ましいために、広東省では深刻な環境・労働問題が起こっている。

2005年末、環境問題の専門家は、「工場の濫立、人口の急増によって、同省が珠江から限度を超えた量の水を引き入れたために、上流まで海水が流れこみ、地元に供給される水が汚染され、住民が瓶詰めの飲料水しか使えなくなっている」と報告した。2006年1月には、珠江のはるか上流でダムの水門を開き、デルタ地帯から海水を海へと押し戻し、汚染で狂った生態系による損失を食い止めようとする作業も行われている。

スモッグも問題だ。スモッグのせいで広東省では晴れている日でも太陽が見えない日が続く。

「国民の祭日などで、1日でも広東の工場が稼働しない日があると、景色がちがう」

香港のデパート、レーン・クロフォード社長のボニー・ブルックスは言う。

「なにしろ、その日は太陽が拝めるんですよ」

労働問題も深刻さを増している。ベルギーに本部がある国際労働組合総連合がまとめた「職種別労働組合に対する権利侵害年次調査書」によれば、生産性の追求のために、世界中のテキスタイル製造現場で人権侵害が増えていると報告されている。バングラデシュでは、労働環境の改善を求めたインターナショナル・ニットウェア・アンド・アパレルの労働者が解雇、殴打、脅迫を受けた事例が報告されている。カンボジアでは銃と警棒で武装した警官が、アパレル工場で働く約400人の労働者たちに暴力を加え、中国・陝西省《せんせい》では綿工場で働く労働者が、雇用契約の変更に抗議して警察に拘留されている。

「主として南アフリカ、香港、台湾のテキスタイル関連産業で働く外国人雇用者は、法律で定められた最低基準よりも低い賃金しか支払われず、病欠手当の支払いを拒否され、休めば一方的に支払賃金から差し引かれる。だが、政府機関はそういった違反行為に目をつぶっている」と調査書はまとめている。

中国は、組織的な児童労働の問題でも批判されている。

法律では16歳未満の就労が禁じられているにもかかわらず、貧困家庭の児童は通常よりも安い賃金で雇えるために、工場で簡単に職を見つけることができる。中国では親が子どもを学校に通わせる経済力がないために、子どもが働かざるをえないケースがよくある。

中国の公立学校では、通常は教科書、食事、寄宿費、交通費は生徒の負担で、年間125ドルかかる――これは工場労働者の2ヵ月分の賃金で、農業従事者の年間収入を上回ることさえある。

だが、それも変わるはずだ。中国政府は最近学費を大幅に値下げするように制度を改革した。

中国での製造コストが上昇するのに対応し、ブランドはヴェトナムやカンボジアといった、さらに安い労働力の存在する場所に生産地を移転する動きもある。ハノイ郊外に工場を構える中国人工場主、チエン・グオフイは言う。

「中国からここに移ってくる工場はどんどん増えていますよ。労働コストが中国より20～30％も安いですからね」。彼の工場の賃金は月約60ドルだ。

そういえば、モーリシャスのゴパルも私にこう言っていた。

「繊維産業は安くて豊富な労働力を求めて、世界をさまようものなのです」

やがて中国人は請負業者からオーナーへと変わっていくだろう。

香港のメーカー、ケネス・フアンが2000年にプリングルを買収したのに続いて、台湾のメディア王、ショーラン・ワンがフランスのクチュール、ランバンを2001年に、YGMトレーディング・リミテッド・オブ・ホンコンは2004年にフランスのクチュール、ギ・ラロッシュをそれぞれ買収している。シンガポール人事業家、チェン・ワイ・クンは２３５年の歴史を誇るサヴィル・ローの高級仕立服店、ギーヴス＆ホークスのオーナーとなった。中国人起業家、サイラス・チューは英国の宝飾品ブランド、アスプレイ＆ガラードと、米国の高級スポーツウェアブランド、マイケル・コースの共同オーナーの１人となっている。

さらに中国メーカーは、自国の安い労働力に太刀打ちできずに経営不振におちいったイタリアの織物工場の買収をも検討している。メーカーは伝統あるブランドを買収し、新しいブランドを一緒に立ち上げ、メイド・イン・イタリーを中国で流通させることを目論んでいるのだ。

「中国は製品を生産するだけでは満足できなくなるでしょう。ブランドのヴィジョンを共有し、流通計画の一端をにない、プロジェクトに付加価値をつけるという次のステップに進もうとしているのです」

スコットランドのカシミアニットの老舗で、現在ミラノに本社を置くバランタイン会長、アルフレード・カネッサはそう言う。現在、バランタインは香港に本社を置くフェニックスとジョイントベンチャーの形をとって、チャイニーズ・カシミア・カンパニーという新しいブランドを立ち上げようとしている。

「我々の試みは、もし、中国が安い生産コストの国から脱皮したら、いや必ずや脱皮するでしょうから、大きな意味を持つはずです」

第3部

第8章

いざ
大衆市場へ

「強欲を完全に抑えこめれば、その母であるぜいたくも消えるに違いない」――キケロ

年間に2000万人が訪れると言われた、ラスヴェガスの高級ショッピングモール「フォーラム・ショップス」
(AP Images)

２００５年7月のある午後、外の気温は日陰でも摂氏40度を超えている。だが、ホテル&リゾート施設、ウィン・ラスヴェガス内のショッピングモール、エスプラナードの内部は、湿度が低くて心地よかった。

Tシャツにショートパンツ姿の中年の米国人がぞろぞろ歩いている。ルイ・ヴィトンやディオールの店に入ってバッグをチェックし、フレデリック・ロバートの店で試食用のチョコレートをがつがつほおばる。カルティエの店の前では互いに写真を撮りあいっこし、オスカー・デ・ラ・レンタのドレスを見つめ、マノロ・ブラニクのひっくり返りそうなほど高いヒールのサンダルをいじくりまわす。なかには買物をする人もいるが、おもにヴィトンのクレジットカード・ホルダーやシャネルの香水といった少額のもので、大半はウィンドウショッピングだ。

オハイオ州オクスフォードにあるマイアミ大学で事務をとるクリス・スチュワートと、その妹でカリフォルニア州にある企業の人事部長をつとめるキャシー・ソレンソンの姉妹は、平均的な生活水準にある40代そこその白人女性で、ヴェガスに友人の誕生日プレゼントを買いにやってきた。ジャンポール・ゴルチエの店の前で私が声をかけたとき、２人はまだ何も買っていなかったが、モールめぐりを楽しんでいた。

「こういう店を見て歩く機会は普段はまずないわね。ニューヨークにもなかなか行ったりしないから」

スチュワートが私に言った。

「オクスフォードにはこんな店はないわよ。シャネルもディオールもシンシナティにはない。ブランドの広告は見ているけど、こうやって実際に商品を手に取って見られるのはいいわね」

ラスヴェガスには米国の歴史の縮図がある。１８８０年代、鉱山労働者は一山当てようとこの地に集まり、やがて街ができた。１９５０年代、この街は頽廃《たいはい》的な歓楽街として栄え、ショーガールやチンピラや有象無象の連中が流れ着いた。

ところが、1990年代前半、ストリップという大通りに「海賊船バトルショー」やハイテクのローラーコースターといったアトラクションがつぎつぎに誕生し、思ってもみなかったことに、ラスヴェガスは家族連れが休暇を過ごすスポットとして生まれ変わった。そして今――再び生まれ変わったラスヴェガスには、世界最高レベルのレストラン、美術館、スパ、ゴルフ場が登場し、全米最大のショッピング街も加わったことで、高級リゾートタウンと化した。

「1990年代初め、ラスヴェガスの観光案内に〝ショッピング〟は項目さえありませんでした」ヴェガスにある最高級ホテルのひとつ、シーザーズパレスのフォーラム・ショップスで営業部長をつとめるモーリーン・クランプトンはそう語る。フォーラム・ショップスはルイ・ヴィトン、グッチ、プッチ、ディオールをふくむ150軒の「高級ブランド専門店」が出店するモールだ。

2006年までに、ショッピングは、ギャンブルとエンターテインメントについで、ラスヴェガスで3番目に人気のある娯楽になった。事実、フォーラム・ショップスの年間訪問客数は、ウォルト・ディズニー・ワールド・リゾートを上回る。

高級ファッションビジネスにとって、来訪者数急増の勢いが衰えない――年間3500万人を数える――ラスヴェガスは、いまや業界の生命線とも言える重要な市場になっている。ベルナール・アルノーはエスプラナードにあるルイ・ヴィトンとディオールの店舗を、ウィン・ラスヴェガスがオープンした最初の90日間で4回も訪れた。

「ラスヴェガスの店舗の平米当たりの売上高はつねに高いんです。米国でも1~3位をキープしています」

ウィン・リゾーツの取締役の1人で、ラスヴェガスの大物実業家スティーヴ・ウィンの妻でもあるエレイン・ウィンはそう言う。

ヴェガスは高級ブランドの経営陣が夢見るほどの好条件を備えている――広大なスペース、顧客規模、そして市場として理想的な人口構成。

クリスチャン・ディオール北米支社（当時）の前社長で営業担当役員のマーラ・サボも同意見だ。

「ヴェガスは米国の断面図を見るような街です。週末旅行でロサンゼルスから訪れる金払いのいい客、ブランドの店がない地方から来た人、ギャンブルで当てたカネの使い道を探している人もいます。アジアの客もここ2年ほどで飛躍的に伸びました。日本からは引きも切らずにヴェガスにやってきます。おかげで、ブランドの何が良くて、何がダメなのかがわかるようになりました。多くの人々の頭の中にあるブランドイメージをつかむことができるのは、得難い収穫です。ヴェガスは他の街では隠されている欲望やイメージを露出させる街なんです」

かつて欧州の高級ブランドが米国で市場を拡大していったとき、その売場はニューヨーク、ロサンゼルス、フィラデルフィア、シカゴのような、富豪の産業資本家とエンターテインメント事業が落とすカネで潤い、社交生活が活発に繰り広げられる大都市にある一流デパートだった。その時代の米国にはまだ厳格な社会階層区分があった。ニューヨークのバーグドルフ・グッドマンにしろ、地方小都市の一流宝飾店や銀細工店にしろ、高級品を売る店に入れるのは富裕層だけで、中間階層の人々は敷居をまたぐことさえできなかった。「あそこは私らが入るところじゃないよ」母親は娘にそうささやいた。

米国で上流階級と中間階級との間にそびえたっていた壁は、１９６０年代の公民権運動と社会変動によって崩れた。それまで白人専用だった店舗やレストランに黒人が入る権利が与えられただけでなく、中間階級の人々もまた、入口で断られたり嘲笑されたりする心配なしに、社会階層のトップクラス御用達の超一流店に入店し、富の象徴を手にすることができるようになった。〝資本主義の民主主義化〟という米国の描いてきた夢がついに実現したわけだ。誰でも欲しいものを制限されることなく手に入れられる、という夢が。

高級ブランドの経営陣は、米国の社会的・経済的自由主義化に慎重に対応し、ニューヨークやビヴァリーヒルズにブティックを開業する一方、デパートで展開するためのスカーフ、ネクタイ、香水、バッグといった比較的価格が低めの商品ラインを拡大した。欧州の一流老舗ブランドは、当時はまだ会社の規模が小さく家族経営が主だった。拡大成長は彼らの最優先事項ではなかった。事業を拡大せずともビジネスは順調で、家族の暮らしは豊かだったし、誰も過労の心配がなかった。それ以上いったい何を望むというのか？

だが１９８０年代、「事業拡大」が唯一の目標となり、高級ブランド商品は海外で大量に売れる事実を日本が証明したとき、大物資本家は新しいターゲットに照準を合わせた。中間マーケットである。人口として世界最大規模で、もっとも裕福で、もっとも現金を持っている中間マーケットは米国にあった。問題はどこから手をつけるか、だ。高級ブランドは、市場人口が豊かで、かつブランドのステータスを傷つけることがないような場所を見つけなくてはならなかった。

そしてラスヴェガスはこれらの条件を満たした。洗練された街となる努力を怠らず、急ピッチで拡大している都市であり、もっとも重要な点は、〝持たざる者〟が、数日間だけ〝持てる者〟として過ごせる場所ということだ。

ラスヴェガスはある意味で、企業化した高級ブランドにぴったりの大都会だと言えるかもしれない。街としての誕生から、ヴェガスは、幸運の女神に後押しされてひと稼ぎするという「夢」をこれでもかと与え続けてきた街である。だがそこにあるものはすべてが砂上の楼閣だ。ラスヴェガスも今日の高級ブランドも、ともに客からカネを吸い上げることだけを目標にしている。２つが合体するのは時間の問題だった。

ふたたびエレイン・ウィンが言う。

「たぶん、ここに遊びにやってくる人々はすごいギャンブラーではなくて、スロットマシーンでちょっと遊ぶ程度だと思うんです。でもショッピングにかけては豪快です。この街では判断能力が鈍るので、普段よりも気分が高揚してショッピングが体験できます。おまけに、肩越しに、そんなものを買うな、無駄遣いするな、と言う人もいないんですからね。あらゆる制約から解放されて買物できる街ですよ」

中間マーケットの誕生

1980年代、米国ではロナルド・レーガン元大統領が導入した税制優遇措置のおかげで株価は上昇し、中産階級が中間マーケットを創造した。1990年代のITブームは中間マーケットの拡大に拍車をかけた。ヴァージニア州ダレスにあるアメリカ・オンラインは、1999年に自社の従業員の3000人がミリオネアになったのではないかと推定している。彼らのような新興成金が従来のアメリカン・ドリームを変えた。平均的な米国人はもはや平均的な生活に満足しなくなったのだ。

フロリダ大学が1991年に発表した調査報告書によれば、調査対象の85%が米国の最富裕層18%に入りたいと熱望している、とある。「中産階級でもいい」と回答したのは、わずか15%にすぎない。1986年のロパー・センター世論調査では、「平均的米国人が夢をかなえることのできる金額」は5万ドルだった。1994年には10万2000ドルにはね上がった。

社会的な優先順位にも変化が見られる。ロパー・センターの1975年の調査では、米国人の大半が考える「良い生活」とは、「幸福な結婚をして、1人か2人の子どもをもち、おもしろい仕事と家を持つこと」だった。それが1991年には、もっと物質主義的な回答に変わった。大金、セカンドカー、2台目のカラーテレビ、別荘、プール、すてきな服……といったところだ。

1970年以降、米国人の実質世帯収入は30％上昇した。世帯の4分の1は年間所得が7万5000ドル以上で、2005年までに純資産100万ドルを超える世帯が400万に増えた。それでは、米国人は増えたそのカネをいったい何に使っているのか？　ショッピングだ。1979〜1995年にかけて、平均的な米国人の支出も30〜70％増えている。

ショッピングは人間に深い満足感を与える。1997年の調査によると、22〜61歳の米国人の41％が「買物で気分がよくなる」と答えている。だが、気分をよくしたいために、米国人は借金まみれになった。1990年から1996年の間に、クレジットカードの負債額は倍になったが、それでもまだ十分ではないようだ。10万ドル以上の収入がある米国人世帯の27％が、「必要なもの全部は買えない」と言っている。

米国ほどではないにせよ、他の先進工業国でも、同様の傾向が見られる。英国では過去20年間で実質可処分所得が88％増加した。イタリアでは1970年代〜2000年までに4倍になっている。米国人と同様、ヨーロッパの人々もショッピングを楽しみ、いいものを欲しがる。2004年、英国の総人口の半分近くが「過去1年間に最低ひとつは高級品を購入した」と申告した。

高級ブランドは〝高級ゲットー〟をつくる

中間マーケットの消費拡大は高級ブランドのトップたちを有頂天にさせた。日本と同様に全米や欧州のあちこちに店舗をオープンし、中産階級にも手が届く価格の、ロゴつきのブランド品で店をいっぱいにし、売上げ——もちろん利益も——が伸びていくのを満足気に眺めた。

「(市場が拡大していく)空気はあったから、それに対応する必要があったんだよ」1990年代、グッチが中間マーケットに手を広げていった理由をトム・フォードはそう説明した。

「我々がやらなければ、他の誰かがやっていたね」

高級ブランドの経営陣は、クチュール製品で採用した〝商品のピラミッド型モデル〟を、店舗にも適用した。第一に、ニューヨーク、パリ、ミラノ、ロンドン、ビヴァリーヒルズといった国際都市に華やかな旗艦店をオープンして雰囲気づくりに努めた。クチュールのイヴニングドレスからキーホルダーまでコレクションのすべてを陳列し、上流階級の常連客を知っている気取った店員と、中間マーケットの顧客の相手をする愛想のいい店員の両方を置いた。

これらの旗艦店は、マーケティング部門が練り上げた高級品のイメージを再確認する場であり、また、企業のブランド力を強化し、どの経済階層にも新たなファン層を開拓するためにつくられた。たとえば、アルマーニがロデオドライブにつくった旗艦店の客層は、映画スターもいれば、美術館巡りと同じ感覚でやってくる観光客もいて幅広い。観光客は3000ドルのスーツをぽんと買ったりはしないが、自分の町に帰り、もっと低い価格帯のA／Xやアルマーニ・ジーンズを見つけ、高級ブランドが提供する〝夢〟を買うかもしれない。

高級ブランドはかつて地元の商店が並んでいた通りにかたまって出店し——ロンドンのボンド・ストリート、ローマのヴィア・コンドッティ、ロサンゼルスのロデオドライブ、ニューヨークのマディソン街など——街の風景と地元の経済を変え、ある意味街中に〝高級ゲットー〟をつくった。彼らがまとまって出店するのは、客をより簡単につかまえることができるためだ。ディオールを見にやってきた客は、隣のプラダとグッチもチェックする。だが、集団での出店には財務的な事情もあった。LVMH、グッチやプラダのようなグループ企業は、不動産をいくつかのブロックで押さえる交渉をする。つまり、テナント側がヴィトンに出店を依頼した場合、ディオール、セリーヌ、ジヴァンシー、ロエベも出店するから賃料を割安にしてくれ、という交渉をする。

「ショッピングモール側は、我々のブランド全部に出店してほしいと言ってくる。我々が出店することで、おのずと一流のモールであることが決定づけられる」とアルノーは言う。

ビヴァリーヒルズではその点で目覚ましい変化があった。不動産価格が急上昇したのだ。昔からの地元の小売業者や地主は、高級ブランドに目の玉が飛び出るほどの高額で売るか貸すかして儲けた。第4章に登場した、ミスター・ロデオドライブと呼ばれるフレッド・ヘイマンでさえも、所有するジョルジオが入っていた建物をルイ・ヴィトンに貸して一儲けした（抜け目ないヘイマンは所有権を手放さなかった）。

国際都市を旗艦店で固めたブランド各社は、シカゴ、マイアミ、香港、大阪という第2の都市へと店舗を拡大していった。ラスヴェガスもその中の1都市なのである。

ヴィア・ベッラッジョの成功

キャリアウーマンのように、自由に使えるお金を潤沢に持っている階層をねらって、1992年5月、シーザーズパレスと、ショッピングモール大手デベロッパーのサイモン・プロパティ・グループは、ラスヴェガスのカジノ内にはじめて、小売店を集めたショッピングモールをつくった。

このフォーラム・ショップスは古代ローマの街を復元したデザインで、アン・テイラーやカシェといった中間レベルのブランドショップから、ルイ・ヴィトン、グッチ、ブルガリという高級ブランドのシヨップも並ぶ。ターゲットは単純明快に観光客で、それが大当たりした。同年5月から12月までの1平方フット（1㎡あたりの約10分の1）あたりの収益は500〜700ドルで、全米ショッピングモール平均の3倍になり、翌年5月までに1000ドル近くまで伸びた。5年後、シーザーズパレスはナイキタウン、チーズケーキ・ファクトリーやドルチェ&ガッバーナなどの店をふくめて店舗数を35まで拡大し、アトラクションで集客をはかった。それもまた大成功を収めた。

その盛況に注目したスティーヴ・ウィンは、妻のエレインが16億ドルをかけた3025室の豪華リゾートホテル、ベッラッジョの建設を計画したとき、高級ブランド店だけを集めたヴィア・ベッラッジョという約9300㎡のショッピングアーケードをつくると決めた。エレインが舞台裏を披露する。

「私たちはシャネル、アルマーニ、グッチの三巨頭との交渉からスタートし、そこからプラダ、イヴ・サンローランを加えて空いているロケーションを埋めていくつもりでした。最初、シャネルは出店を渋ったので、非常に広い空間を割りあてなくてはなりませんでした。夫はアリー・コペルマン（当時米国シャネル社社長）に『アリー、君は我々の願いにこたえて出店するつもりかもしれないが、やがて君のほうが出店させてほしいと頼み込むことになるよ』と言ったんですよ。アリーは新しいラスヴェガスをあまり知らなかったけど、一度訪問したら、その重要性はすぐに理解しました。アルマーニは最初から出店する意欲があったけど、他は、『あとはどこが出店しますか？　他のブランドが出すなら、我々も進出します』っていう感じ。ブランド同士は競合していたけれど、見栄えがよくなるからみんなで一緒に出店したがったんですね。私たちは、このヴェガスに十分に開発できる市場があると確信していました。2日半くらいでどんどん客が入れ替わるのだから、ビジネスは成長する。それはまちがいのないところでした」

たしかにまちがいがなかった。ニューヨークの宝石商、フレッド・レイトンにとって、ヴィア・ベッラッジョ内の店舗は全店舗中、1平方フットあたり最高の売上げを誇る。

「ヴィア・ベッラッジョはラスヴェガスでのショッピングの質を向上させた」とヴェガスのベテラン小売業者、テッリ・モンスールも言う。ヴィア・ベッラッジョの成功は、高級ブランド販売がラスヴェガスの事業隆盛の立役者であることを証明したのだ。

１９９９年には、15億ドルをかけて建設されたホテル&カジノのヴェネチアンが、４万６４５０㎡のショッパーズをつくり、客は本物のゴンドラに乗って、屋内に設けられた運河からバーバリーやジミー・チューの店を眺めるという趣向を楽しんだ。２００３年にはショッピングモールのファッションショーが10億ドルをかけて改装・拡張工事を行い、２００４年にはフォーラム・ショップスが3番目となるこぎれいでモダンなモールをオープンし、ハリー・ウィンストン、バカラ、プッチ、ケイト・スペード、コーチをふくむ60軒の高級ブランド店を並べた。

数シーズンたつうちに、ラスヴェガスはニューヨークの次にブランドが出店する〝第2の都市〟となった。米国最初の出店がヴェガスとなったブランドもある。クリスチャン・ラクロワは米国で最初の店を２００６年8月、フォーラム・ショップス内にオープンした。マドンナとグウィネス・パルトロゥが着たスウェットスーツで有名になったジューシー・クチュールも、最初の独立店舗をヴェガスに開いたし、ヴェルサーチもホームコレクションの店をヴェガスだけにオープンしている。これは賢い選択だった。国際ショッピングセンター振興会によれば、２００５年、フォーラム・ショップスの平方フットあたりの売上げは１５００ドルで、米国内の地方のショッピングセンター平均のほぼ4倍である。

高級ショッピングセンターの建設ラッシュは衰えることを知らなかった。ウィン夫妻は、２００５年4月、エレインの63歳の誕生日を祝って華々しくエスプラナードをオープンした。その隣にウィンは、さらに14億ドルかけてカジノ・ホテル、アンコールを建設中で、エルメスを含む8万３６００㎡のショッピングモールを併設する。通りをへだてた場所には、ヴェネチアンのオーナー、サンズ・コーポレーションが18億ドルをかけて3000室のリゾートホテル、パラッツォを建設中で、クリスチャン・ルブタン、クロエ、バーニーズ・ニューヨークなどの高級店が軒を並べる2万3870㎡のモールを設ける予定である（2007年にオープン）。MGMミラージュも、70億ドルをかけ、26万7100㎡のプロジェクト・シティセンターを建設中（2009年開業予定）だ。80軒以上という店舗には「大手高級ブランドのほとんどすべてが出店する」とトーブマン・センターズ営業部長、ウィリアム・トーブマンは言う。

このように、ヴェガスでは急激に店舗数が増えつつあるが、ブランド側もモールのオーナーも過剰に拡大しているという不安はもっていない。

ラスヴェガスでのショッピングはギャンブルと同じく2つの世界に分かれている。

ひとつは、私がエスプラナードで出会ったスチュワートとソレンソンの姉妹のような庶民で、カジノで少額を賭けて遊び、高級ブランドのショッピングモールをただ歩き回るタイプだ。彼らにとってヴェガスでのショッピングは無上の喜びだ。商品は故郷の町で売られているものよりはるかに華やかで、夢の街、ラスヴェガスのイメージを裏づける。店も感じがよくて、モールの入口は広く、にらみをきかせるようなドアマンもいない。店員もカジノのディーラーのように愛想がよく、製品についても一から詳しく教えてくれるから、知ったかぶりをする必要もない。

「ニューヨークの高級ブランド店では自分がとても場違いな感じがして、居心地が悪かった。ラスヴェガスはもっとほっとするカジュアルな雰囲気だわ」とスチュワートも言っていた。

それは店員が顧客のレベルをはかれないせいかもしれない。

「ヴェガスでは客を値ぶみすることはできない」と前述のモンスールは言う。「カットオフジーンズをはき、穴の開いたTシャツを着て、ウエストポーチから財布を引っ張りだすと、ぽんと10万ドルを現金で払ったりするからね。私はそんな光景を何回となく見てきた」

もうひとつの世界は、大金持ち、富裕層たちのショッピングだ。ビッグショッパーズと呼ばれる大口顧客——エレイン・ウィンによれば、世界の果てから飛んできて「マノロ・ブラニクの靴を一度に13足買っていく」ような客のことだという——には庶民とはちがうショッピングがある。ケタ違いのカネをかけるギャンブラー——プライベートジェットでやって来て、高級別荘に宿泊し、下へも置かないサービスを受ける人たち——と同様、ビッグショッパーズは王様待遇だ。彼らは、たとえば、ウィンのパーソナル・ショッピング・サービスをまとめるジャスティン・バッチに電話をかけ、買い物をしたいと伝える。バッチはスケジュールをあけ、エスプラナードの店に行って服、靴、バッグ、ジュエリー、時計など、その客が好きそうなものをすべて取り揃え、モールのすぐ近くにある豪華なプライベートサロンに運ぶか、客の部屋まで持っていって試着してもらう準備を整える。

客自身がバッチを従えて店にやって来ることもある。スタッフのお針子２人と仕立師が１人、客の注文に応じてすぐに直せるように待機する。そういう客はたいていすぐに着たがるからだ。ときに彼らはそのままルイ・ヴィトンに電話をかけ、買ったものを入れるためのスーツケースをひとつ（か２つか３つ）を注文することもある。ホテルは空港までのリムジンの送迎サービスなど、さまざまな特別待遇を用意している。

彼らの存在について、エレイン・ウィンはこう言っていた。

「バカラで遊ぶ客みたいなものね。彼らはしょっちゅう来るわけではないけれど、１回に落とすカネが半端ではない。だから、彼らの欲求を満足できるものを調《ととの》えておくべきなのよ」

アウトレットの躍進

こうした売場拡大のおかげで、ブランドの売上高は大幅にアップし、オーナーや株主をおおいに満足させた。だが、新たに誕生した店舗は新たな問題を生み出した。売れ残った商品をどうするか、である。高級ブランド商品が、旗艦店および五指に余る程度のデパートで販売されているうちは、在庫はわずかで済んでいた。売れ残った既製服はローマンズのようなディスカウントショップのチェーン店に卸すか焼却処分され、一方、レザーグッズは流行がほとんど変わらないために何シーズンも陳列できた。

だが、より多くの商品を販売し、四半期ごとの目標を達成するために、デザイナーはシーズンごとに流行をより意識したコレクションを発表し、顧客の来店回数を増やそうと画策した。この戦略を遂行するには、めまぐるしくファッションを変えなくてはならず、当然ながら商品寿命は短くなり（最長で6ヵ月）、完売する前に新しいコレクションを並べるというマイナス面が生じた。結果、世界中で何百店と増えた新店舗から出る売れ残りの商品はすさまじい量になった。経営幹部は、ディスカウントのチェーン店にわずかな利益率で売れ残りを卸すのでは商売として割に合わないとわかっていても、ローマンズやシムズといったチェーン店が莫大な利益を上げているのを指をくわえて眺めているしかなかった。かと言って、焼却して損失を「なかったことにする」のは問題外だ。株主が自分たちの利益をむざむざ灰にするのを黙って見ているわけがない。

その答えは、LAのロデオドライブと、ラスヴェガスのストリップの中間にあった——比喩的な意味でも、文字通りの意味でも、だ。ロサンゼルスから2時間ほど東のパームスプリングスに向かう途中、カリフォルニア砂漠地帯の中心に、デザート・ヒルズ・プレミアム・アウトレットというショッピングセンターがあり、ビヴァリーヒルズで見かけるのと同じ有名ブランド——ディオール、プラダ、フェラガモ、グッチやアルマーニ——が最大75％オフの価格で売られている。このアウトレットは、世界各地に40店舗以上の巨大アウトレットセンターを展開する大手デベロッパー、チェルシー・プロパティ・グループ傘下にある。

２００５年７月、私がデザート・ヒルズを訪問したとき、砂漠の灼熱の気温を考えれば、まずまずの人出でにぎわっていた。10月から３月にかけてのハイシーズンには、インターステイト10号線から駐車場に入るまで長い時間待たねばならない。年間７００万人がデザート・ヒルズを訪れ、その大半は、高級ブランドの戦略に乗っかってブランドへの憧れをかきたてられつつ、定価でもセールでも買えない人か、さもなくば、同じカネを払うのならもっとたくさん欲しいという人だ。デザート・ヒルズの総支配人、ケイシー・フレデリクセンが私に言った。

「お客さまは座って店内案内図を見て、『ワオ、あのブランドもこのブランドもある！　予算内でたくさん買える！』と大興奮です。車のトランクに積み込むために、店から車まで何度も往復するくらい大量に買われるのですよ」

アウトレットは、あらゆる人に商品を届けるための、高級ブランドの最大の〝仕掛け〟だろう。だがアウトレットは、〝高級ブランド〟というコンセプトとは真っ向から対立する存在でもある。コラムニストのカレン・ヘラーは２００６年、ニューヨークのウッドベリー・コモン・プレミアム・アウトレットを訪れてこう書いた。

「プラダが２００４年秋に発表したコレクションの〝なれの果て〟がそこにはあった。値札は何回も値引きされ、商品はさんざんひっかき回され、最初にディスプレイされていたときの美しさはどこにもなかった。定価の３分の１でも買う気にならない商品が、在庫一掃処分品と一緒に叩き売りされていた」

それでも現在の高級ブランド産業では、アウトレットは商売的には大きな意義がある。映画スターや旗艦店や広告や大型看板が大衆に向けてさんざん宣伝してきた商品を、大衆の手の届く価格で、しかも大量に提供する。

「1980年代は何でもかんでもステータスという時代で、いくら払ったかが自慢だったけれど、今ではどれだけ安く買って得したかを誇らしげに語る時代だ」

ネットでアウトレット・ショッピングのガイドサイトを編集するランディ・マークスは言う。

「アウトレットは気軽に買い物できるところだ。ロデオドライブやマディソン街でマイケル・コースの店に入るには勇気がいるだろう。だがアウトレットでは客は旗艦店に行く機会がないか、入るのをためらう客ばかりだとわかっているから、店員も気さくに応対してくれる」

アウトレット・ショッピングは19世紀末、普段は値引きをしない自社製品を、従業員がディスカウントで買えるようにと、企業が工場内に設けた小さな店からスタートした。1970年には既製服メーカーのヴァニティフェアが、ペンシルヴェニア州レディングにある古いニット工場で、全米初の工場のアウトレットをオープンする。生産拠点を移したために、空き家になった工場の広いスペースの再利用としては賢い使い方だった。1970年代後半までに、レディングは街全体が巨大なアウトレットセンターのようになった。チェルシーをはじめとするデベロッパーはレディングの成功を見て、アウトレット・ショッピングは急成長が見込める事業だと気づき、その後、全米のあちこちの街の郊外にアウトレットを建設していく。

1990年に建設されたデザート・ヒルズは、当初は中流のブランドが過剰在庫分や売れ残りを処分できるような場所だった。

やがて、アウトレット・ショッピングが小売業の一業態として定着すると、ラルフ・ローレン、ダナ・キャラン、オスカー・デ・ラ・レンタといった米国の高級ブランドや、大規模小売業のサックス・フィフス・アヴェニュー――バーゲン漁りを好む米国人のメンタリティがよくわかっている会社だ――がアウトレット・ショッピングモール内に店舗をオープンし、ディスカウントのチェーン店ではなく、そちらに売れ残りを送るようになった。いくつかのブランドでは非常に売れ行きがよかったので、アウトレット店だけで売るために価格を落とした商品ラインまでわざわざ生産するようになった。そして、その成功を見た欧州の高級ブランド――欧州ではまだアウトレットは未知のコンセプトだった――も販売に踏み切る勇気を得たのである。

1995年、デザート・ヒルズは店舗を拡張し、より格調の高い建物をつくった。そこで1998年にグッチが、1999年にはトッズとプラダが、2001年にはタグ・ホイヤーがオープンした。さらに2002年、デザート・ヒルズは店舗前の通路を味わいのあるレンガ敷きにして、おしゃれなファサードの並ぶ約2300㎡の別館を増築し、フレデリクセンが「高級テナント」と呼ぶブランドを合計130店集めた。フェラガモ、ボッテガ・ヴェネタ、ヒューゴ・ボス、セルジオ・ロッシ、イヴ・サンローラン、ドルチェ&ガッバーナ、そしてディオール……。

「我々はテナントに対して定価の25～65％オフで販売するよう奨励しています。ところが多くの店ではなんとか商品をさばこうと、ケタ違いに安い価格をつけるのです」

フレデリクセンはそう語る。たしかに私が見たところ、ディオールの店ではあらゆる商品が定価の25～50％の値段だが、なかには値下げした価格からさらに75％下げたものもあった。たとえば200～300ドルするレースのビュスティエが、わずか25ドルで買える。デザート・ヒルズではクーポンのついた冊子を5ドルで販売しており、店に持っていくと、さらに値引き可能という特典もあって、ますますショッピングが楽しくなる。

高級ブランドのアウトレット内の店づくりは、定価で販売する通常のブティックと同じく高級感のある内装で、販売員も同じユニフォームを着ているし、おしゃれなBGMも流れている。商品の大半は周辺の旗艦店の在庫品だが、ハワイ、香港や日本のような遠いところからも流れてくるし、1ヵ月、1シーズン、もしくは1～2年前のものが並ぶ。ときにはかすかな疵があったり、裾がほつれていたり、ボタンがないようなものもある。買い物客はよほど注意しなければならない。

だが、アウトレットの月刊業界誌『ヴァリュー・リテイル・ニュース』の編集長、リンダ・ハンファーズの次のような意見もある。

「腕が3本ついているセーターみたいなシロモノは置いてないわよ。アウトレットだって、それではよい商売にならないと理解しているし、客が品質として期待しているレベルを満たさなくなるもの」

アウトレットといえど、高級ブランドは選んで品揃えしている。デザート・ヒルズのイヴ・サンローランの店はトム・フォードの最高傑作展示会みたいだった。スーツ、シャツ、ドレス、イヴニングドレス、靴など、リヴ・ゴーシュのコレクションを担当していた2002年から2004年までのものも含めてすべてそろっていて、すでにフォードはグッチを1年前に辞めているにもかかわらず、彼のショーのビデオが流されていた。

ブランドのなかには、より中間マーケットを意識した商品を、アウトレットで最初に販売する店もある。バーバリーは2005年に全米で10店以上、シアトル近郊にある新しいアウトレットにも出店している。そこは、ワシントン州全体で唯一バーバリーの独立系店舗がある場所でもある。

デザート・ヒルズには月に100～150台のバスで客がやって来る。その80％は日本人、10％は他のアジアの国の客だ。ツアーはロサンゼルスを出発し、午前10時には到着、午後3時に帰っていく。客は5時間ショッピングに集中できるわけだ。デザート・ヒルズには日本語を話す顧客担当代表のほか、何店舗かには日本語ができる販売員もいるし、和食レストランもある。

ちなみに、米国の平均的なアウトレットセンターの客は、43歳の白人女性で、年間所得が５万ドル以上、とアウトレットバウンド・ドットコムでは分析している。

米国では高級アウトレットが拡張する傾向にある。ラスヴェガス・プレミアム・アウトレットは30の新店舗を加え、テナント総数が１２０店舗になった。

世界の他の地域ではアウトレット・ショッピングは始まったばかりだ。ワシントンＤＣの不動産デベロッパーだったＪ・Ｗ・ケンファーは、アウトレット・モールの概念を１９９０年代初めに欧州に持ち込んだ。今日彼の会社、マッカーサー・グレンは欧州最大のアウトレット・モールのデベロッパーだ。16あるデザイナー・アウトレットの店舗は、フランスのトロアやルーベー、英国のアシュフォードのような、かつて工業都市だった街の郊外にある。イタリア、フィレンツェすぐ近くにあるアウトレットには、アルマーニ、ブルガリ、ドルチェ＆ガッバーナ、ヒューゴ・ボス、ロベルト・カヴァッリ、サルヴァトーレ・フェラガモといった高級ブランドが出店し、年間５０００万人が来店する。チェルシー・プレミアム・アウトレットはメキシコシティに１軒、日本に４軒オープンしている。チェルシーのＣＥＯ、デヴィッド・サイモンは、２００６年、韓国にもプレミアム・アウトレットを建設すると発表し、「我々は中国でもきっと成功すると確信している」とつけ加えた。

ネットでブランドショッピング

高級ブランドの中間マーケットへの拡大は、ほぼブランド企業の戦略によって意図的に生み出されたものだ。その一方で、高級ブランドにとってもっとも新しく、かつ、もっとも期待のできる販売ルートは、まったくの部外者によって偶然生まれることになった。

　フリーランスのファッション編集者だったナタリー・マッセネットは、女優のサンドラ・ブロックに似た愛らしい女性だ。１９９８年、当時働いていた『サンデー・タイムズ・マガジン』の撮影に使用する小物をインターネットで探しているうちに、彼女は突然ひらめいた。

「高級ブランド品をオンライン・ショッピングで販売するしくみをつくろう！」

　マッセネットはパリのウェスティンで、創業のきっかけについて私に次のように語った。

「それまでは、あらゆるメディアが消費者に『ブランド品を持とう』とたきつけていたのに、実際に手に入れるためには都会にある店にまで出かける必要があった。それよりも、自宅でくつろぎながら高級ブランドを注文できて、一両日中に商品が配達されたら素敵じゃないかしら？　それこそ本当のぜいたくじゃない？」

　彼女は、さっそくビジネスプランを立てた。クリック１回で商品が買えるオンライン・ファッション雑誌をつくる。ネット・ア・ポーター・ドットコムと命名し、「マーチャテインメント――買い物とエンターテインメントを組み合わせたレジャー」と表現した。

　具体的には、ショールームに行って卸値価格で服を注文するバイヤーを雇い、それを彼女が定価でオンライン販売する、というウェブ上でのビジネスだ。人々の興味を引きつけるために、ウェブマガジンの体裁をとり、「ここで販売する商品がいかに特別なものであるかを読者に訴える」記事を掲載したと彼女は説明してくれた。

　マッセネットはインターネットについては素人だったが、ファッションとマーケティングには通じていた。ＬＡで生まれ、通信社の海外特派員から映画の広報宣伝に転じた父と、シャネルのショールームでモデルをしていた母との間に生まれた彼女は、パリで育ち、ＵＣＬＡで英語を学び、映画制作アシスタントとして働いていた。1990年、25歳の彼女はLAの友人のファッション製作会社でスタイリストを始め、3年後に『ウィメンズ・ウェア・デイリー』のファッションエディターとなり、スタイリングからアカデミー賞授賞式などのイベント取材までこなした。1995年、ロンドン在住の投資銀行家、アーノード・マッセネットと結婚した彼女はロンドンに移住、雑誌『タトラー』のファッション担当シニアエディターとして「ハイファッションを購入する消費者について学んだ」。1998年にフリーランスとなり、『サンデー・タイムズ・マガジン』で仕事を始めた。

ネット・ア・ポーター・ドットコムのアイデアを練ったマッセネットは、これまで仕事をしてきたデザイナーに連絡を取りながら、『タトラー』や『サンデー・タイムズ・マガジン』にも参加を呼びかける。最初に契約したブランドは、ロンドンに活動拠点を置くジミー・チュー、バーバリー、マシュー・ウィリアムソン、アニヤ・ハインドマーチだった。35ほどのブランドを集めたところで、投資先を探し始めたが、これは簡単にはいかなかった。

そこで友人や家族から100万ドルを集め、チェルシーに古風なスタジオを借りた。スタッフは5人。「最初はあぶなっかしかったわ」という。

当時の高級ブランド業界は「ネット販売」というやり方を好ましくは思っていなかった。ブランドの経営幹部たちは、ネット販売を下流の売り方だと見下していたのである。

それにブー・ドットコムの大失敗というマイナス要素もあった。

ブー・ドットコムとは、1990年代後半にスウェーデン人の起業家3人が、トレンディなスポーツウェアのネット販売を手がけるために興した会社だ。同社は『フォーブス』や『フィナンシャル・タイムズ』といった影響力のあるメディアで大々的に取り上げられ、ベルナール・アルノーのような大物から支援された（驚くべきことに、アルノーには〝コンピュータおたく〟なところがあり、ヒマなときにはネットサーフィンをしていると伝えられている)。この時期、彼は多くの起業家を支援するヨーロッパ・アット・ウェブ社という投資ファンドにポケットマネーから5億ユーロを投じた。ファンドが支援している企業のなかにはオンライン・オークションのQXLや、フランスの検索エンジンのノマド、音楽のネット販売を行うピープルサウンド・ドットコムがある。

だが、ブー・ドットコムは経営が杜撰《ずさん》だった。ロンドン、ニューヨーク、パリに豪華なオフィスを設け、420人もの従業員を雇うなど経費をかけ過ぎ、開業に莫大な資金を投じた。創業者たちの暮らしも派手で、彼らはプライベートジェットやコンコルドに乗り、リムジンで移動し、おしゃれな四つ星ホテルに宿泊した。1999年5月のオープン時には宣伝費に4200万ドルをかけ、映画監督のロマン・コッポラにテレビCFを制作させている。

ところがブー・ドットコムは立ち上げからわずか6ヵ月後、クリスマスの7週間前に技術的に失敗する(サイトにアクセスできたのは25%以下という有り様だった)。その上、収支も破綻した。会社は毎月700万ドルの赤字を垂れ流し、最高で月110万ドルしか売上げがなかったため、支援者は次々と援助を打ち切った。2000年5月、ついにブー社は倒産に追い込まれ、会社は整理された。創業者たちは2年間で1億3500万ドルを使い果たした計算になる。

一方、ブー社が崩壊しても、アルノーはインターネットでの小売りをあきらめなかった。それどころかますますのめりこんだ。ヨーロッパ・アット・ウェブとLVMHの個人的な資金から、新たに1億ドルを、サンフランシスコを拠点とするイーラグジュアリー・ドットコムに投じ、LVMHブランドの商品販売に専念させた。さらにアルノーは、ネット上に高級商品のデパートをつくり、各階ごとにちがうブランドを置く、というアイデアまで打ち出した。20ドルのディオールのリップスティックから、2万ドルのヴィトンのトランクまで、あらゆる商品をネット販売し、フェデックスの世界配送網の中心であるテネシー州メンフィスにある倉庫から発送する……というアイデアだ。

サイトへの定期的訪問者を獲得すべく、アルノーと彼のチームはマッセネットと同じアイデア——ネット上でウェブマガジンを発行し、ブランドの情報を提供する——を考えついた。小売店と同様に、ウェブマガジンも高級にする——『ヴォーグ』に匹敵するファッション誌だ。一流雑誌から編集者やジャーナリストを引き抜き、雑誌づくりにあたらせ、経費も惜しみなくつぎ込んだ。「『セレブの美貌の秘密』『ホットなスパ紹介』といった記事の取材に10日間も出張させてくれて、超一流レストランの代金までぜんぶ経費扱いにしてくれた」とイーラグジュアリーの発足当時からいた記者の1人は言う。「取材費を聞けばめまいが起きるかも」

イーラグジュアリーは2000年6月に立ちあげられた。他の似たようなサイトもほぼ同時期にオープンしている。高級ブランド商品をオンライン・ショッピングする、というアイデアは完璧だったが、順調に回転し始めるまでには時間がかかった。

すべてのサイトが生き残ったわけではない。ラックスルック・ドットコムと、ラグジュアリーファインダー・ドットコムは2001年に経営が行き詰まった。アルノーがつくったイーラグジュアリーも同様だった。以前のブー社と同じく、経費を莫大にかけ過ぎ、収支が合わなくなるという過ちをおかした。まもなく同社は高級感を大々的に圧縮した。おしゃれな包装をやめ、商品を返却する費用を客に負担させ、編集内容も薄めた。最終的に、ウェブマガジンはきれいさっぱり消え、イーラグジュアリーではオンライン・ショッピングだけが残ったのだった。

結局、繁盛したのはマッセネットのネット・ア・ポーターだけだ。「私たちは小規模であり続けたので、市場とともに成長していくことができた」と彼女が言うように、諸経費を引き締め、スタッフは少数精鋭主義を貫いた。バイヤーの中心、ソージン・リーは、イタリアの高級レザーグッズ・ブランド、ボッテガ・ヴェネタとシャネルで働いた経験を持つ。ウェブマガジンの記事は情報満載で、サイトの更新も迅速――ロンドンでは毎日、世界中のサイトでも72時間以内にアップされる――など、サービスは万全だ。

「商品は、ただクッション封筒に入れて発送というわけではありません。スタッフの女の子がアイロンをかけた白い布袋に入れ、袖には薄紙を入れてつぶさないようにします。箱も手作りの、破損しにくいものを使用しています。ネット・ア・ポーターを、店頭販売に対して少しでも競争力を持つよう工夫をしていかねばなりません」

会社の宣伝は、主に口コミと雑誌メディアに取り上げられるパブリシティ記事に頼っている。

「『ヴォーグ』は、私たちが世界一シックなブティックだと紹介してくれたの」と誇らしげにマッセネットは語った。グーグルのような検索エンジンやアフィリエイト・サイトの台頭で、ネット・ア・ポーターの露出は増えた。売上げは毎年倍々で増えており、毎月新しい取引先も増える。上昇気流に乗るために、何度も緊急資金調達に走らなければならなかったという彼女は、「ブー・ドットコムの何分の一かでも資金があればいいんだけどね」と笑った。

２００２年、ネット社に救いの女神が舞い降りる。クロエのＣＥＯ、ラルフ・トレダーノがファッション小物のネット販売に同意したのだ。これが当たった。クロエの親会社、リシュモンはそれまで基本的にオンライン・ショッピングに距離を置いていた。マッセネットは1個１０００ドルする人気のシリーズ、「ブレスレット・バッグ」を50個仕入れたが、３週間以内に２０００個分のウェイティングリストができた。トレダーノはこの結果をいたく喜び、サイト内にクロエの公式オンラインストアをつくった。２００４年、ネット社は約２２００万ドルを売上げ、初の黒字になった。以来、毎年黒字を続け、倍々で伸びている。

２００６年、同社の売上高は７０００万ドルに達した。会社は、毎日１００人ほどの新規顧客を世界１１０ヵ国から獲得し、１人当たりの平均注文金額は８５０ドルにのぼる。顧客層もジェットセット族から中間マーケットの消費者まで幅広い。顧客割合は、43％が英国で、以下北米27％、欧州大陸が15％、極東８％、中近東７％という内訳になっている。

最大の売上げを占めるのは、靴やバッグではなく既製服だというから驚く。また、多くのブランドにおいて、ネット社での定価はデパートでついている定価よりも高いが、それはブランドにより多くの利益が入ることを意味する。

同社はいまだにスリムな経営を維持している。従業員は２５０人で、宣伝はほとんどしない――してもオンラインのバナー広告がメインだ。たぶんマッセネット自身が会社の最大の広告塔だ。そのファッションセンスと美貌でファッション誌のグラビアに頻繁に登場し、ネット・ア・ポーターの名前がキャプションに入る。私が会ったとき、彼女はクロエのタイトスカートに黒いＴシャツを着て、チョコレートブラウンのセリーヌのカーディガンをはおり、マルニのヒールを履いていた――「全部ネット・ア・ポーターで販売しているのよ」と誇らしげに言った。

ネット社の成功は、オンライン・ショッピングにうさんくさげな目を向けていた高級ブランドの経営幹部を目覚めさせた。２００５年からルイ・ヴィトンとクリスチャン・ディオールはフランス、ドイツ、英国でオンライン・ブティックをオープンした（米国ではイーラグジュアリー・ドットコムにリンクする形になっている）。エルメスは２００２年に米国でオンライン販売を始め、２００５年にはフランスでもスカーフや香水といったベーシックな商品を販売し始めた。グッチ・グループも２００３年からアクセサリーのオンライン販売を、２００５年からボッテガ・ヴェネタもオンライン販売を開始している。

高級ブランドのネット販売の開始は時宜を得ていた。マサチューセッツ州ケンブリッジのインターネット調査会社、フォレスター・リサーチは、２００５年11月の時点で、欧州では３９００万人が服をネットで購入し、２００９年には倍の７３００万人に増加、アパレルの売上げ全体の18％を占めるまでになるだろうという予測を発表している。アナリストは２００９年までに米国のアパレル製品のネット販売は１４０億ドルに達し、コンピュータや電子製品を抜くと予測している。フォレスター社は、高級ブランドは「オンライン上で販売ルートをつくる以外ない」と結論を出している。

マッセネットにとって、オンラインで高級品を販売する未来は「大衆の個性化」と呼ぶべき時代になるという。

「グレイのドレスが気に入ったけれど、色は赤にしたいと思うでしょ。私たちはブランドに働きかけて赤をつくらせ、お客さまにお届けすることができる。１０００人の女性が〝赤が欲しい〟と言えば、ビジネスとして成り立つわね。これからのネット販売は、欲しいものずばりを消費者に提供することになる。５年以内にそういう時代になるはずよ」

彼女のアイデアは別段新しいものではない。ネット社はデパートの古典的な販売方法を現代的な方法に置き換えたものだ。高級品販売の基本原則が生きていることを、同社の成功は証明した。新勢力の小売業者が中間マーケット向けに販路を広げつつ、限られた数量を販売することで、ブランドのイメージを傷つけることなく大きな儲けを得られる、という考え方だ。

しかしながら、高級ブランド自身が大衆市場に乗り出せば――つまり、あらゆる種類の商品をそこいらじゅうにあるアウトレット・モールやウェブサイトで売れば――職人技で丁寧につくられた価値には傷がつく。そうなればブランドはどこにでもある陳腐な存在になってしまう。もはや「高級品」ではない。

民主化の代価

バーバリーの前ＣＥＯであるローズ・マリー・ブラヴォが１９９０年代後半に高らかに宣言したように、平均的消費者をつかみ、夢を与え、「民主的な高級品」をつくることは、ビジネスとしてすばらしいことだった。だが、高級ブランドにとって大衆市場への進出にはマイナスの側面もあった。

もっとも顕著なマイナスのひとつは、ビジネス用語では婉曲に「商品逸失」と呼ばれる「盗み」の増加だ。高級ブランド各社は倉庫や在庫商品数を増やしたことで、盗難に対して脇が甘くなった。「犯人の筆頭は会社の従業員だ」と、フロリダ大学が毎年まとめているナショナル・リテイル・セキュリティ・サーヴェイ（米国小売治安調査）が明らかにしている。また、客が商品をコートやバッグの中に隠して店外に持ち出す万引きも問題だ。高級ブランドで史上もっとも有名なアマチュアの万引きによる逮捕者は、２００１年にビヴァリーヒルズのサックス・フィフス・アヴェニューで、グッチのドレスやドルチェ＆ガッバーナのバッグ、マーク・ジェイコブスのトップスなど、５５００ドル相当の商品を万引きした当時29歳の映画女優、ウィノナ・ライダーだろう。彼女には3年の保護観察期間と1万ドルの罰金、４８０時間の社会奉仕が課せられた。

ただし、この種の盗みは管理可能だ。ブランド各社は単純に防犯カメラと警備員を増やして対処している。むずかしいのはプロによる組織的な窃盗の激増である。

「もはや商品を1～2個盗むといった普通の万引きではない。大量に盗み、故買商や地下組織のブティックで売りさばくんだ」ヴァージニア州アレクサンドリアの刑事、ジョー・モラッシュは言う。犯罪者の中には個人客に雇われて盗む者もいる。ミネソタでは、歯医者がプロの泥棒にカネを払い、高級クリスタルのブランド、バカラやシャネルの服など25万ドル相当の商品を盗ませるという事件が起こった。盗品のなかに依頼した品とは異なるスーツがあったので、わざわざ泥棒に返させた（しかも、新たにアルマーニを盗ませた）ことから発覚し、逮捕されている。

組織的な窃盗の多くは、ラテンアメリカからやってきた窃盗団によるものだ。ニューヨーク、ワシントンやシカゴへと移動し、大量に盗んであちこちのブティックに卸す。彼らは大量の商品をすばやく盗む。

もちろん、ときには危険な強盗もいる。ボストンにあるヴェルサーチのブティックは、2人の武装した強盗に襲われ、75万ドル相当の時計と宝飾品を盗まれそうになったが、強盗が逮捕されて未遂に終わった。強盗の1人は38口径の拳銃で従業員の顔を殴り、17針を縫う重傷を負わせた。

プロの泥棒は、アルミホイルやダクトテープを買い物袋の内側に張って防犯アラームを混乱させたり、人目には触れにくい通用口から逃走したりといった巧妙な手口に慣れている。あらゆる商品を服の下に入れて持ち出す「ガードル窃盗団」という連中もいる。引退した万引き常習犯、ジェラルド・デュプリーは『タイムズ』で次のように語っている。

「私の知っているある泥棒は、ガードルの下にミンクを丸ごと入れてたよ。ほら、宝飾店の売場カウンターには、ラックにぶら下がってチェーンが陳列されてるだろ。そこにかかっているすべてのチェーンを、一瞬で袖の中にすべり込ませることができるヤツもいたよ」

店舗ではなく、発送場所からの盗みも増えている。「カーゴ泥棒」と呼ばれる、配送トラックごと盗まれる件数も上昇中だ。高級ブランドのショールームやファッション雑誌の倉庫に忍び込んでサンプルを盗む泥棒も多い。

「明らかに趣味がいいんだ」

『ナイロン』のファッション・ディレクター、マイケル・カールは、編集部からプラダやシャネルなど15点が盗まれたときに思わず感心してしまったという。

「短い時間でさっと見て、手際よくいちばんいいものを選んで盗んでいったんだよ」

民主化・大衆化によって高級ブランドが抱えることになったもうひとつの問題は、ありがたくない客やファンまで惹きつけてしまったことだ。すべてのブランドが、広告宣伝やセレブの衣装や売場の拡大によってつくりだされた中間マーケットのブランド熱を歓迎しているわけではない。

たとえばバーバリーは、前CEOのローズ・マリーが「すべての人に高級品を」と大言壮語したにもかかわらず、中間マーケットがバーバリーを愛好することを喜んでいなかった。英国では数年前から「チャヴス」（ルーマニアの言葉で「子ども」を意味する）と呼ばれるストリートギャングのサブカルチャーが注目を集めている。たいてい高校卒の若者たちである彼らチャヴスは、小さな町のショッピングセンターにたむろし、タバコを吸い、通行人を脅す。ぶかぶかのトラックスーツにごついゴールドのジュエリーをぶらさげ、バーバリーのチェック柄をいたるところにつける――それが彼らの典型的なユニフォームであり、そのことがバーバリーの経営幹部たちを歯がみさせている。

チャヴスは1世代前のパンクと同じ「郊外の無軌道な悪ガキたち」だと、サンフランシスコのブランド・コンサルタント、ルシアン・ジェイムスは『ニューヨークタイムズ・マガジン』に語った。

「70年代のパンクはシンナーを吸っていたが、現代のチャヴスはマクドナルドの前に座りこみ、バーバリーの帽子をかぶっているだけだ」

チャヴスは自分たちのカルチャーに誇りをもち、ヴィクトリア・ベッカムや、人気テレビドラマ『イーストエンダーズ』の女優、ダニエラ・ウェストブルックなどを自分たちのアイドルにしている（ウェストブルックは全身バーバリーのチェックをつけ、バーバリーの服を着た赤ちゃんをバーバリーのバギーに乗せて買物しているところを目撃されて以降、「チャヴスの女王」の名を授けられた)。チャヴスがいちばんこだわっているのは、バーバリー・チェックの野球帽だ（バーバリーがこの帽子の生産を中止すると、チャヴスは偽物を買い始めた)。

一方、米国ではラップミュージックのサブカルチャーとして、ラッパーたちが各自お気に入りのブランドロゴが入った製品への強いこだわりを見せ、ブランドを歌で、ステージで、またミュージックビデオでさかんに宣伝している。カニエ・ウェストは「あたしはコン、ルイ・ヴィトンはドン。ママにバッグを買ってやった。ママは今ではルイ・ヴィトン・ママ」とラップで歌った。

１９８０年代、ヒップホップの草創期、ハーレムやブロンクスのストリートキッズはグッチ、ディオール、ルイ・ヴィトンやシャネルのロゴをとり――当時はブルジョワ白人の奥様のための非常に保守的なブランドだった――Tシャツ、スウェット、野球帽に派手な色でプリントし、ヒップホップのクラブや街角で着てはパロディにしていた。

「何もかもとてもマンガチックだった」というのは、ニューヨークのポップカルチャー雑誌『ペーパー』の共同編集者、キム・ハストレイターだ。

「社会的ステータスの価値を低落させる格好いいやり方だった。えげつないものじゃなかったよ。白人のステータスを奪い、その雰囲気をはがしてしまうものだったんだ」

高級ブランドが時代のトレンドを理解したのもそのころだ。シャネルのデザイナー、カール・ラガーフェルドはCの文字を組み合わせたシャネルのロゴを、ハーレムの悪ガキたちのやり方――大ぶりのネックレスにつけたり、チェーンベルトから下げたり、あらゆるところにプリントしたり――を真似てコレクションに使った。マーク・ジェイコブス、トム・フォード、ジョン・ガリアーノは、ストリート・ファッションを老舗ブランドと組み合わせた作品を発表した。キム・ハストレイターとデヴィッド・ハースコヴィッツは「フォードはすぐさま最高級のコート、スーツなどすべてグッチ伝来のロゴで埋めつくした素材で仕立てた」と書いている（"20 Years of Style : The World According to Paper"）。

ところで、そんなデザイナーたちのいちばんの上客は誰だったか？　それは新興の超金持ちのヒップホップスターたちだ。ショーン・"P.ディディ"・コムズ、ジェニファー・ロペス、ビヨンセ・ノウルズは、フェンディの毛皮をまとい、フレッド・レイトンのダイアモンドをつけ、ディオール、シャネル、グッチ、ヴィトンのロゴがついたものを身につけた。

ロゴ――とりわけ高級ブランドのロゴ――は「俺らが持っていない胸糞悪いすべてを象徴する」、とデフ・ジャム・レコーズ創設者であるラッセル・シモンズは言った。

「俺らは、引き裂きジーンズをはいた、オルタナティブ・カルチャーのロック野郎じゃない。俺らはテレビに出ている金持ち連中が持っているモノを買うけど、自分たちなりのヒネリを入れるんだ。ファッションが人を魅了するのは、一部には、それが成功者の証だからだ。憧れの対象だ。俺はそういうものを身につけてうっとりする。薄汚いカッコよさじゃなくて、身ぎれいなカッコよさだ。そういう文化に組み込まれたいんだ」

もっとも、ブランドの中にはそういった傾向を歓迎する向きもある。ジャンニ・ヴェルサーチはラッパーのトゥパック・シャクールが「刑務所に入ったときも、刑務所から出てきたときもヴェルサーチを着ていた」ことを自慢していた。ドルチェ＆ガッバーナはメアリー・J.ブライジのツアー用衣装を提供したし、ルイ・ヴィトンはヒップホップのスター、ファレル・ウィリアムスを、サングラスの新商品ラインのデザイナーとして起用した。彼らの存在を認め、売上げを伸ばすブランドもあれば、一方で嫌悪感を隠さないブランドもある、ということだ。

そして、高級ブランドの大衆化・民主化が引き起こした最大の問題は、企業としての彼らの財務基盤が不安定になったことだろう――とある金融アナリストは指摘する。

グローバルに中間マーケットへの拡大をはかる以前、高級ブランドは景気に左右されなかった。会社の規模は小さく、先祖代々築き上げてきた資産があるので、短期的な株の下落や景気後退などではびくともせず、どんなときも変わらず気前よく購入してくれるひと握りの富裕層が顧客だった。だが、価格を重視し、流行すれば店に押し寄せるが流行りが過ぎれば見向きもしなくなるような中間マーケットに高級ブランドが主要ターゲットを変えたことで、彼らは景気の浮沈に文字どおり浮き沈みするようになった。高級ブランド業界はやがてその事実に気づくことになる。

1990年代半ば、高級ブランドの経営幹部は躍進するアジアに標的を定め、かの地の貪欲で金持ちの層を新しい顧客のベースとした。

「知名度がある、もしくは知名度が欲しいものはアジアに出て行った。（アジア市場では）1軒店舗を開いたと思ったら、あっという間に5店舗に増えているんだ」

当時ヴァレンティノの経営トップだったジャンカルロ・ジャメッティは私にそう言った。1998年当時、グッチは香港に7軒のアウトレットショップを持ち、そのうちの3軒は半径6ブロック内にあった。プラダは9軒だ（ニューヨークでは対照的にグッチは1軒だけ、プラダは2軒しかなかった）。

だが1997年7月のタイの通貨危機をきっかけに、2年間にわたって経済危機が東アジア全体を襲い、高級ブランド各社は大損害をこうむった。ジャメッティは即座にシンガポールにおけるヴァレンティノの2店舗の建設計画を中止したし、ゼニアも韓国にある4店舗のうち、3店舗を閉鎖した。イヴ・サンローランはソウルのガレリア・デパートから店を引き揚げ、ルイ・ヴィトンは香港店の営業時間を短縮した。当時、グッチの株は1ヵ月で50％も下落し、ＬＶＭＨはわずか4ヵ月間で45％の株の含み損を出している。エルメスの東南アジアにおける売上げは11％落ち、株は14％下がった。

前にも触れたとおり、４年後の２００１年に起こった９・11テロもまた高級ブランドに大打撃を与えた。ＬＶＭＨの純益は２０００年の７億２２００万ユーロから、２００１年には１０００万ユーロにまで激減してしまう。また、鳥インフルエンザ、ＳＡＲＳの流行によって、世界最大市場のひとつである香港では６週間にわたって店舗が休業に追い込まれた。その後も、高級ブランドの経営者は、海外からの観光客を大幅に減らしかねない鳥インフルエンザには、神経をとがらせる状態が続いている。

高級ブランドが顧客ターゲットを広げたことにより、それまで中間マーケットをターゲットにしていたＺＡＲＡ、ＧＡＰ、Ｈ&Ｍ、バナナ・リパブリックには追い風となった。彼らは高級ブランドの店の隣に店舗をかまえるようになった。

「カジュアルウェアのアバクロンビー&フィッチが５番街と56番地の角にあるプラダの隣に店をかまえる日がくるとはね」

マンハッタンで高級小売店に特化した不動産業を営むアイザックス&カンパニー社長のジョエル・アイザックスは感慨深げに語る。

こうした高級ブランドとカジュアルファッションの融合は、かつてはシックなショッピング街だった５番街に観光客を引きつけたのみならず、もっと地元に密着し、ブランドに惜しげなくカネを使う客のいそうな、ニューヨークの他の地域や、金融街、ロサンゼルスのメルローズ・プレイスなど、新しいエリアへと進出するきっかけをつくった。

現在、ロデオドライブには１軒の銀行もガソリンスタンドもドラッグストアもない。そのかわり、高級ブランドのファッション店35店舗、大手宝飾店20店舗、最高級アートギャラリー６店舗が、全長およそ５キロ、３ブロックにわたって軒を並べている。

２００１年の数値では、およそ１４００万人がロデオドライブを訪れ、１日に平均１００万ドルのカネを落としたという。

「もう、ロデオドライブに店を出したいとは思わないね」ニナ・リッチ、キャロリーナ・ヘレラ、パコ・ラバンヌといったデザイナーブランドを抱えるプイグ・ファッション・グループ社長、マリオ・グラウゾは言った。

「あそこは、もはやショッピングをするところではなくなっている。大型バスで乗りつけて、店の前で写真を撮り合う人々の1人にはなりたくないだろう」

第3部

第9章

偽ブランド品の裏切り

「コピーされることは成功の代償よ」——ココ・シャネル

北京の路上でブランドのコピー商品を売りつける中国人女性。中国の偽造品は増加する一方だ（AP Images）

クリス・バックナーは、昼の12時にゴールドのトヨタ・カムリをロサンゼルス東部のリトルトーキョーにある小さなショッピングモールの駐車場に停め、私との待ち合わせ場所であるスターバックスへと歩いてきた。ＬＡのダウンタウンにある、偽造商品の販売で有名な路上マーケット、サンティ・アレイの巡回に同行させてもらうことになっている。バックナーは高級ブランドのコピー商品の業者を摘発する私立探偵事務所、インヴェスティガティヴ・コンサルタンツの創業者兼オーナー社長である。南カリフォルニア出身の37歳。サーファーのように日焼けした、引き締まった体格のバックナーは、頭の回転が速く、身のこなしが軽やかで、すべてを見通すかのような鋭い視線が周囲に威圧感を与える。21歳で警察学校に入学したバックナーは卒業後、副保安官を経て私立探偵のライセンスを取得、１９９４年に26歳で独立した。自宅の地下をオフィスとし、妻や母親に事務、受付、そして時には秘密調査まで手伝わせ、捜査官としての基本的な仕事をこなしてきた。２００４年11月に私が会ったとき、彼は私立捜査官10名、そして事務アシスタントを４名雇っていた。

ロサンゼルスに本社を構えるジーンズメーカーのゲスが最初のクライアントで、バックナーに「偽造業者を突き止めてほしい」と依頼した。現在バックナーは80以上のクライアントを抱え、業種もプリンター用インクのトナー製造業者から米国映画協会まで幅広い。だが、彼がとりわけ得意とするのは高級ブランドの偽造業者摘発で、現在35以上のブランドがクライアントだ。

彼のやり方は正攻法が基本だ。手がかりとなる情報は、高級ブランド各社から、あるいは情報提供者や警察などの法執行官から得る。プレゼントでもらったグッチのバッグやロレックスの時計を、修理や交換のために店に持っていったら、偽物だと知らされ怒り狂っている女性などからも多くの情報を得るという。バックナーと彼の捜査チームは聞きこみ捜査から証拠を集め、「停止命令」（行政機関が個人や企業に不正行為を停止するよう求める措置）を出し、それでも業者が偽造を止めない場合には、ロサンゼルス市警や他の執行機関に捜査権を引き渡して、逮捕に持ち込む。そのバックナーが魅力的な低音で私に語った。

「麻薬ビジネスのようなものですよ——それくらい汚い。大枚をはたいて偽ブランド品をつかまされる人は大勢いるんです」

サンティ・アレイの雰囲気は開発途上国の屋外市場といった感じだ。あらゆるものが屋台に並べられ、色あせた日よけにもぶらさがっている。聞こえてくるのはスペイン語や韓国語だ。

バックナーが突然、すばやく動く若者の姿に気づいた。

「前を走っていくあの男を見て」私たちの数歩前を歩いていた、白いシャツを着たヒスパニック系のやせた若者が、何度も肩越しに振り返りながら逃げていく。

「あいつは仲間に知らせに行くんですよ」たしかに、その若者はサンティ・アレイに入る角を曲がると、鋭く口笛で合図していた。

「屋上のあちこちに見張りがいて、双方向の無線で情報を知らせあったりするんです。我々の動向をね」

路地に入ると、先ほどの若者は人込みの中にまぎれて姿を消しており、最初に入った店は空っぽだった。数分前までそこでは商売をしていたはずだ、とバックナーは私に説明した。正面入口は開いていたが、店員はおらず、商品のほとんどがズダ袋か黒いゴミ袋に詰め込まれて隠されている。

私たちは別の店に向かった。通りにいた男が店員に口笛を吹き、手を振って合図する。

「たぶん袋の中に手当たりしだいに放り込んで、ずらかるんでしょう」その通り、私たちが店に入ると、陳列棚にあるのはヴィトンの時計と数個のバッグだけだった。床には思い切り詰め込まれたゴミ袋が2つとガムテープの張られた段ボール箱がいくつか置いてある。売り子は小柄な50代ほどの中年女性で、カウンターに立ち、くしゃくしゃにまるめた黒いゴミ袋を神経質そうに抱えていた。バックナーの鋭い眼はその袋にぴたりと照準が合わされた。

「それは何だ?」彼はそう尋ねると、売り子の脇の下から静かにゴミ袋を抜き取った。なかには日本語で書かれた、ルイ・ヴィトン製品のすりきれたカタログが入っていた。

「日本の旅行代理店からもらったんですよ。彼らが店の奥に商品を隠していると〝チャンス〟なんですがね」

偽造商品の歴史

古代ローマ、ギリシャやエジプト、マヤやインカ帝国、そして米国大陸の先住民から中国の古代皇帝にいたるまで、彼らは「誰がその品物をつくったのか」という由来をはっきりさせるために、刻印や印章を残した。中世になると職人は職業別にギルド=組合を結成し、職人個人の印章やサインに加え、品質を保証する証として刻印した。産業革命が始まると、モノにはもはや1人の職人の名前が刻めなくなった。流れ作業で大量生産されるようになったからだ。製品を競争相手のそれと区別し、品質を守るため、企業は自社製品やロゴを商標登録し、一定の品質を保証する品であることを示した。1950年代以降、商標登録やロゴは次第にマーケティングや広告のツールとして利用されるようになり、やがてブランドのシンボルへと発展する。

そして今、ロゴは人間をブランド化する。派手なロゴがついた服やバッグを着たり持ったりすることで、そのブランドのメッセージや価値観――とりわけマーケティング部門によって編み出された夢――を共有する種族の一員であることを示す。高級ブランドのロゴは、たとえ中間マーケットに属する郊外の主婦がクレジットカードで買ったものであっても、彼女が富、ステータスとおしゃれなセンスの持ち主であることを示す。ミウッチャ・プラダは私にこう言っていた。

「この時代にロゴを排除することは到底不可能よ。ブランドの認知を高めることは重要すぎるくらい重要。ビジネスを拡大したいと願えば願うほど、ロゴを利用しなくてはならない」

年間1億ドル以上もの宣伝費をかけてロゴの普及につとめることで、高級ブランド各社は製品そのものよりもブランドを一般大衆の欲望の対象としてきた。残念なことに、彼らは応えられないほどの需要を創造してしまったし、彼らのつくる製品は平均的な消費者が熱望しても簡単には手が届かない。秘書、教師、販売員といった職業で、500ドルのプラダや700ドルのルイ・ヴィトンのバッグを毎シーズン買える人がどれくらいいるだろう？　偽造業者はそこにつけ込み、本物の5～10％の値段で偽物を際限なく供給する。そして高級ブランドがターゲットとする新しい飢えた消費者たちは、そういう偽物を買って買って買いまくるのだ。

偽物の製造は、文明の誕生とともにあるほど古い。ローマ共和国末期、豊かになったローマ人社会では階層間が流動的となる。上流階級に仲間入りする方法のひとつが、貴族階級である元老院議員に受け入れられることだった。政治家で哲学者のキケロは支配階級の仲間入りを切望し、平均的ローマ人の年収が1000セステルス（古代ローマの貨幣単位）だったときに、なんと100万セステルスを支払い、レモンの木を彫ってつくった机を購入したという。すぐにローマの新興成金も真似をして同じようなテーブルをつくろうとしたが、とてもそんな大金を払えない人は安い素材でコピーをつくらせた。彫刻家もまた、新興の小金持ちが家や庭に置く偉人の彫像のコピーを何体もつくった。古代史を研究する歴史家で、ドキュメンタリー映画監督のジョナサン・スタンプが解説する。

「そんなことにカネを使い、表向きだけの見栄をはるようになったのは歴史上初めてだった。古い社会構造は消え、『昔の人は身の程を知っていた』と、元老院議員たちを嘆かせた」

偽造は、近代の奢侈品においても頭の痛い問題だった。ルイ・ヴィトンのチェックやストライプ地を張ったトランクの安い偽造品が出回ったために、1896年、ルイの息子のジョルジュ・ヴィトンは、LとVの組み合わせと日本の花を図案化したものをロゴとして採用した。1948年には、大枚をはたいてクリスチャン・ディオールでオリジナルデザインのドレスを仕立てた女性が、ナイトクラブでまったく同じデザインの服を着た女性と出くわすという事件が起こった。「冗談じゃないわ」女性はさめざめ泣いて訴えた。「これは悲劇よ」

フランス警察は捜査を始め、6年後に偽物を製造・販売した一味を逮捕した。彼らはデザイナーの下で働くパタンナーやお針子を抱きこみ、こっそり偽物をつくっていたのだった。

1970～80年代、偽造は〝三流商売〟だった。あきらかに偽物とわかる高級ブランドの時計、サングラス、Tシャツが路上で安く売られる程度であり、ブランド各社はあまり神経をとがらせる必要もなかった。

だが、2つの事実が状況を大きく変えた。「ブランド品の民主化」と「中国の台頭」だ。

高級ブランドの民主化が始まった当初、経営者たちは、価格を下げたバッグや香水によって中間マーケットの需要は満たせるはずだと考えた。だが、中間マーケットの消費者は「本物」と言っても充分に通用するコピー商品を購入し、欲望を充足させてしまった。これは経営陣にとって想定外だった。そして同時期に中国が資本主義経済に参入し世界の工場と化した結果、偽造がおいしいビジネスだと考える起業家たちを大量に生み出した。この2つ——大規模な需要と大規模な供給——が一致して偽造商品市場に大変革が起こってしまった。

これは高級ブランドに限った話ではない。1993年以降、DVDから薬品まで、あらゆる商品の偽造は１７００％増加したと、イタリアに本部を置く偽造製品取締連合のインディカムは報告する。ワシントンのインターナショナル・アンチカウンターフェイティング・コアリション（ＩＡＣＣ）は、世界の商取引の７％にあたる６０００億ドル相当の商品が偽物だと推定している。１９８２年、国連国際商取引委員会は偽造品と著作権侵害による世界の損失は55億ドルに達するとしたが、１９８８年にはその額が６００億ドル、１９９６年には２０００億ドルまで増加した。２００４年、米商務省は「米国の企業だけで偽造被害の年間損失額は２００億ドルから２４０億ドルにのぼる」と推定した。偽物製造による税収の損失も相当額にのぼるとされ、ニューヨーク市警察長官、レイモンド・ケリーは年間10億ドルの税収を損失していると語っている。

フェラーリからミネラルウォーターまであらゆるものが偽造される今日、ファッション製品は偽造が簡単なだけでなく、売るのにも苦労しないことからもっとも〝人気〟の分野だ。２０００年、グローバル・アンチカウンターフェイティング・グループは世界中で販売される服と靴の11％が偽物だと推定し、世界税関機構は「ファッション産業は年間92億ドル（75億ユーロ）を偽造品によって失っている」としている。

もっとも人気があって儲かる偽造品は、やはり高級ブランドのロゴがついたものだ。偽のルイ・ヴィトンのバッグ、グッチのサングラスやバーバリーのナップサックを、ニューヨークのキャナル・ストリートやＬＡのサンティ・アレイ、マラケシュやイスタンブールのスーク、世界中のフリーマーケット、インターネット、そして米国郊外の街で主婦が小遣い稼ぎに開いている「バッグパーティ」で買うことができる。そして実際売れるのである。

20年前には取るに足らない規模だった偽造品市場は、国際的な犯罪組織が牛耳るまでに大きく成長し、今では麻薬や武器・人身売買、テロ組織にも関与するような暴力団・犯罪集団が仕切る事業になってしまった。FBIは、1993年にニューヨークの世界貿易センターを爆破したテロは、ブロードウェイでコピーTシャツを販売していた1軒の店の売上げが原資になっていた事実を確認している。インターポール（国際刑事警察機構）事務局長のロナルド・K・ノーブルは、偽造品販売の収益が、反イスラエルの組織ヒズボラや、北アイルランドの武装勢力、コロンビアの反政府軍FARCなどに流れていると報告した。2004年3月にマドリッドで起きた列車爆破テロの容疑者の1人は有名な偽造品製造業者だったと、英国に本部を置くアンチカウンターフェイティング・グループは発表している。

捜査官は2001年の同時多発テロと偽造品製造業との関係も確信しているようだ。テロの1週間後、南米にある国境市場では、偽造品を販売していた屋台——なかにはアルカイダが所有・運営していたものもあった——が多数閉店している。2002年初めには、マンハッタンのミッドタウンで中東出身の男が経営する偽高級ブランドの鞄屋が家宅捜索された際、捜査官らは飛行機の運航マニュアル、シミュレーター・プログラム、そして橋の技術概略図を押収した。

「違法偽造品製造から上がる利益は、国際テロ組織の3大財源のひとつです」スコットランド、セントアンドリューズ大学のテロリズム・政治的暴力研究センターの前理事長、マグナス・ランストープはそう断言する。

このような事態に対し、高級ブランド各社が1990年代後半まで何の手も打たなかったのには驚く。黙認していた者もいれば、ルイ・ヴィトンのデザイナー、マーク・ジェイコブスのように「コピーされるのは素敵じゃないか」と私に言った者さえいる。

「私がこの仕事についてから、あらゆるものがコピーされてきた。（そうやって）憧れられる製品をつくっていきたいと思っている」とマーク・ジェイコブスは言った。

「（コピーは）ファッションというゲームの一部だ。私のブランドの製品がコピーされなくなったら、そのほうが心配だ」そう言ったのはプラダCEOのパトリツィオ・ベルテッリだ。

今日、大半の高級ブランド企業では「知的財産の盗難」と彼らが呼ぶ犯罪に焦点をあて、市場を捜査し、中国だけでなく、ロンドン、ニューヨーク、ロサンゼルスや他の流通拠点にも違法の偽造品を製造する工場がないか、徹底的に調べるための法律部門を設けている。

世界でもっとも多く偽造されているブランドのひとつ、ルイ・ヴィトンでは、マーク・ジェイコブスの見方とはまったくちがう見解を持っており、自社に40人の弁護士を抱え、外部の私立捜査官を250名も雇い、毎年1500万ユーロ（1810万ドル）をかけて偽造と闘っている。2004年、ヴィトンは世界じゅうで毎日20件の摘発を行い、1000人の偽造業関係者を刑務所に送った。コピー商品を摘発までして訴える企業も、その努力で摘発できるのは氷山の一角に過ぎないだろうと見ている。だが、いったん手を緩めたら、偽造品は赤潮のように市場を覆いつくすだろう。

サンティ・アレイの誕生

1970年代、アウトレット・モールが現れる前、ロサンゼルスの衣服販売の中心街、サンティ通りの衣服卸業者たちは、店の裏口で売れ残った商品の販売を始めた。これが成功したため、店のオーナーたちは路地に面した裏口でディスカウント品を売る店を開き、路地はサンティ・アレイと名付けられ、年中無休の商店街となった。

1980年代、韓国からの移民がロサンゼルスに押し寄せ、サンティ・アレイの借地権を取得し、路地裏での商売を拡大していった。彼らはTシャツやジーンズをどんどんつくり、損益にこだわらず安く大量に売っておおいに儲けた。今ではサンティ・アレイの地主の多くは韓国人で、彼らは借り手の身元をぜったいに詮索しないこともあり、借地料はロデオドライブ並みに上がっている。

やがて時計やバッグの偽ブランド品が、そういった店の陳列棚に少しずつ並びはじめた。最初はすぐ偽物とバレた。つくりが安っぽかったし、高級感もなかった。だが、次第に偽造品の品質はよくなり、需要も増え、いつしかサンティ・アレイは単なる〝安物市場〟から、LA随一の偽造品市場になった。今では毎日2万〜3万人もの人々が、安い子ども服から偽シャネルのサングラスまであらゆるものを買いにここにやって来る。ロサンゼルスではサンティ・アレイはユニヴァーサル・スタジオ、ヴェニスビーチについで3番目に人気の観光スポットになっているほどだ。

偽デザイナーブランドのTシャツやドレスは商品が非常に頻繁に回転するため、ロサンゼルス近郊のリヴァーサイドやオレンジ・カウンティに住むヴェトナム移民あるいはラテンアメリカからの移民によってつくられている。サンティ・アレイの売り子の中には、すぐ隣のサンティ通りに行ってノーブランドのバッグを2ドルほどで買い、ロゴやラベルを縫いつけて20ドルで売る者もいる。一方、品質のいい偽ブランドのバッグや小物は——なかにはバーバリーのレインコートのようなデザイン性の高い服まで含めて——中国からの輸入品だ。地元でつくられた安物と、最高級品質の偽物が同じ店に並んでいる光景も珍しくはない。バックナーと訪れた、「保護観察期間中」というインド人の経営する店もそんな1軒だった。50歳ぐらいの物腰の柔らかい店主だ。

「偽ブランド品販売は止めろと何度も言ったが、止めないんです」バックナーが言った。

店の商品を見るかぎりでは、まだ止めていなかった。棚にはカラフルなハート柄をちらしたヴィトンまがいのバッグや、「CC」ではなく「OC」のロゴを大胆につけた偽シャネルのバッグなどあらゆるコピー商品が並んでいた。隣には、グッチのラベルがついたレザーバッグが2個置いてあったが、手入れに気づいた店員がすばやくそのラベルをはがしているのが見えた。付箋《ふせんし》紙のようにラベルは「つけ外し」ができるようになっているのだ。

「店主は偽造品を売るべきではないんです。悪いことは悪いし、ブランドの権利は権利です。でも、偽造品を売っているからといって彼らが悪い人間だというわけではない。背後にある組織が卑劣なんですよ。個人レベルの問題ではないので、私は人格を尊重する扱いをするよう努めています」

店から出ると、バックナーは角にある目立たない出入口にひそんでいる情報提供者にこっそり話を聞いていた。私たちが出て行くと、店は「OC」ロゴのOの一部をはがし、ふたたび「CC」に戻しているーー情報提供者はバックナーにそう教え、そしてルイ・ヴィトンの製品に使われる金具の一部を彼に見せた。

「出所を知ってるのか?」

「ああ」

「あとで連絡する」

サンティ・アレイにはあらゆる人間がやってくる。

「地元の判事、警察の関係者や検事だってここでショッピングしますよ。それに高級住宅地のニューポート・ビーチから金持ち連中もやってきます」バックナーの説明に売り手の1人も同調する。

「世界中のあらゆる人たちがここに来る。俺は3日前、大物歌手のチャカ・カーンにシャツを何枚か売ったよ。いま警察の大きな会議が開かれているみたいだけど、警察のお偉いさんの奥さんたちも偽ヴィトンをここで買っているからね」

サンティ・アレイへのツアーでわかったのは、「本物と偽物にちがいがあること」を、人々がもはや信じていないという現実だった。ベルナール・アルノーのマーケティング戦略は効を奏している。消費者はブランド商品そのものを買うのではなく、それが象徴しているものを買う。よくできた偽物ーー本物と見分けがつかないくらいのもの——は本物と同じだと社会的に認知されている。

香港のペニンシュラ・ホテルで見かけたある米国人女性を思い出す。彼女は50代のおしゃれなニューヨーカーで、デザイナーズブランドのパンツスーツにすてきなジュエリーをつけ、シャネルのサングラスをかけていて、1泊500ドルの最高級ホテルに宿泊するのにふさわしい金持ちであることがひと目でわかった。だが、彼女は、つかつかとコンシエルジュのデスクに近づくと、「偽ロレックスのいいものが欲しいんだけれど、どこで買えるかしら？　本当にいい偽物がほしいのよ」コンシエルジュは信じられないという目で彼女を見て「存じません」と答えた。

私は思った。「そのサングラスも、もしかして……偽物？」

中国の偽ブランド品製造現場

サンティ・アレイのツアーから1週間後、私は香港の紅石勘《ホンハム》駅から列車に乗り、北上して広州へと向かった。広州は人口800万人の広東省の首都である。ある高級ブランドの知的財産専門家と、偽造品を調査する地元の私立探偵が付き添ってくれた。

広州は何世紀もの間、国際的な貿易港として栄えたが、中華人民共和国成立後は毛沢東が広東省を重視しなかったこともあり、しばらくは中国のなかでもっとも貧しい省だった。東アジアに詳しいジャーナリスト、ジャスパー・ベッカーは自著“The Chinese”で、同省の1人当たりの国の投資額は、中国全土でもっとも低かったと記している。だが鄧小平が権力を握った1978年から、すべてが変わった。鄧は自身の経済改革を進めるにあたり、広東省をモデル地域にしようと考えた。翌年、彼は国の「1人っ子政策」、すなわち産児制限を、広東省では特別に2人まで子どもを認める政令を出し、同省の税収も中央ではなく自省で使うようにさせた。その結果、稲のように工場が建った。
やがて西側世界で高級ブランドの偽造品の需要が高まるにつれ、この地の合法的な製造業者が年間フル操業で偽物づくりに励むようになっていく。現在、広州は、中国の偽物製造事業の一大中心地である。

中国で偽物製造業者と闘うのは、いくつかの理由で簡単ではない。その最大の理由は、この国が歴史的に知的財産に所有の概念を持っていない点であろう。たとえば、教育を民主化した最初の人物である孔子は、すべての教室に知識を広めるべく、学者の偉大な作品を模写して学べ、と奨励した。中国共産党の指導者が、個人でも企業でも組織でもなく、「国がすべての財産を所有する」と明言しているのも事態をさらに複雑にしている。1978年の経済改革以後、政府は徐々にではあるものの知的財産所有権の概念を受け入れるようになった。最初の特許と商標登録に関する法律は1980年代はじめに制定された。国際商標協会元理事長のフレデリック・モスタートは言う。
「中国では何世紀にもわたって（コピーする）文化を脈々と受け継いできたのに、ある日突然止めるように命じられた。まさに文化的ジレンマを生んだね」

偽物製造の取り締まりは、2004年にワシントンで開かれた「米中商業・貿易に関する共同委員会」での議題のひとつだった。この会議に応えて、中国政府は対策委員会を立ち上げると発表し、2つの新しい対策案を打ち出した。偽造製品を販売した者の刑期を3年に延ばすこと、そして偽物販売で有名な北京のシルクアレイを閉鎖し、偽造品を禁じた新しいショッピングモールを建設することだ。だが、結果はどちらも失敗だった。モールがオープンして3ヵ月後には、国際的な偽物製造組織が入り込み、三流どころの店に占拠されていたモールを配下におさめた。その際、警察に密告したある店主はマフィアのやり方で狙撃された。その直後、米国商務省の代表は、「中国政府の努力にもかかわらず、知的財産所有権侵害は深刻なレベルにあり」、著作権侵害の犯罪率は2001年に同国が世界貿易機関（WTO）に加盟して以降も、少しも下がっていないという見解を発表している。

中国国内の偽造への注意を喚起するために、人気映画スターのジャッキー・チェンが「偽物はもっと高くつく」と題する国際キャンペーンを張った。2005年、その記者会見で、チェンは、自分の面をかぶった偽造グループと戦っただけでなく、ステージ上に設置された偽物販売の屋台にチェーンソーを手に立ち向かい、観光客に扮した俳優の着ている偽物のグッチ、アルマーニ、ヴェルサーチの服をびりびりに引き裂くパフォーマンスを行った。

「コンピュータで本物を簡単にコピーし、手軽に稼げることは、〝偽造〟という、世界で2番目に古い職業を台頭させることになる」チェンが言った。

「コピーは簡単だが、創造はむずかしい」

広州の駅を降り、偽ブランドのレザーグッズの中央卸売市場と化した新興を歩き、同国の偽物製造の実態を目の当たりにした。新興の市場にはエアコンの効いた大きな倉庫がいくつもあり、所狭しと並んだ売店では、偽高級ブランド品があふれんばかりに売られている。ある倉庫ではAAランク――専門家でなければ偽物とわからないほど品質の高いもの――の商品だけを売っている。「偽物製造業者は、オリジナルを入手し、3Dでスキャンして完璧なコピーをつくるための型紙をとっています」と専門家は私に説明してくれた。

市場内の売店はきちんと整理され、ガラスのショーケースに商品が陳列されている。売り子はカタログと名刺を持ち、接客態度も洗練されている。ここで違法行為が行われているとはとても想像できない。太った英国人男性が、中国人の売り子に偽ルイ・ヴィトンのバッグの値引き交渉をする様子を眺めた。モノグラムの財布が18元（2ドル）、クラシックなモノグラムの小型バッグが150元（19ドル）

から交渉はスタートした。１００個以上注文することで価格は30％下がった。私たちと同じ列車で香港からやってきたムスリムの女性たちも値引き交渉をしている。「何と言ってもグッチが問題だ」Ｇをかけあわせたロゴのグッチのバッグがどの店の棚にもゴマンとあるのを指差しながら、その専門家は言った。たしかに、ＬＶのロゴがついた商品と同じくらいどこにでもある。

通りを隔てたもうひとつの倉庫では、品質の落ちる商品が並べてある。あきらかに偽物とわかるもので、わざとブランド名を変えたり、組み合わせたりして――Bosscoやエミリオ・ヴァレンティノといった類だ――タダ同然の価格だ。スーツケース持参でやってくる客や大量に買いつけるガイドらしき姿も見られる。大量発注となれば問題はもっと複雑になっていく。バッグ1万個が発注されると、広州周辺の10の作業所に１０００個単位で振り分けられ、製造されるという具合だ。偽造の現場は逃げ足が速く、２週間も作業すると、捜査を逃れるために作業所をたたむ。仕上げた注文分は、たとえば地元の学校の校庭のような中継地点に置いておき、地元の運び屋（荷台つきの自転車で運ぶ目立たない男であることが多い）が運ぶ。海外への輸出、いわゆる密輸は、専門の船荷業者が船便のコンテナに入れて目的地まで発送する形をとる。税関の検査を通すために、食料や合法に製造された衣服と一緒に梱包されることが多い。ときには品物（とくに時計）は部品ごとに分け、もしくはラベルやロゴをとって発送され、目的地にある秘密作業所で違法移民によって元どおりに組み立てられる。業者を仲介するたびに、品物の価格は2倍になる。すべてが現金取引だ。

かつて香港が「密輸」第1の港だったが、船積み運賃が上がり、採算が取れないために、現在では中国の港から直接船積みされるケースが増えている。主に上海、大連、広州の港だ。出港元を変えるために「洗浄港」として、たとえば韓国を経由した後、日本、米国、欧州へ運ばれる。中国から直接発送された貨物は厳しくチェックされるからだ。

税関職員の調査で偽物が発覚することもある。2004年6月、米国移民税関執行局（ICE）は12人を逮捕し、コンテナ6個を押収した。いずれも中国から米国に輸送された2400万ドル相当の偽ブランド品だった。容疑者は1週間に2個ずつコンテナを輸送し、コンテナ1個につき200万ドルから400万ドルの利益を上げていたとICEは発表した。また、同じ月には中国人男性17人がニュージャージー州でICE職員にわいろを渡し、偽高級ブランド品が詰め込まれた30個のコンテナの通関をはかった容疑で逮捕された。品物はニューヨーク市の小売商や露天商に販売される予定になっており、キャナル・ストリートの最大勢力のギャング団、リ・オーガナイゼイションに属する密売人たちが、儲けを何千ドルも中国に送金していた。

米国が把握する中国産の偽ブランド品は、2005年から2006年にかけて倍の1億2500万ドルに増加し、中国・香港から輸送される偽造品は米国税関・国境警備局の知的所有権侵害摘発件数の9割を占めるまでになっている。欧州でも事情は同じだ。摘発された高級ブランド偽造品のほぼ4分の3は中国・香港の港から発送されたものだからだ。

税関で摘発される偽造品の量は増加しているが、大半はそのまま輸入されている。船積みコンテナは港から直接トラックに積まれ、保管用の倉庫に運ばれるか組み立てのために作業所に運ばれる。作業所で働く人間の人身売買の問題が絡む場合も多い。作業所で働かされるのは、売られてきた人々であり——児童であることも少なくない——自国から「密輸入」されたり、密入国してきた人々だ。作業所が置かれている安アパートに連れて来られ、しばしば監禁状態にも置かれる。

「ブルックリンにあったスウェットショップ（搾取工場）の手入れに同行したとき、不法労働者が狭い穴倉に隠れていた。彼らは恐ろしく不潔で、年齢もわからないほどやつれていた」

ケイト・スペードの副社長で顧問弁護士のバーバラ・コルサンは私にそう語ってくれた。

こうして犯罪組織は偽造したブランド品をキャナル・ストリートやサンティ・アレイの卸売市場に運び、それを観光客やフリーマーケットの露天商やバッグパーティを開く主婦たちが買っていく。偽ブランド品の売買は〝犠牲者のいない犯罪〟だと信じている一般市民が市場を支えている。

貧しい子どもがつくる偽ブランド品

広州で昼食を食べてすぐ、私たちは中国の警察署へと車で向かった。警察官は大半が30代から40代で、愛想がよく礼儀正しく、私たちに緑茶をふるまいながら、偽造摘発の最近の実績向上について自慢気に語った。やがて署長が現れ「街の外れに偽造品をつくっている作業所がある」というタレこみがあったと伝えた。情報提供者は大家だ。大家は偽造品製造業者から家賃全額を現金前払いで受け取って貸し、警察に通報して密告料を受け取り、手入れ後にふたたび別の業者に貸し出す。「この商売に倫理なんてものはないんです」専門家が私に言った。

警官たちはホルスターをつけ、うち2～3名は防弾チョッキも着用した。作業所のオーナーが武装したり、殺し屋を雇うケースもあるからだという。

私たちは全員階下に降り、警察のヴァンに飛び乗って目的地まで急行した。工業都市の広州はスモッグで前方が見えないほどで、おまけにすさまじい渋滞だった。

車両が白いスタッコ塗りの安アパートの中庭に駐車した。飛び降りた警官たちは銃を抜き、外階段をすばやく最上階までのぼってバルコニーを身軽に飛び越え、目的の部屋を窓越しに確かめ、ドアを確認して突入した。そして安全を確かめた後、私たちに上がってくるよう合図した。

散乱しているコーク缶やゴミを踏み越えながら鉄製の階段を上がって最上階にたどりつくと、接着剤の刺激臭が鼻を刺した。作業所になっている広い部屋の窓には格子がはまっていて、8歳から14歳ほどの中国人の子どもが25人ほど、合板の作業机のまわりに立っていた。机の上には古ぼけたミシン、レザーの切れ端、接着剤を入れた壺や、ヴェルサーチ、ボス、ダンヒルという文字が読めるスタンプがいっぱい入ったクッキー缶が置いてある。部屋の隅に置いてあるいくつもの大きな段ボール箱の中には、偽ブランドものの黒いレザーバッグがいっぱい詰まっていた。私はそのひとつを手に取って調べた。使われている素材は粗悪で、裏地はビニールで、縫い目は不ぞろいだ。安物の偽造品だった。

警官は子どもたちに1列に並べと命じた。彼らは混乱した表情を浮かべた幼い顔で私たちのほうを見つめたが、その目は疲れ切っていて悲しげだった。なぜ作業を中断させられたのか理由もわかっていない。連行されるとき、賃金の支払いを期待してタイムカードを押すために立ち止まった子どもが何人かいた。ドアのすぐ脇にある小部屋にいた中年の男性オーナーと、作業所を管理している30代の女性をにらみつける子どももいた。オーナーが現場にいることはめったにないと捜査員は言った。警官はその2人を逮捕し、バッグ、ミシン、原材料などその場にあった何もかもを箱に詰め始める。1台のトラックが中庭に入ってきて、すべてを積み込んだ。スクラップ場まで運び、ただちに廃棄処分されるのだそうだ。警察は1日に最低でも2件はこういう手入れをするという。

現場を立ち去るとき、子どもたちがバルコニーから私たち目がけて残骸を投げつけてきたために、私は頭を保護しながら、中庭を突っ切ってヴァンまで全速力で走らなくてはならなかった。彼らにとって警官は悪者だ。作業所で働く多くの子どもたちは、地方の家庭から労働力として親に売られてきている。かつて彼らは地方から列車に乗せられ駅で業者に出迎えられていたが、最近では警察が駅に張りこむようになったこともあり、今では、夫婦を装って地方から子どもたちを直接工場に連れてくる人間が雇われている。地方では、「都会に行けばもっといい暮らしができる」と信じてわが子を売る親も少なくない。児童の人身売買は中国では大きな商売になっている。

偽造品製造工場で働く子どもたちは、たいていオーナーの家で暮らしている。私が目撃した手入れのときにいた子どもたちも、中庭を隔てた薄汚い宿泊所に寝泊まりしていた。工場が手入れを受け、オーナーが逮捕されれば、子どもたちは仕事ばかりか住むところも失ってしまう。家宅捜査に何度も立ち会ったある捜査員などは、児童労働者たちのあまりにも悲惨な境遇に心を動かされ、同僚とともに寄付を募り、行き場を失った子どもたちを学校に通わせ、教育費や生活費を援助していた。

時にはぞっとするケースもある。家宅捜査が終わって引き揚げて来る途中に、ある警官が話してくれたエピソードは強烈だった。

「2年前、タイのある組み立て工場に行ったとき、10歳以下の6～7人ほどの子どもが床に座って偽ブランドのバッグをつくっている姿を見ました。オーナーは彼らの脚の骨を折った上、膝から下を太ももに縛りつけてわざと治らないようにしていたんです。『外に出て遊びたいと言いださないようにやった』と言ってました」

悪意なき犯罪――「バッグ・パーティ」

ニューヨーク在住の警備の専門家であるアンドリュー・オバーフェルトと弁護士のヘザー・マクドナルドは、２００４年のある日、マンハッタンのキャナル・ストリートにある偽造品を違法販売する店の摘発に加わり、小柄なブロンド女性が警官の前でヒステリックに泣きわめいている姿を見た。彼女は強いテキサス訛りでマクドナルドに訴えた。

「初めてニューヨークに来てこれよ。ひどいわ！　私の持ち物を返してよ！　こんなとこ二度と来ないわ！」

マクドナルドは、彼女が言う「私の持ち物」とはいったい何なのかを警官に尋ねた。

「そしたら、その女が同じバッグを58個持っていたっていうのよ」信じられない、という顔でマクドナルドは私への話を続けた。

マクドナルドがダメだと告げると、女性は悪態をついていったんはその場を立ち去った。が、５分後に戻ってきたときには涙は乾いていた。

「今、弁護士に訊いたら、法廷出廷日が決まっていなければ没収はできないと言っていたわよ。だから、これは持っていくわ！」。きっぱりと女性は言った。

「ダメです」マクドナルドも負けてはいなかった。「バッグは差し押さえます。法廷で会いましょう」

２週間後、マクドナルドは再び、キャナル・ストリートの手入れに加わった。

「そしたら何を見たと思う？　同じテキサス女よ。だから言ってやったわよ。『あら、二度とここには来ないって、たしか言ってたわよね』。そしたら彼女、何て言ったと思う？」

「何て言ったの？」

「うるせえ、くたばれ《バイト・ミー》！」

私は思わず爆笑してしまった。

「ああいう女がバッグ・パーティの常習者にちがいないわ」

〝バッグ・パーティ・レディ〟と呼ばれ、業者から偽ブランド品を仕入れ、郊外の一般住民に売りつける女性たちは、偽造品製造販売のシステムにおいて、麻薬ディーラーのような役割を果たしている。ティーンエイジャーが友人の家に集まり、お小遣いやベビーシッターで稼いだカネでマリファナのタバコを買うのと同じように、女性がホームパーティのように集まり、おしゃべりしながら偽ヴィトンや偽グッチのバッグを買うわけだ。ホステス役となるバッグ・パーティ・レディの儲けは大きく――通常投資額の倍で売る――米国内国歳入庁（IRS）にタレこまれて、税金を支払わせられることはめったにない。ニューヨーク州ロングアイランドに住む弁護士の妻、ヴァージニア・トッパーもその1人だった。2003年に逮捕されたとき、下着の入っている引き出しと家の前に停めたジャガーに彼女は6万ドルを隠していた。有罪判決が下り、無料で掃除などをする地域奉仕が申し渡された。

バッグ・パーティ・レディの大半は偽ブランドのバッグの売買を犯罪とは思っていない。それゆえ、チャリティや寄付金募集行事の一環として、教会やシナゴーグや学校でバッグ・パーティが開かれることもよくある。アンチカウンターフェイティング・グループの調査によれば、聞き取り調査に答えた人々の3分の1は「品質がよければ偽物とわかっていても買う」と答え、29%が「買った人に害が及ばなければ偽ブランド品を売るのは悪いことではない」と考えていた。

もっと手の込んだ犯罪もある。偽物を本物だと言って店に持ち込むのだ。バックナーは、あるプロスポーツ選手の妻が北カリフォルニアのブティックで、偽ブランドのバッグを1個1800ドルで数個売った、というタレこみのあった事件について教えてくれた。バックナーが自分の事務所の私立探偵にそのバッグを2個買わせ、ブランドの本社に本物かどうか確認をとった。「バッグは全部AAランクの偽物だったんですよ」バックナーは言った。

2003年、グッチはウォルマートが偽グッチのバッグや財布を本物と偽って複数の店で売っているのを発見した。グッチはニューヨークの弁護士のスティーヴン・ガースキーを雇い、店のバイヤーが卸売業者や中間業者に商品の出所を確かめず、本物として販売していた事実を突き止め、この行為が「故意の無点検売り」にあたるという容疑を追及した。似たようなケースはたえず起こっている。ガースキーはトミー・ヒルフィガー、カルヴァン・クライン、ディーゼル、ナイキなど数々のメーカーからの依頼で、ウォルマート、コストコといった大手小売店が「故意の無点検売り」をしているケースを何件も扱ってきた。一般的にブローカーは、手に入れた商品は何であろうと売りさばく。

「従来は、ブローカーがブランドメーカーのパソコンを売ったようなケースを扱ってきたが、今では取り扱いが多いのは断然偽デザイナーズブランドの服なんだ。しかもバイヤーは少しも疑っていない」

このグッチのケースでは、ウォルマートに卸した女性ブローカーがラスヴェガス・オフプライス・スペシャリスト・ショーという、割引価格でアパレル製品やアクセサリーを仕入れることができる全米最大の見本市で、信じられないほどの安い価格でグッチのバッグと財布を大量注文したことが発覚する発端だった。

女性ブローカーは「イタリア語を話すブースの担当者が、てっきりグッチの従業員だと思い、だから本物だと思いこんだ」と証言したが、実際には彼らはイスラエル人でヘブライ語をしゃべっており、偽ブランド品をルーマニアにある工場から買い付けて売っていた。後に一味はマイアミで偽造品を売っているところを逮捕されたが、結局、グッチは女性ブローカーとウォルマートの双方を訴えた（両者とも裁判の直前に和解）。

「偽ブランド品を名の通った小売店で販売するのは、買い物客が偽物だとわかって買っているキャナル・ストリートで販売するよりもタチが悪いよ」ガースキーは言った。

「年間売上高2000億ドルの小売店で売られていれば本物だと信じてしまう。ところがそうではないことがよくある。ウォルマートは店の信用よりもカネ儲けのほうを重視している――だけど、損なわれるのは彼らの信用だけでなく、商標を所有する企業の信用もなんだよ」

高級ブランド企業のほとんどが、偽造品販売を行うウェブサイトをチェックするために専門の弁護士を雇っている。精巧に偽造されたヴィトンやエルメスの偽物を、200~400ドルで販売するので有名なサイト、ＡＡＡレプリカズだけではない。アマゾンやイーベイは、偽造品の卸売業者が在庫品を大量に流すのには格好の場所だ。こうしたウェブサイトは売る側と買う側が取引をする場を提供しているだけなので、偽造品を差し押さえる権限はない。だが高級ブランド各社は摘発できる法的権限をサイト主宰者にも与えるように法律改正を望んでいる。２００４年、ティファニーはこの主張に基づき、イーベイでオークションにかけられる同社製品の80％が偽物であることを不服とし、ニューヨークの米国連邦裁判所に同社を訴えた。２００６年、ＬＶＭＨはイーベイで取引されている同グループ製品の90％以上が偽物だとして、パリで同様の訴えを起こしている。

欧州や米国の露天商の多く――街角で時計やバッグを広げ売りしたり、リヴィエラ海岸で背中にかついだゴミ袋に商品を入れて売り歩いたりする連中――は、２００万人が所属するイスラム教団「ムリッド」に所属するセネガル人だ。彼らは不法移民で、偽グッチの時計や偽ヴィトンの野球帽を４００％の利ザヤで売り、教団本部のあるセネガルの町トゥベに何百万ドルというカネを送金している。トゥベはアフリカ内で近年急速に発展している町だ。カネは放送局や大学の建設、世界最大級のモスクの建設などにあてられた。偽物を売り歩くムリッドの信者が訴えられることはめったにない。バッグ・パーティ・レディと同様、警察にとってムリッドの信者はアルバイトのディーラーに過ぎないからだ。

偽造品製造販売はハイリターン・ローリスクのビジネスだから繁盛する。偽物業者は何百万ドルも儲けることができるし、めったに捕まることはない。前述のオバーフェルトが解説する。「たとえば、1オンスのヘロインを1万８０００ドルで買ったとする。それを10倍に薄めれば18万ドル相当分になる。だが、ニューヨーク州では麻薬取引や麻薬所持はＡ級犯罪だ。逮捕されれば８年から25年の刑期、他の罪状もつけば終身刑だってありうる。

ところが中国から1万８０００ドル相当の偽造バッグを買いつけても――小売りの末端価格はこの10

倍になるだろう——パクられたって大した罪にはならない。弁護士に連絡すれば翌朝には出られる。事実、ニューヨーク州で偽物販売で捕まった逮捕者の99％は刑務所には行っていない。裁くための法律がないんだ。この州で偽物販売に関する最高レベルの犯罪は商標の偽造だが、それだってせいぜい高級車盗難に匹敵するぐらいのC級犯罪だ」

麻薬取引と同様、偽造品製造販売もプロの犯罪集団が管理する組織犯罪となっている。1980年代から1990年代半ばまで、ニューヨークではボーン・トゥ・キル・ギャングなど、アジア系米国人の暴力団が仕切っていた。オバーフェルトは当時を回想する。

「ガサ入れに入ったとき、哺乳瓶をくわえた赤ん坊が、M80型機関銃のケースの上に座っているのを見たこともある。暴力団の連中はバットを手に我々に襲いかかり、ナイフを投げ、銃を乱射してきた。あれはテロだ。我々を脅していたんだ」

今日キャナル・ストリートは、中国・福建省の出身者で構成される、福建ギャングと呼ばれる中国系マフィアに牛耳られている。彼らは方言を話し、キャナル・ストリートの北からブロードウェイの西側までを縄張りにしている。警察の手入れの際には大人しく品物を渡す。ネットワークは密で、ほぼ全員が無線機器を持つ。パトカーが角を曲がったとたん、瞬時にして周囲6ブロックに情報が飛び交い、店はすべて閉鎖されてしまう。ホームレスにウォーキートーキーを渡して見張りをさせることもあるという。

福建ギャングは総じて穏健だが、もちろん危険なことも起こる。2004年11月、ニューヨーク市警は2つの暴力団、合計51人の構成員を逮捕、15万ドルの現金と400万ドル相当のシャネル、グッチ、コーチといった偽ブランド品を押収した。その際、警察への協力を疑われたある男は「骨が砕けるまでパイプで殴られた」し、ライバルの暴力団の組員は頭を撃ち抜かれたが、弾丸が砕けたために奇跡的に一命を取り留めた。

バックナーは「LAはニューヨークに比べれば、それほど暴力的ではありません」と私に語った。とはいえ、危険な仕事であることに変わりはない。オフィスを訪ねたとき、彼はサンティ・アレイで偽ブランド品を売っているヒスパニック系の売り子の監視写真を見せてくれた。男は、いかにもという悪漢面をしていて、指と頬にLAのギャング団であるエイティーンス・ストリート・ギャングの一員であることを示す「18」の文字を刺青していた。バックナーはまた、ヒズボラの刺青を入れ、ハッサン・ナスララ党首の写真を持った男を見かけたこともあるという。その男が本当にヒズボラのメンバーなのかは誰にもわからない。ただバックナーが絶えず背後に気を配っていなければならないのは確かなようだ。

「タイヤを切られたり、車の窓が割られたりしたことはありますよ。オフィスや私たちが見張られていて、次の行動を常に探られてます。仲間がサンティ・アレイを車で移動中に、ギャングの一員に窓を割られ、顔を切られたこともあるんです」

こういった連中に対し、高級ブランド企業は大型の訴訟を起こし、偽物製造犯罪を厳しく追及する姿勢を示している。2004年1月、ニューヨーク裁判所は13人の中国人・ヴェトナム人の原告に対して、総額で5000万ドル以上という記録破りの金額をカルティエに支払うよう命じた。そのギャング団は米国の偽ブランド時計市場を実質的に独占し、1988年からアジアにある本部に1日10万ドルを送金していた。なお、判決に引き続いてカルティエはギャング団の家、車、銀行口座の差し押さえを求めた。

「急所に打撃を与えたい。つまり財布にね」と、カルティエの幹部は私に話した。

偽造品を買う客や小売業者に厳しく対処する国もある。たとえばフランスでは、同国に偽ブランド品を持ち込んだ観光客には30万ユーロ（約39万ドル）の罰金と、3年の刑期が科せられる。香港では税関職員が200人の特別部隊を組み、悪質な小売店をどんどん摘発した。そのおかげで、香港では2年間で海賊版のDVD、ソフトウェア、電子製品を販売している店は、1000店舗から100店舗程度に激減したという。今では香港の繁華街、ネイザン・ロードで偽ブランドの時計を売っていた店はほぼ壊滅させられた。今では香港で偽ブランド品を買おうと思ったら、舗道であやしげな男に声をかけられ、路地裏の薄暗い外階段を上り、鉄製のドアから商談用の部屋に行くといった手順を踏まなければならない（そうすれば、精巧な偽物のロレックスをたった45ドルで買うことができるかもしれない）。

そういった取り組みはたしかに奏効している部分もあるが、オバーフェルトに言わせれば、「どこかピントがずれている」

「偽ブランド品の製造販売を止めさせるただひとつの道は、一般市民が、ロゴがついているだけのガラクタを買うのを即刻止めることしかない。結局、犯罪をなくすのは自分たち次第だということを人々が自覚しなくてはならないんだ」

第3部

第10章

ブランドの現在位置

「非常に高額なドレスを、Tシャツのような気軽さで着こなしてこそ本当の意味で一流品になる。そういう一流品を持っていない人は、一流品を使いこなす暮らしをしていない、ということだ。ただ、モノがたくさん買える金持ちに過ぎない」——カール・ラガーフェルド

ジョルジオ・アルマーニが入った上海の「外灘3号」は中国の高級ブランドブームの象徴でもある（AP Images）

ヘンデル・リーは、〝現代版アメリカン・ドリーム〟の体現者だ。祖父は北京の米国大使館で顧問もつとめた外交官だった。毛沢東の共産主義革命を予見したリーの曽祖父母と、新婚だった祖父母は1949年に中国を逃れ、米国のワシントンDCに落ち着く。そこで生まれたリーの父は、米国商務省科学技術局の副参事補として働き、母はアーティストとして活躍した。

リーは、メリーランド州ベセスダの郊外ですくすくと育った。ヴァージニア大学を卒業しジョージタウン大学のロースクールで学位を取得後、ニューヨークの一流弁護士事務所、スカッデン・アープスに入り、1991年、北京事務所開設のために中国に渡った。1989年の天安門事件のほとぼりがまだ冷めやらぬころだった。「国全体が非常に静かでね、おもしろい時期でした」

すぐに彼は、「中国でビジネスを始めたい米国人がまず会いに行くべき人物」となった。2004年4月、初めて上海を訪れた私にとっても、彼は「まず会うべき人物」だった。

リーは「バンド」と呼ばれる黄浦江西岸、外灘にあるおしゃれな西洋レストラン『M』でのランチに招待してくれた。1時きっかりに到着すると、すでに到着していた彼が立ち上がって出迎えてくれた。ダークカラーのアルマーニのスーツに身を包んだリーのマナーは完璧だ。話しぶりも穏やかで、辣腕の弁護士やビジネスマンといった風情はうかがえない。彼の強みは、人物やトラブルの本質を即座に見抜いて判断できるだけの経験と、問題に対処する際の粘り強さだ。どちらも中国でビジネスをする上で、空気や水と同じくらい必要不可欠な要素だ。

「最初にここへ来たときは2~3年だけ滞在するつもりでした。でも毎日、何かしら新しいことが起こるし、新しい情報が耳に入ってくる――そして新しいアイデアにも出会えますしね」

1995年、リー自身も新しいアイデアを思いついた。コンテンポラリーアートのギャラリーをつくる、という計画だ。

「中国ではまったく新しい芸術表現が生まれていたのですが、それを目にすることができるのは、芸術家のスタジオ内など一部の空間だけでした。この国には5000年にわたる文明がありますが、それは軍事力ではなく文化が生みだしたものです。しかし、戦後、創造力のある芸術家は大半が国を去るか、作品の発表が許されませんでした。それは悲劇でした」

1996年、リーは中国初の私設コンテンポラリーアート・ギャラリー、ザ・コートヤードを紫禁城東門のすぐ前にオープンした。オープニング・セレモニーは「9ヵ国の大使と長髪の芸術家たちが集まった」大宴会となった。笑いながらリーは話した。

「政府の要人は、不謹慎な芸術作品が展示されるのではないかと恐れていましたよ」

この場合の不謹慎とは、〝政治的な内容の〟という意味で、実際作品の多くは政治的なテーマを扱っていた。そのため中国政府は、翌日ギャラリーの閉鎖を命じ、再開の許可が出るまでに8ヵ月もかかった。

1999年、リーは上海にも同じコンセプトで、だがもっと大規模に「ギャラリーとレストランを併設した施設」をつくろうと考え、友人の1人に計画を話した。

「それなら、私たちが持っている建物を見に来なさいよ」友人の女性がそう提案した。

3年前、彼女の家族は外灘に立つ、1916年建設の新古典主義様式のビルを政府から購入していた。だが一族はそのビルをどうしたらいいのかわからなかった。

数日後、リーはその建物を見学に訪れた。

「コンテンポラリーアートのギャラリー、高級ブランドショップ、上海の社交場としてビル全体を活用できると考えました」

「すばらしいわ！」計画を聞いた彼女は彼に全面的に委任し、リーは、その建物を住所から「スリー・

オン・ザ・バンド」中国語で「外灘3号」と名づけて、著名建築家のマイケル・グレイヴスに構想の実現を託すことにした。
そして――彼はジョルジオ・アルマーニに電話をかけたのである。

ファッション大国化する新興国

長い時間をかけて、ついに中国はラグジュアリーな製品の中心的生産国であるだけでなく、その消費大国にもなろうとしている。中国だけでなく、インドとロシアもまた、ファッション産業の重要なマーケットに成長しつつある。

この3つの国の潜在市場は、目がくらみそうなほど巨大だ。2006年時点で、中国には30万人、ロシアには8万8000人、インドには7万人のミリオネアがいると公式に報告された。2004年、モスクワには10億ドル以上の資産を持つ人が33人いて、それは世界のどの都市よりも多かった。「新興市場の世紀だよ」トム・フォードは私に話した。

「西欧はもう終わっている。我々の時代はもう過ぎてしまった。中国、インド、ロシアを中心に高級ブランドの世界は回っている。もともと歴史的に高級品を賛美してきた文化的土壌があって、長くそこから離れていた社会があらためて目覚めた、ということだ」

1990年代初頭、中国に高級ブランドが入ってきたとき、市場はないに等しかった。共産主義政権の支配が40年間続いていたし、上質のシルクや繊細な陶器、手づくりの木製家具といった中国の高級品市場は文化大革命が一掃してしまっていた。

中国語には「高級ブランド」という言葉さえもなく、あらゆるブランドが「名牌」(ミンパイ。有名ブランド）とひとくくりにされていた。

「1995年南京路に店を開いたとき、大半の人々はまだ自転車に乗っていました」ルイ・ヴィトン会長兼CEOのイヴ・カルセルは、2004年9月、上海の高級ショッピングモール、プラザ66内にルイ・ヴィトン・グローバル・ストアをオープンしたときの式典で私にそう言った。

最初、高級ブランドは北京のパレス・ホテルや上海のプラザ66といったリスクの少ない立地を選び「ショーケース」として出店していた。

「大型看板をかけるよりも安いからね。一部の女の子と財布を惹きつければそれで十分だ」

ビジネスコンサルタント会社、アクセス・アジアの部長、ポール・フレンチはそう語った。

世界の他の地域とは対照的に、当時の中国の高級ブランド市場は男性中心だった。売上げの90%は男性で、ボス、ダンヒル、ゼニアといった男性向けのブランドが売れていた。北京の政府関係者や公務員、上海の銀行家や不動産業の大物、あるいは製造業を興した起業家たちは、西側世界のビジネスマンが身につけているものを欲しがった。ジヴァンシーのスーツ、ヴィトンやダンヒルのブリーフケース、ロレックスの時計を自分たちのために買い、妻や愛人にはカルティエの小物を買った。

2000年代初め、リーは高級ブランドの客層が広がったと見て、高級小売店とレストランを導入しても充分に採算がとれるほど市場は成熟した、と確信する。

「高級ブランドを購入するのは人口の5%ほどです。上海に90万人、北京には75万人。しかもこの数字には、海外に移住して国籍こそ中国ではないが、中国に在住する私のようなホワイトカラーのエグゼクティヴは含まれていません。台湾と香港からだけでも50万人近くが中国に出稼ぎにきています」

だが、富裕層だけが外灘3号の潜在顧客ではなかったとリーは説明する。

「上海では夜になると着飾って出かける女性を見かけるでしょう？　彼女たちの多くは会社の秘書をし

ていて、おカネを貯めてルイ・ヴィトンのバッグを買うんです。私の秘書はプラダのバッグをもってています。彼女はデスクの上にバッグをどんと置いて見せびらかすし、次のバッグを買うんだとまた貯金していますよ。また、北京と上海は瀋陽、青島、ハルビンといった北部都市の富裕層にとってショッピングのメッカなんです。その大半は私企業のビジネスマンで、製造業か不動産業を営んでいます。彼らはビル1棟を即決で買う人たちです。温州だけで25万人のミリオネアがいます。彼らの買物は現金です。クルーカットにさっぱり刈り上げ、ダンヒルのバッグに現金を詰め込んでやって来る。妻やガールフレンドに『どれが最高か?』と尋ね、惜しげもなく現金を積みます」

中国にアルマーニが進出した当初もまたささやかな出店に過ぎなかった。ジョルジオ・アルマーニのブティックは北京のペニンシュラ・パレス・ホテルに、エンポリオ・アルマーニの店舗は大連と温州に、アルマーニ・コレッツィオーニは瀋陽にすでに出店していた。リーにとって、外灘3号のビルに入るブランドにアルマーニを選ぶのは、理にかなった選択だった。

「アルマーニは我々の時代のファッションの美的感覚を変えた人で、中国でも大々的に彼を紹介することが重要だと思いました。彼は精力的で押し出しもいい。中国社会では、人を惹きつける魅力としてその点が重要です。アルマーニ自身が中国人に強い印象を与えると思っていました」

結局、外灘3号には、ジョルジオのブティック、エンポリオ・アルマーニ、アルマーニドルチ（アルマーニ・フィオーリ（オランダから輸入された蘭やカラーといった高価な花を売る）、アルマーニ・ブランドのチョコレートやスイーツ）、高級ファッションのセレクトショップが2店舗、エヴィアン・スパ、ジャン・ジョルジュ・シャンハイを含む4店の高級レストラン、そして上海アートギャラリーなどが入った。そこはアルマーニにとってだけでなく、高級ブランドが編み出し、世界中を席捲《せっけん》した西欧スタイルの小売業にとっても、本格的な中国展開の出発点となるものだった。

「オープンはベストのタイミングだったね」アルマーニはオープン・セレモニーで私に言った。「この地は大きく変わり始めている。昨晩の上海でのディナーでも、人々の服装が洗練されているのに驚いた。パリにもこの雰囲気やメンタリティはないよ」

アルマーニにとっても、それが初めての中国訪問だった。紫禁城を訪れたときには観光客が彼の周りに群がり、イタリア大使公邸では彼を主賓にカクテルパーティが開かれ、上海では浦東河岸にテントを張り、1000人を招待してファッションショーを開催した。

外灘3号で催されたパーティには、数百人もの若く華やかな中国人がテクノを踊り、女優のミラ・ソルヴィーノや台湾の映画スター、チャン・チェン――「中国のジョニー・デップよ」と中国人女性たちはうっとりとして言った――などがVIPとして愛嬌をふりまいた。

「ここでは何もかもが活気に満ちている」41歳、上海出身の投資銀行家バオ・ウェン・チェンは私に言った。

「高級ブランドのファッションや一流の食事を体験できる文化がここにはある。上海はニューヨークや香港のレベルにはまだ達していないが、すぐに追いつくだろう」

オープン後の半年間で、外灘3号のアルマーニ・ブティックはリーの予想より50%も多い売上げを記録した。ここを訪れる客の4分の3は地元の中国人で、平均して1回に400〜500ドルを落としていく。

中国人女性は高級ブランド商品に関心を持ち始めた。売上げは伸び、高級ブランドのブティックは婦人物の衣料やファッション小物の在庫を増やしている。2004年までには中国の高級ブランド品売上げの40%が婦人物になり、1990年代の10%から大きく伸びた。

「中国の他の地方では稼いだカネで食料を買うが、上海では衣料品につぎこむ」上海で靴デザイナーとして活躍するデニーズ・フアンは『ヴォーグ』でそう語った。国内で高級品を扱った雑誌『I-Look』を発行するホン・フアンも同意見だ。

「女の子は1ヵ月分の給料全部をバッグに注ぎ込みかねない。ニューヨークやロンドンではそんな女性はいないだろうが、ここ上海の女の子は自信があるんだ。将来的にもっとカネが、もっとチャンスが自分たちにめぐってくるってね」

ファッション雑誌は高級ブランド品のもっとも貴重な情報源だ。中国版の『エル』『コスモポリタン』『ヴォーグ』はどれも毎月50万部をニューススタンドを中心に売る。『ヴォーグ・チャイナ』が2005年9月に創刊した際、創刊号は5日間で売り切れ、増刷は3日間で完売だった。「いちばん売れているのはシャネル、ディオールとルイ・ヴィトンです。大半の中国人はブランド品をデザインで選ばず、ステータスシンボルとして購入します。ロゴが好きなんですよ。店にやってくると『このブランドはどこの？　イタリア？　それならいいものね』と言います。ブランド名を発音できないし、どこのブランドなのかも知りません。ただ高いからという理由で欲しがります」『ヴォーグ・チャイナ』の編集者アンジェリカ・チェンはそのように語った。

ブランドは中国で人口600万〜800万人の地方都市、杭州、広州、成都、西安などにも拡大している。ヴィトンのマネージング・ディレクター、セルジュ・ブランシュウィグは言う。

「我々は中国ではまだ過小評価されている。中国には大きな潜在市場があると確信している」

ジョルジオ・アルマーニは2005年には5軒だった店舗を2006年に53軒にまで増やし、2007年にはもう23軒をオープンした。そしてアルマーニにとって中国は、日本についでアジアで2番目に大きい市場となった。サルヴァトーレ・フェラガモも2006年までに中国に30店舗展開し、今後2〜3年のうちに10〜15店舗を増やす予定である。カルヴァン・クラインは2006年初めまでにそれぞれのラインを独立店舗として24店構えたが、２００８年までにもう80〜90店舗増やす計画だという。ヴァレンティノは２００６年、中国での第1号店を、杭州の有名な観光地の西湖のほとりにドルチェ&ガッバーナ、ジョルジオ・アルマーニと並んで出店した。

ほぼ、どのブランドも業績は非常に好調だ。「中国ではどの店舗でも赤字を出したことがない」とルイ・ヴィトン・チャイナのCEO、クリストファー・ザナルディ・ランディは誇らしげだ。

中国で高級品を買う消費者は、ジヴァンシー・中国－アジアパシフィック社長のウィルフレッド・クーが言うところの「ヌーヴォーシック」、つまり新興の高級ファッション購買層だ。ニクソンの中国訪問以降に生まれた若い世代で、インターネットを駆使し、あふれるほどの情報を持っている人々だ。彼らヌーヴォーシックが、アルマーニの店で高額ラインのブラック・レーベルを競って購入するため、リーは２００６年、上階のエンポリオ・アルマーニをブラック・レーベルに切り替えた。また、ジヴァンシーはこれまでよりも細身でファッション感度が高いスーツのラインを導入し、ゼニアは中国市場向けに中国で紳士スーツの生産を始めた。

「中国の婦人物衣料は空前の大ブームです」クーは笑いが止まらない様子だ。

２００５年11月、香港で衣料品の小売業を営む会社の3代目、クーに会ったとき、彼は中国で開店するブティックのロケーション探しに忙しかった。当時ジヴァンシーは、北京と上海に紳士物や小物を置く店を48店舗展開していた。全店舗がフランチャイズである。

「２００６年には、中国全土で３００店ものショッピングモールがオープンする予定になっているんです」

クーは信じられないという顔でそのとき私に話した。北京だけでも大型モールが6店舗開業予定で、大半が北京オリンピックに間に合わせることになっていた。ジヴァンシーもまた北京と上海にＬＶＭＨ

所有の旗艦店2店舗に出店を計画していた。「北京と上海は大々的に変わりますよ」クーは私に確信をこめて言った。

ヘンデル・リーはこの2つの都市を劇的に変革した立役者だ。

2007年秋、彼は天安門広場の南東にあたる1万6190㎡の広大な敷地に高級複合商業施設、レゲーション・クォーター（前門23号）をオープンした。1903年から1949年にかけて米大使館が置かれ、リーの祖父も働いたという建物を改造した。レゲーション・クォーターには、180席の劇場、アートギャラリー、ニューヨークのスターシェフ、ダニエル・ブールーのレストランを含むレストランが7軒のほか、選りすぐりの「超高級」ブランド店も入る。

「レザーグッズのブリオーニや高級時計ブランドのパテックフィリップのような究極の高級ブランドを導入することで、他の競合店とは一線を画したい、というところです」

さらに彼は、ふたたび上海でも新プランを温めている。かつて英国領事館が置かれていた2万4280㎡の場所に、別の高級複合商業施設を計画中なのだ。2009年後半にオープン予定のその施設には、小型コンサートホール、アートミュージアム、高級店ばかりのアーケードとブティック・ホテルが入る予定だ。もちろんトップクラスの顧客をターゲットにした施設だ。

アーンスト＆ヤングのアナリストは、2010年には2億5000万人の中国人が高級ブランドを買える購買力をつけ、日本に代わって世界一の高級ブランド購買国になるだろうと予測している。

中国の高級ブランドマーケットの歴史はまだ始まったばかりだ。2006年における中国国内の高級ブランド市場は世界の2％を占めるにすぎないが、世界全体では中国人は11％を購入している。その数字は過去10年間で2倍になっている、とメリルリンチは見ている。

「（2006年現在）2500万人の中国人が海外旅行に出かけ、その数は2020年には1億人に達するだろう」

メリルリンチ・パリ支社のアントワーヌ・コロンナは言う。

「(1回の海外旅行で1人あたり)平均1000ドルの高級ブランド品を購入する。食事やホテル代は節約してもブランドものを買う」

中国人の海外旅行ブームは、2003年、政府が香港への旅行制限を緩和したのを契機として始まった。2005年までに、中国本土の中国人旅行者76%の行き先は香港だったが、彼らがそこでいちばん熱心にやることがショッピングだった。香港は商品のバラエティが豊富で、価格も本土では高級品に上乗せされる税金がない分、10%は安い。

「3年前、香港の店の売上げは我々の販売総額の2%にすぎませんでしたが、今では15～20%を占めています」ブルガリCEO、フランチェスコ・トラパーニは2004年に高級ブランドの会合で私にそう語っていた。

高級ブランド各社は香港での需要増に合わせて店の拡張にも熱心だ。2005年にルイ・ヴィトンとシャネルの両ブランドが、ピーター・マリノのデザインしたメガストアを相次いでオープンして以降、ヴィトンはいまや香港で6店舗、マカオ近くで1店舗を展開している(パリではわずか3店舗だ)。DFSは2008年、中国人買物客をメインターゲットとしたギャラリアをマカオにオープンした。ディオールは香港で9店舗展開しており、なかでも九龍にある旗艦店は1000㎡を超える規模だ。

広告代理店JWT上海支社長のトム・ドクトロフが言う。

「中国人はみんなが欲しがるものに価値を見出し、惜しげもなく大金を払う。だがそれではメッキで光る金塊を買うのと変わらない。彼らは有名ブランドの名前は知っていても、品質やデザインには無頓着だ。先進国の高級品という〝保証書〟を1年分の蓄えをつぎこんで買っているようなものだ」

だが、そんな見解にもベルナール・アルノーはひるまない。

「中国の高級ブランドの購買層は必ず洗練されていきますよ」

2005年、ヴィトンの店が北京でオープンしたときに彼はそう言った。そして中国人が洗練された消費者になろうとしているのは確かだ。富裕層は自分の子どもに5〜6歳のうちからゴルフ、音楽、バレエ、乗馬、スケート、ポロなどのプライベートレッスンを受けさせ、エチケット・スクールに通わせ、あるいは子ども向けのMBAプログラムまで受けさせて将来出世街道に乗せようとがんばっている。

「カネはあるけれど基本的マナーが欠けているという定評を中国人はあまりうれしくないと思っています」北京の中国社会科学アカデミーで比較文化を研究しているワン・リャンイは『ニューヨーク・タイムズ』で言っている。

「新興富裕層はカネだけでなく、将来的には尊敬も集めたいと思っているはずです」

台頭するロシアの消費パワー

あるロシア人がメルセデス・ベンツの新車を購入したが、2週間後に取り替えて欲しいと言ってきた。ディーラーはびっくりして訊いた。

「お買い求めいただいたばかりですが、どこか不具合がありましたでしょうか?」

「いや、灰皿がいっぱいになったんでね」

このジョークは、まさしくロシアの新興成金の実態を象徴している。若い億万長者は、金遣いのすさまじさにかけてはロマノフ王朝の王族たちと肩を並べるほどだ。ロシア最大の小売グループであるマーキュリーの紳士服部門営業部長、デヴィッド・ギジは言う。

「毎日履き替えては捨てるから、一度にソックスを700足買っていく客もめずらしくない。ロレックスなんて、彼らにとってはスウォッチみたいなもんです」

最初、ロシア人は富を海外で使っていた。コートダジュールの最高級別荘を買い、フェラーリをダース買いし、フランスのクチュールのコレクションを丸ごと買ったりもした。だから、カネを持つロシア人は欧州最大の金融市場があるロンドンに住み、ロンドンは英国のマスコミから「ロンドングラード」と揶揄されるようになった。チェルシー界隈のシックなエリアは「チェルスキー」、高級デパートのハーヴェイ・ニコルズは「ハーヴェイ・ニコルスキー」と呼ばれるほどロシア人に占拠されている。

パリ、モンテーニュ通りにあるディオールのブティックの店員に「最上客はどこの国の人？」と私が尋ねると、彼女は間髪を入れずに答えた。「ロシア人ね」定期的に来店し、1時間で1万～2万ドルを落としていくというのだから当然だ。

そして今、高級ブランドは、ロマノフ朝時代に建設されたモスクワの壮大なバロック建築の建物内にこぞって店舗を構える。ロシアではモスクワとサンクトペテルブルグ以外の地域に富はなく、したがって高級品市場もない――ロシア人の1ヵ月の最低賃金は2005年に27ドルで、2004年の給与の未払い金は8億2000万ドルにものぼった。

だが、モスクワには高級ブランド企業の幹部らを喜ばせるのに足る十分な富がある。1998年の経済危機で大半の銀行の経営が行き詰まって倒産して以来、ロシア人はタンス預金に切り替え、現金で推定500億ドルという資産をためこんだと言われ、商品が流通するようになると、大挙して高級ブランド店に押しかけるようになった。メリルリンチのアナリストは、そんなロシア人を「宵《よい》ごしのカネを持たない若者型消費者」と呼ぶ。

ミラノのファッション・マーケティング戦略の第一人者、パンビアンコ・コンサルタンツは、ロシアの高級ブランド市場は2004年時点では6億ドル規模で、年々6~8%成長している、と発表した。2009年までに、ロシア人は全高級ブランド売上げの7%を占めるようになるだろうと予測するアナリストもいる。

クレムリン宮殿から赤の広場を突っ切ったところに、グムという名の19世紀に建設された商店街がある。共産主義時代は国営市場だったグムは、政府統制の衣料品や食料品が販売され、常に商品が不足し、店員が無愛想なことでも有名だった。現在、そこには高級ブランド店が軒を並べている。大理石が敷かれた通路に面した区画には、ルイ・ヴィトン、ディオール、モスキーノが入っている。2006年にディオールがオープンした際、クリスチャン・ディオールが使用していた鋏《はさみ》を使ってシャロン・ストーンがテープカットしたという。

そのそばのチラトラリヌイ・プロエズド(「通り」の意味)には、マーキュリー・グループが大規模ショッピングモールを建設した。グッチ、プラダ、ドルチェ&ガッバーナをはじめ何十もの高級ブランドのブティックが並ぶそのモールには、財布をぱんぱんにふくらませたロシア人たちが群がる。彼らは夜になるとベンツのSUVで乗りつけ、超高級レストランで食事を楽しむ。マーキュリー副社長で小売部門部長でもあるアッラ・ヴェルベールは豪語した。

「我々はここにミラノの高級ショッピング街、ヴィア・モンテナポレオーネをつくるんです。高級車、高級ファッション、高級ジュエリー、高級食品に高級インテリア……我々は高級品帝国なのです」

モスクワから30分ほど車を走らせたところには、6万4100㎡の延床面積に180店舗を展開するクロッカス・シティ・モールが2002年オープンした。ここでも数多くの高級ブランドが店をオープンした。クロッカス・インターナショナルの共同オーナーで貿易部長のエミン・アガラロフは言う。

「クロッカス・シティ・モールをつくる前に、私たちはマイアミのバル・ハーバーやニュージャージーのショート・ヒルをはじめ、欧州もめぐって高級ショッピングモールを見学しました。その上で、すべての要素を合わせて、ひとつにまとめたものをつくりたいと思ったのです。厳寒の日でも施設内に入れば熱帯の楽園を散歩しながら、リラックスしてショッピングが楽しめる。大きなプールでは3時間ごとにプロがシンクロナイズド・スイミングのショーを上演しています。川も流れていますよ」

現在もまだ拡張中だというこの施設は、今後120店舗を増やし、客室数1000室のホテルも建設する予定だ。いずれは「ロシア最大のカジノや、20以上スクリーンがあるロシア最大の映画館など」を備えた商業施設にする。2010年の完成時には、クロッカス・シティ・モールの敷地面積は約10万3００㎡に達するという。

着実に拡大するインドの高級品市場

インドの存在も忘れてはいけない。ロシアや中国のように共産主義支配により伝統的な文化遺産が破壊された国々とちがい、インドでは富裕エリート層が長年にわたって豊かな暮らしを享受してきた。マハラジャは欧州で買物を楽しみ、ルイ・ヴィトン、シャネル、カルティエなどで定期的に買物してその経営を支えてきただけでなく、インドの消費者へのPRにも一役買った。

近年そんなインドの状況を変えたのは、やはり中間階層の経済力向上だ。世界中の企業がインドにアウトソーシングを行ったことで、労働市場は活性化し景気が上向いた。あるアナリストは「インドでは毎年中間階層が2200万人ずつ増加している」と推定している。

「米国、日本、中国と同様、インドの中間階層にとっても、ロゴのついたブランド品は新興の富の象徴だ」インドのニコール・ミラーで事業開発部門・経理担当取締役をつとめるラシュナ・メーラは語る。

高級ブランドはインドの新しい需要にも群がった。ルイ・ヴィトンは、２００６年までにデリーのオベロイ・ホテル内とムンバイのタージマハル・ホテル内の2軒に出店した。シャネルはピーター・マリノのデザインで、２００５年4月、ニューデリーのインペリアル・ホテル内にインドで最初のブティックをオープンした。フェンディやヴェルサーチもそれぞれ有名ホテル内にブティックをオープンしている。

メリルリンチのアナリストによれば、インドには約５００万人規模の高級ブランド市場があるが、その市場開拓は中国に10年後れているという。とはいえ中国と同様に、インドの高級品市場の拡大は無限大だ。両国とも人口は10億人以上で、2国合わせれば世界人口のほぼ40％を占める。そして双方とも経済が急成長し、中間階層が経済力をつけ、欧米を理想とあおぐ野心を持った新興富裕層が出現している。高級品を買いたいという人たちが4億人以上いて、「その4億人がショッピングをする時機が熟した」とメーラは期待している。

ベイン＆カンパニーに属するコンサルタントの調査によれば、インドの高級ブランドビジネスは２００５年に25％増え、中国についで2番目の成長水準だ。同社の報告書にはこうある。「インドの高級ブランドの拡大は、今後5年間に世界平均の4倍の勢いで進み、年収23万ドル以上の世帯数は２００５年から２０１０年の間にほぼ3倍に増えるだろう」

２００６年、インドの買物客は高級衣料や服飾品を4億３４００万ドル相当購入したが、２０１０年までにその額は2倍近い8億ドルになるだろうと予測される。ゴールドマン・サックスもまた、今後50年間にインドの経済成長率は世界最大になるだろうと予測している。

また、中国とちがって、インドは常に世界に向けて市場を開放してきたために、西欧の高級品を受け入れる文化風土も知識も十分にある。２００６年にインドでもっとも人気があった高級ブランドはグッチで、以下、アルマーニ、ディオール、ヴェルサーチ、ヴィトンなどが続く、とＡＣニールセンの調査は明らかにしている。

ルイ・ヴィトン・オブ・インディアのカレン・ウィルソン・クマールはこう語っている。

「2005年からやっと顧客層が広がってきました。たしかに世界中を旅行し、海外で買物を楽しむ高級富裕層もいます。だが我々が求めているのはもっと若く、上昇志向があり、共稼ぎで可処分所得が高いカップルです。ルイ・ヴィトンのファッション性を求める若い世代の開拓も必要です」

インドではジュエリー、とくにゴールドが好まれる伝統があり、カルティエやブシュロンなどブランド物のジュエリーの販売はとくに好調で、年間40％ずつ伸びている。「2010年までに20億ドル以上に達するだろう」とマッキンゼー＆カンパニーのアナリストは分析する。

ただし、その勢いに唯一水を差しそうな要因がある。インフラの未整備だ。ルイ・ヴィトンのインド小売マネジャー、プラサナ・バスカールは「この国には気軽に散歩しながらショッピングが楽しめるような整備された道路がない」と嘆く。上海やモスクワのように、街を大改造してまぶしいばかりの商業エリアをつくることができない。高級ホテルを一歩出れば通りは汚く、つねに混雑している。

高級ブランドは、ホテル以外に出店できる立地を望んでいる。州政府は全国展開するショッピングモールの建設について、デベロッパーに税金控除や低利の貸し付けといった形で支援を行っている。そのおかげで2008年末までに、375のモールが完成する予定だ。

財務省もインフラ整備に今後5年間で1500億ドルを支出すると同時に、380億ドルの予算をかけ、新しい道路網の建設に忙しい。つまり、インドは長期的展望によって取り組むマーケットなのだ。

「すでに進出している企業にとって、今のところインドにはあまり大きなうまみはありません」

エルメス・インターナショナルCEO、パトリック・トーマスはそう語っている。

「しかし潜在的には大きいし、必ず重要な市場のひとつに成長するはずです」

テル経営と、ファスト・ファッションとの共闘

ミラノ、スカラ座のすぐ近く、高級ブランドショップが軒を並べる地区から少し入ったところに「ブルガリ・ホテル」がオープンしたのは２００４年５月のことである。有名なインテリアデザイナーであるアントニオ・チッテリオがデザインした部屋数が58室しかないこのホテルは、超高級ホテルと呼ぶにふさわしい。

厚いドアは外部の音を遮断し、オーク材のベッドにあるのは羽毛布団で、壁にはオーク材のパネルが張られている。バスルームは広々としており、ウォークインクローゼットにはブナ材のハンガーがかかっている。各部屋には清掃するタイミングを知るためのモーションセンサーが装備され、金箔のタイルを張った本格的なプールのあるスパもある。ブルガリ・ブランドの製品は、コーヒーテーブルの上にさりげなく置かれたカタログや、バスルームにあるアメニティ、そしてベッドサイドに置かれた緑茶の香りがするキャンドルなどくらいで、表立って主張されてはいない。このホテルについてＣＥＯのフランチェスコ・トラパーニはこう語っている。

「ホテルはブランドのＰＲ機関です。これで大儲けすることは期待していません。むしろイメージアップに役立てたい」

トラパーニは高級ブランド企業のなかでもっとも才腕ある経営者の１人だ。叔父のパオロ・ブルガリ、ブルガリ社長と、ニコラ・ブルガリ副社長に雇われて１９８４年にＣＥＯとなった。曾祖父が創業した１００年の歴史を持つ宝飾品メーカーを拡大すべく、低価格帯のジュエリー、時計、香水を製造販売し、顧客層を広げるために広告にも力を入れ、店舗の内装を気軽に入れるようにモダンに改装した。

1995年、ミラノ株式市場に株32％を上場し、その2年後には、レザーグッズの製造販売を開始。新製品だけを販売するブティックもオープンした。2005年までに、全売上げ中、アクセサリーの占める率を8・4％にした。株式公開後10年間で、売上高は年間10億ドルを超え4倍増、経常利益は5倍増の1億5400万ドルに達した。

「私が後を継いだとき、ブルガリは高級ブランドのグローバル・ゲームという試合に参戦していませんでしたが、今では我々も1メンバーですよ」トラパーニの物言いは率直だ。

そもそも高級ブランドの次なる展開として、ホテル経営は当然の選択だった。経営者たちは口をそろえて、「会社はブランドではなくライフスタイルを提案しているのだ」「クリエイティヴ・ディレクターやデザイナーはそのライフスタイルの究極の提唱者だ」と吹聴してきた。顧客が身につけるものも住む場所もブランドのテイストでまとめるならば、余暇の過ごし方もまたブランドに追随するだろうと考えるのは当然の成り行きだった。

ヴェルサーチとオーストラリアのデベロッパーのサンランドは、2000年に205室、72のコンドミニアム、3つのレストランとプライベート・マリーナを備えたリゾート、ザ・ゴールド・コースト・オブ・オーストラリアを開発し、内装は全面的にヴェルサーチの美的センスでまとめられた。2006年、さらに両者は今後15年から30年間で、パラッツォ・ヴェルサーチをもう14軒、世界各地にオープンする契約に合意し、まず2009年にドバイに2号店がオープンする。「我々のホテルはビジネス用ではなく、ラグジュアリーを追求するものだ」ヴェルサーチCEO、ジャンカルロ・ディ・リージオはそう語っている。

ジョルジオ・アルマーニもまた、ドバイに本社を置くエマール・プロパティーズと共同で、アルマーニ・ホテル＆リゾートを12軒つくる契約を結んだ。アルマーニ自らデザインと内装を手がけ、エマールは10億ドルを投資し、経営を担当する。1軒目は世界最高峰の巨大ビル、ブルジュ・ドバイ内に、2軒目はミラノのエンポリオ・アルマーニ・コンプレックス内に、それぞれオープン予定だ。フェラガモも「ルンガルノ」のブランドでフィレンツェに5軒のブティック・ホテルを展開、ミッソーニとビブロスもホテル建設のプロジェクトが噂されている。

トラパーニが手を組んだのはマリオットだ。ブルガリが内装を担当し、マリオットを展開するザ・リッツ・カールトングループが経営する。ミラノに続き、2006年にはバリにホテルをオープンした。「ブランドをテコ入れし、高級品市場に関心を惹きつけるために、高級ブランド企業がホテル経営に進出するのは画期的ですが、理にかなった道です。私たちのお客さまがホテルに宿泊すれば、ブランドが提唱するライフスタイルを完全に体験することができますから」とトラパーニは語ってくれた。

2005年、ミラノのブルガリ・ホテルは1750万ドルの収益を上げた。ブルガリでは今後ロンドン、パリ、ニューヨーク、東京にブティック・ホテルをつくる計画がある。

こうしてブランドが多角経営に乗り出す一方、ファッションの世界にも変化が起こりつつある。

2004年9月のある金曜日、パリのおしゃれな人々がポンピドーセンター最上階のレストランに集まり、シャネルのデザイナー、カール・ラガーフェルドと、スウェーデンの低価格衣料小売チェーンであるH&Mとのコラボレーションのスタートを祝った。シャネルと同様、ラガーフェルドはH&Mにも感度の高いデザインを提供した。シャネルとちがうのは、価格が150ドル以下——しかも大半が100ドル以下——だという点だ。ラガーフェルドは低価格でもすばらしいファッションがつくれることを証明したいと願っていた。結局、すてきなファッションは価格の問題ではない、と彼は言う。「テイストがすべてなんだよ」

すでに述べたとおり、中間マーケットに市場を拡大した高級ブランド業界だが、その結果、彼らは予想外の事態に直面することになった。いち早くトレンドを取り入れ、年間を通じて新しい商品を毎週投入する「ファスト・ファッション」企業――H&M、ZARA、ターゲット、マンゴ、トップショップなど――との激烈な競争である。ファスト・ファッションの秘密兵器はコンピュータ・テクノロジーだ。ZARAは426店舗から上がってきた新しいトレンドのデータを活用し、年間1万もの新製品を提供している。トップショップは毎週300もの新デザインを企画する。店頭商品の寿命は半年から2週間に縮まり、『ヴォーグ』編集長、アナ・ウィントゥアーは「ファッションのサイクルはシーズンと関係なくなった」と断言した。

高級ファッション業界に対抗するため、ファスト・ファッション企業はトップデザイナーの手を借りることにした。ターゲットはニューヨーク出身のベテラン、アイザック・ミズラヒを、トップショップは北キプロス・トルコ共和国出身で、セイやプーマのクリエイティヴ・ディレクターをつとめるフセイン・チャラヤンとギリシャ出身で日本でロワゾのデザインも手がけるソフィア・ココサラキを、そしてH&Mはカール・ラガーフェルド、ステラ・マッカートニー、ヴィクター&ロルフといった大物と手を組んだ。ファッション界の秘蔵っ子であるローラン・ムレはオーナーとケンカして会社を辞め、その後GAPでカプセル・コレクションをつくった。

2006年、雪が降るある日、私はH&Mのマーケティング・ディレクター、ヨルゲン・アンデルソンをストックホルム本社に訪ね、ファスト・ファッションがどのように機能しているかについて尋ねる機会を持った。

ヘネス&モウリッツ――現在ではH&Mと呼ばれる――はスウェーデンが生んだ異才の企業だ。1947年にエルリング・ペルソンがストックホルムから1時間ほど車で行った町に構えた店がすべてのスタートだった。1970年代、ペルソンに息子のステファンが加わって会社は成長した。1974年にストックホルム株式市場に上場、エリクソンについでスウェーデンでもっとも高い業績を上げる会社のひとつに成長した。2006年現在、ドバイやクウェートを含む世界22ヵ国に1193店舗を展開している。

H&Mの事業は速い回転率がベースだ。毎日のように新しい服が店頭に投入されるので、客の再訪率が高い。ストックホルム本社で働く750人以上の従業員のうち、デザイナー100名、パタンナー57名、バイヤー100名がこの高速の商品回転を支えている。

「通常は市場に出る1年前にデザインを考えますが、ヒットした流行があれば2~3週間で対応可能です」とアンデルソンは言う。

カール・ラガーフェルドとのコラボは、クリスマス商戦に女性客を引きつけるアイデアを練っているときに浮かんだという。「クオリティの高いファッションを手ごろな価格で提供するのが女性にとって最高のプレゼントになるのではないか、と考えたんです」アンデルソンは説明した。「女性に人気の高いカール・ラガーフェルドに白羽の矢を立て、電話をかけました。アイデアを話すと喜んで引き受けてくれました。彼の考えでは、H&Mはシャネルと同じように流行を決定している、大手アパレル企業はファッションをつくっているが、トレンドはストリートで生まれている、ということでした。そこで我々は特別につくられた限定版を、限定された期間だけ大量流通させる、という『マスクリュシヴィティ』に挑戦することにしたのです。我々は民主的にどんな人にも商品を届けたいけれど、特別な日だけしか売らない限定商品もつくります。カールのデザインをセールで買うことはできません」

ラガーフェルドはH&Mとともにデザインと素材選びに取り組んだ。素材はイタリア産で、服はトルコ、ルーマニア、バルト3国で生産された。一般のH&M製品よりも価格は2~3割増しだが、それは「できるかぎり最高品質にしたいと思ったから」だとアンデルソンは説明する。

コレクションが売り出されると、一般客の反応は大きかった。

「ファッション・イベントを催したような感じでした。新しいアイテムが売り出される日には、人々は朝食後すぐに店の前に列をつくって開店を待ちました。ビーズがついたイヴニングジャケットなど、2時間で完売する商品も出ました。カールの言った『テイストは価格には関係がない』ということが証明されたのです」

ラガーフェルドとH&Mのコラボの成功を見た高級ブランドはおおいに慌て、なかにはそれまでの事業のやり方を変えたところもあった。フェラガモは在庫管理を1ヵ所に集約し、素材のサプライヤーとのネットワーク化を進め、デザインから流通までのサイクルを10日間と20%も短縮した。バーバリーは毎シーズン、4〜5種類のカプセル・コレクションを投入するようになった。エスカーダをはじめ、他のファッションハウスは「ホット・フィルイン」と名づけた、シーズンの間隙を埋める商品ラインを充実させ、パリ、ニューヨーク、ミラノでコレクションが発表されるより前に小売店にシーズン商品が並ぶようになった。

重要なのは、高級ブランドのデザイナーがファスト・ファッションを手がけることで、ファッション界における「最高級」と「最底辺」との境目がなくなったという事実だ。今では金持ちが、アイザック・ミズラヒがターゲットでデザインした服を買い、逆に中間マーケットがグッチで買物をする。ミズラヒはこの現象を「二極化ショッピングの崩壊」と呼ぶ。そしてそれをラガーフェルドはすばらしいことじゃないか、と言う。

「高いものと高くないもの——といっても、安物じゃないよ。安物という言葉が嫌いなんだ——が共存する時代に我々は生きている。ファッション市場でこんな現象が生まれたのは、初めてだ」と、彼は私に言った。

アンデルソンも同意見のようだ。

「以前、安物はいかにも安物に見えました。今ではそのちがいを見分けるのがむずかしいし、我々はそれを証明しようとしているのです。シャネルと同じレベルの高級ブランドにはなれませんが、高級というのはラベルではなく、人の頭のなかで認識されるかどうかの問題になっています。我々の競争相手はＧＡＰでありＺＡＲＡですが、同時にシャネルでもあります。Ｈ＆Ｍで買物する人が、シャネルの店にも通う。それがノーマルになったんですよ」

第3部

第11章

高級ブランドの明日

「ぜいたくになれてしまうことは想像を絶するほど哀しいことだ」
——チャーリー・チャップリン

新世紀のブランドショップといわれる、ブラジル・サンパウロの高級ブティック「ダズリュ」
(AP Images)

すでに何度か述べてきたことだが、高級ブランド産業は儲け第一主義で、資産形成を競い合う「モノポリー」ゲームのようになっている。経営者の関心の中心はブランドの芸術性ではない。損益だ。

2006年初め、プラダはカネ喰い虫のジル・サンダーをロンドンに本拠を置くプライベート・エクイティ・ファンドのチェンジ・キャピタル・パートナーズに、推定1億1910万ドルで売却した。ハンブルクに本社を構えるジル・サンダーのデザインは若いベルギー人、ラフ・シモンズにゆだねられ、ジル自身も本社の隣に住み、ファッション界への復帰を目論んでいるという（会社は2008年10月オンワードホールディングスに買収された）。アルノーは2000年あたりから傘下ブランドの整理を始めた。LVMH所有のマイケル・コースの株を、トミー・ヒルフィガーや宝飾品メーカーのアスプレイ&ガラードを所有するスポーツ・ホールディングスLtd.に、さらに時計のエベルをモヴァド・グループに、シャンパンのポメリーをザ・ヴランケン・モノポルに、クリスチャン・ラクロワを免税小売業者のザ・ファリック・グループに、それぞれ売却したのである。本書を書きあげた2007年時点でも、LVMHはグループでもっとも業績不振のファッションブランドであるジヴァンシー、セリーヌ、ケンゾーを売りに出すのではないかと噂されていた。

かつてはブランドの創業者やオーナーだったデザイナーは、いまやバッグや服と同様に〝いつでも取り換えられるコマ〟のひとつにすぎない存在になった。

「ブランド企業はぼくたちのことを人間だとは思っていない。会社の設備品や製品程度の感覚だ。ただ最新のコレクションがよければそれで十分なんだ」と語るのは、ジヴァンシーの元デザイナー、アレキサンダー・マックイーンだ。

グローバル企業から高級ブランドに転じる社長やCEOの首は、あまりにも頻繁にすげかえられる。そのため、高級ブランド企業向けのエグゼクティヴを専門とするヘッドハンティング会社が何社もあるほどだ。ビジネス・スクールでは高級ブランドビジネスの経営学で学位がとれる。高級ブランドのCEOの給料はびっくりするほど高額だ。バーバリーの前CEO、ローズ・マリー・ブラヴォは2002年に920万ドルを稼ぎ、世界で13番目の高給取りだと『フォーブス』では報じられた。

また、ブランド企業はライセンシング・ビジネスにもふたたび手を染め始めている。それも商品の種類などお構いなしに、だ。ヴェルサーチはノキアの携帯電話やスポーツカーのランボルギーニの限定版をデザインした（一面にロココ調プリントが施されている）し、プラダは韓国LGの携帯電話にプラダの名前をライセンス供与した。そのプラダのスポークスマンが言う。

「携帯電話はどんどんアクセサリー化していきます。デザインとスタイルが重要で、所有者のステータスシンボルになっている。女性にとってはバッグのなかにあるいちばん重要なアイテムです」

高級ブランドの民主化を歓迎する人もいる。

「それは人々がもっとファッショナブルになるということを意味しているのよ。より多くの人が、もっとファッション的に優れたものを所有するということになる」

これは『ヴォーグ』編集長、アナ・ウィントゥアーの意見だ。だが、ファッションビジネス界に身を置く全員が同じ意見ではない。第4章に登場したロデオドライブの象徴のようなフレッド・ヘイマンは反対派だ。

「ビヴァリーヒルズでしか手に入らなかったものが、いまやどこでも入手できるようになった。ブランドの誇りはもはや消失してしまいました。ビヴァリーヒルズのグッチの店は、かつては最高級店で、他の店とは比較にならないすばらしいショッピングができました。だが、今ではあそこはグッチの数多くある店の1軒でしかない。欲を出すと、そういうことになってしまうんですよ」

カリフォルニア・ファッション協会理事のイルゼ・メトチェックも言う。

「私にとって、高級ブランドとは手が届きそうで届かない〝憧れ〟のはずだったんです」

「ノドから手が出るほど欲しかったころは、上流社会の女性たちを見て彼女たちの暮らしぶりに憧れ、自分には無理ねとため息をついていました。それが今やイケアやデザート・ヒルズのモールに行けば手に入ります。ジミー・チューの靴もC・H・ベイカーの靴も大して変わりない。700ドルもするハイヒールもシーズンが終われば流行後れになってしまう。だから常に新しいデザイン、新しいカラーが棚に並ぶ。かつての高級ブランドは長く店頭に飾られていました」

ミウッチャ・プラダの母も同意見だ。

「現在のプラダ製品はつくりは悪いし素材もよくない、以前（自分が全部のデザインを手がけていたとき）はずっとよかった、と娘は言っていますよ」

主要ブランドの中には本物の一流品を追求する姿勢を失っていないところもある――とくにエルメスとシャネルがそうだ。ケリーやバーキンの伝統的な手づくりのバッグや、シャネルNO5の原料となるジョゼフ・ミュルのバラなど、クオリティが製品の要であるというブランドの哲学を貫いている製品もある。また、両社とも、古くて伝統のある他分野の高級ブランドを買収し、投資を続けてきた。エルメスは靴のジョン・ロブ、クリスタル製品のサンルイ、銀器のピュイフォルカ、カメラのライカなどを傘下に置いた。一方、シャネルには、クチュールのために精巧な付属品やアクセサリーを手づくりしてきた至宝のようなメーカーを取得・支援するための子会社がある。パラフェクシオン（「愛情を込めて」という意味だ）という名のその子会社の傘下には、刺繍のルサージュ、靴のマサロ、婦人帽子のミッシェル、フェザーや花モチーフが特徴のアクセサリー・メーカーのルマリエ、コスチューム・ジュエリーのデリュ、コサージュのギエ、金銀細工のゴッサンスなどがある。カール・ラガーフェルドは次のように説明する。

「クチュールのメゾンを名乗りながら、すぐにゴミ箱行きになるものをつくるわけにはいかないからね。インドの刺繍技術も悪くはない。だがフランスのルサージュの刺繍はまったく別次元の完成度だ。シャネルがクチュールをつくり続けるかぎり、こういった職人たちは必要なんだ」

バックボーンにこのような哲学があることで、エルメスとシャネルは他の高級ブランドと一線を画する。シャネル・ヨーロッパ社長（当時）のフランソワーズ・モントネイも私にこう言った。

「一流品とは特別であるということ――あなたのためにつくられ、他の誰もそれをもっていないということです。最低限、非の打ちどころがない品質であること。最大限ユニークであること。それが高級ブランドのあるべき位置づけであり、あるべき製品であり、あるべき接客姿勢です。日本の茶道のように、そこには確固たる規範があり、敬意を払われる価値があり、何世代にもわたって受け継がれていく哲学があります。シャネルでは〝一流であること〟が私たちの遺伝子の中に刻まれています。それが信条であり、常に追求していくべきものなのです」

ブランドからヴィンテージへ

世界中どこを探しても他にはないヴィンテージの〝一点もの〟に、車1台分、家1軒分のカネを払ってでも自分のものにしたいと望む――いまや「ブランド」ではなく「ヴィンテージ」を求める客が少なからずいる。私が学生のころ、ヴィンテージとは、救世軍の放出品マーケットで1ドルで買うような古着のことを指した。今ではヴィンテージものを求める客は、イヴ・サンローランが20年前にオートクチュール・コレクションに出品したコートを３０００ドルで購入する。

ヴィンテージを収集しオークションで販売するのは、まっとうな儲かるビジネスだ。ヴィンテージシヨップのオーナーたちはオークションに参加し、昔クチュールで服をつくっていた人々のクローゼットから、ハリウッドの若手女優やニューヨークの社交界人士のための掘り出し物を見つけ出そうと必死になっている。ハリウッド向けのヴィンテージショップを経営するキャメロン・シルヴァーは「モダンな高級ブランド品はいまや一種の投資対象になっている」と指摘する。

ビヴァリーヒルズ出身の、長身でおしゃれなシルヴァーがヴィンテージのビジネスに入ったのは、ひょんなことがきっかけだった。1990年代初め、彼はドイツ風居酒屋で歌う歌手で、全米を巡業中、空き時間にミネアポリス、シアトル、マイアミといった地方都市の中古衣料品店めぐりをして、自分が着るためにデザイナーズブランドの服を探すのが好きだった。

「ラックにかかっていた、古い時代のすばらしい婦人用衣料を眺めるうちに突然ひらめいたんだ。30～40年前につくられたモダンな服を探せば売れるんじゃないかってね」

ロサンゼルスに戻った彼は1997年に「ディケーズ」をオープンした。

最初シルヴァーは、クレージュ、カルダン、ルディ・ガーンライヒ、イヴ・サンローラン、スタジオ54が流行をリードし、「モダンなファッションが誕生した」1960～70年代のファッションを専門にしていた。だが、ファッションを勉強するうち、「1920年代に流行した、ビーズのついたフラッパードレスのセクシーさや、1930年代のバイアスカットのガウンの華やかさに目覚めた」という。第2次世界大戦前のシャネル、ランバンやスキャパレリをはじめ、たとえ無名のデザイナーのものであっても究極のクオリティのドレスを少しずつ取り扱い始めた。

「買い付けのときは、『今見ても、モダンでセクシーか？』を基準にしている。どの年代の女性たちも、セクシーに見られたがっているからね」

現在はメルローズだけでなく、ロンドンのドーヴァー・ストリート・マーケットにも店舗を持ち、世界中のデパートを巡回しては特別販売を行っている。価格は200ドルから400ドルが一般的だが、中にはディオールのオートクチュールのイヴニングドレスで3500ドルの値がつくものもある。

定期的に購買する顧客を2000人抱え、リストにはセレブ、スタイリスト、作家、プロデューサーの妻、ビジネスウーマンなどが名を連ねる。いちばんよく売れるのはイヴ・サンローラン、プッチ、ホルストン、ジェームス・ギャラノスだ。

「ヴィンテージを買うのは、基本的にはいちばんファッションセンスのある人たちだよ。今の高級ファッションには豪華さはあまりないし、たとえあったとしても、それは大衆向けのぎらぎらした豪華さだからね」

高級ブランドの「亡命者」

近年、高級ブランドビジネスには新しい一派が台頭しており、私は彼らのことを「高級ブランド亡命者」と名づけている。一部のデザイナー、調香師や経営幹部たちは、大企業化した高級ブランドの妥協的モノづくりや強欲ぶりに愛想をつかし、「大資本から独立した小規模な世界で」「ビジネスとして成り立つ範囲内で最高のものを追求する」という高級ファッションビジネスの原点に戻ろうとしている人々だ。

「現在の高級ブランドは、どこでも売られていて、製品はどれも似たりよったりで、接客はあまりにもマニュアル化されている」

もっとも著名な「高級ブランド亡命者」のトム・フォードは、最近私にそう語った。

「マクドナルドみたいになっているよね。どのブランドもそっくりと言いたくなるほど似ている。マクドナルドでは、どの店に行っても同じハンバーガーが買え、同じ接客をされる。ヴィトンも同じだ。グッチだって製造も販売もどこでも均質にするシステムをつくった。当時はそれが時代にあっていたんだよ。ぼくたちがしなければ、別の誰かがやっていただろう。あのころ世界の文化はグローバルに均質化していた。そういう空気だったし、それに対応する必要があったし、ぼくたちがやったことに今でも誇りは持っている。でもぼくが関心をもっているのは今、現在のことだ。反動が来ているんだよ。昔ぼくが手がけたバッグの広告を見ると吐き気がしそうだ。あまりにも型にはまりすぎていてね。あのころと同じやり方でも客がいまだに食いついてくるとか、まだ飽きていないとか考えるのはバカげている。高級ブランドの昔ながらのやり方から学ぶことはできるはずだ」

２００４年４月、グッチを辞めたトム・フォードは、次に何をするかを1年間休んで考えた。映画のプロデュース・監督を目指そうとフェイド・トゥ・ブラックという映画制作会社をつくった。自分の作品を集めた本も出版した。サングラスをデザインし、エスティローダーで化粧品や香水のブランドを立ち上げた。そして、男性ファッションの高級ブランドを立ち上げるための企画書を作成した。最高級の既製服、注文服、レザーグッズ、アクセサリーなどメンズファッションのすべてを展開する。２００６年5月、最初の店「トム・フォード・ニューヨーク」をニューヨークにオープンする1年前に、彼は私にその計画について語った。

「2万５０００ドルの時計、注文生産のジュエリー、５０００ドルのハンドメイドのスーツを売るつもりだ。営業時間内でも一定の時間は一般客を入れずに予約客だけを案内し、フィッターに採寸させて服をつくる。それは新たな高級ブランドの手法になるはずだ。誰もが身につけるものをつくるつもりはない。社会的に注目度が高く、高度なセンスをもった都会の客だけに限定する。それでも大衆を相手にするのと同じように、ビジネスとして十分に成り立つと信じているよ」

私が高級ブランドビジネスの経営方法としていちばん気に入っているのは、フランスの靴デザイナー、クリスチャン・ルブタンだ。たぶん、現状の高級ファッション業界に対して、もっとも挑戦的な姿勢でモノづくりをしているデザイナーだ。

「また、ウチの会社を買いたいという人に会ってきたよ」２００６年4月、私を本社で出迎えたときに彼はそう言った。「また断ったけどね」

ルブタンは現在の高級ブランド業界の異端児だ。意図的に会社規模を小さく抑え、デザイナーの彼がオーナー兼経営者でもあり、比類ない製品をつくり、しかもビジネスとしても成功している。ルブタンのシルクサテンのスティレットやクロコダイルのパンプスは、いつもファッション通の女性の足元で輝いている。顧客のなかには、ジェニファー・ロペス、ヨルダンのラーニア王妃、マドンナ、エリザベス・テイラーがいる。『トゥデイ』のアンカーウーマン、アン・カリーは、機会あるごとにルブタンの特徴である真紅の靴底をカメラに撮らせる。

創業15年間でわずか7店舗しか展開せず、従業員は販売員を含めても35人だけ。バーニーズ・ニューヨーク、バーグドルフ・グッドマン、ニーマン・マーカス、サックス・フィフス・アヴェニュー、そして英国ではハーヴェイ・ニコルズ、セルフリッジやハロッズなどの有名デパートにも卸している。広告を打たず、マーケティング部門も置かず、ハリウッド女優に履かせるための努力もしない。販売は年間10万足。年間売上高を尋ねると、彼はぼんやりした目で「わからないなあ」とだけ答えた。

「他の高級ブランドの経営者はカネを稼ぎたいんだろうけれど、ぼくは全然ちがう。高級ブランドこそ、顧客に近いところでのモノづくり、客に愛されるモノづくりができる。精巧さとディテールが問われる。サービスが問われる。ていねいな接客をしないなんて許しがたい。数千ドルもする商品を購入するのに、販売員がたった15分、それも面倒くさそうに接客するなんて信じられないよ。高級ブランドは売れる商品を大量販売する商売ではない。特別なクオリティを見分ける目を客に養ってもらう商売なんだ」

その徹底したビジネス哲学は子どものころに養われた。彼はフランスの鉄道車両専門の内装職人だった父と、専業主婦の母の間に生まれた。「家のあちこちに列車の内装模型があった」という。学校が終わると国立アフリカ・オセアニア美術館で過ごすような子どもだった。

家のドアには、スティレットに真っ赤な「×」印の描いてあるイラストが掲げてあった。「床を傷つける細いヒールは禁止」という注意書きだ。当時は平底靴の全盛期で、ルブタンには、その鋭くとんがったヒールの細身の靴がどのようなものか、不思議でならなかった。このころ、ノートや紙切れにそのイラストをスケッチし始めたという。

ある日、1950年代に一世を風靡《ふうび》したディオールの靴デザイナーで、スティレットの考案者とされるロジェ・ヴィヴィエの本を友人からもらった。ページをめくりながら「天職を見つけた」と思った。16歳でフォリ・ベルジェールの踊り子の靴のデザイナーとして雇われ、プロのダンスや足を蹴り上げる衝撃に耐えうる靴のつくり方を学んだ。20代でシャネル、イヴ・サンローラン、そして当時ディオールの靴を製造していたシャルル・ジョルダンで働き、当時70代だったヴィヴィエの回顧展を手伝った。「ヴィヴィエはぼくに、靴でもっとも重要なのはボディとヒールだと教えてくれた。骨格がしっかりできれば、あとの部分は化粧の問題なんだ」

回顧展が終了すると、職を探さなくてはならなかった。だが、もうブランド企業に戻る気はなかったという。

「自問したんだよ。『残りの生涯、他人のために働いて終わっていいのか?』とね」

そして彼は貯金と友人たちから出資してもらった20万ドルを元手に、自分の店をオープンする。19

91年11月のことだった。宝石箱をイメージした店舗の壁には立方体の箱を取りつけたようなスペースをつくり、そのひとつひとつに靴を1~2足だけ飾った。

「希少価値を感じさせる内装にすれば、置いてある商品も特別な価値をもつからね」

幸運にも最初の客の1人がモナコ公国のカロリーヌ公妃で、彼女は彼のパンプスを履くと「まるでアヌーク・エーメになったみたい」と友人たちに言ってくれた。噂を聞きつけた『W』誌が、公的な宗教行事にその靴を履いて出席した公妃の写真入りの記事を掲載するや、たちまちルブタンは高級ブランド界のスターになった。米国の小売業者が続々とシーズンの新作を買いにやってきた、とルブタンは当時を振り返る。

「もう売る靴はなかったよ。まさか小売業者が買い付けに来るとは思っていなかったから。フランスには高級デパートというものはないんだ。フランス人は高級品を買うのにデパートには行かない。ブティックはあるけれど、流通ルートをもたないゲランみたいな状態だった」

バイヤーからはルブタンの靴は高すぎると思われていた。「製造経費がかかる」と説明すると、「なぜイタリアで生産しないのか」と言われた。アドバイスに従い、イタリアで探してみると、ロンバルディア地方にもっと効率よく半値で生産してくれる工場を見つけることができた。

「高級品の生産現場では、つくる人を人間的に扱うと同時に、自分自身も気品がなくてはならない。条件の悪い労働現場で美しいものはつくれないよ」

評判が高まり生産量が増えたにもかかわらず、会社は小さいままだ。ルブタン以外には管理スタッフ1名とパートの販売員が1人だけ。

「イタリアにいないときは、店で売り子をしていたよ」と苦笑する。

彼の靴のトレードマークである真紅の靴底を打ち出したのは3シーズン目のことだ。3年で黒字に転換、負債を完済し、1997年にはパリ左岸に店を移転。その後ロンドン、ニューヨーク、ビヴァリーヒルズに相次いで店を開いた。2007年にはラスヴェガスにも店舗を構えた。

ルブタンの成功の秘密は、工業製品と一点ものとの絶妙なバランスを取るその力量だ。エレガントでクラシックなパンプスを2万足量産しながら、その一方では「シンデレラの靴」と呼ぶ、宝物のようなデザインの靴を非常に限られた数だけつくる。

「マリ・バティックで20足つくったんだけれど、2色で10足ずつにした。そうすれば他のどこにもないような靴を履く喜びを女性たちに提供できるから」

「シンデレラの靴」シリーズとあわせて、オーダーメイドも受けている。ヒールの高さや色、デザインなどを選び、足にぴったりとあった靴をつくりあげる。

「会社を〝人間らしい〟規模に保っておきたい理由はそこにある。いろいろなことが試せる場を失ってしまったら、デザインする喜びもないからね」

もうひとつの成功の理由は、誠実さだろう。

「父が木を切っていたところを思い出すよ。木目に沿っていればきれいに切れるが、逆らうと割れてしまう。ビジネスも同じだ。流れに身を任せれば自然に大きくなるが、逆らうと破滅する。ぼくは金儲けのために会社をつくったんじゃない。靴をつくっていたら、会社ができたんだ」

当然ながら、大手ブランド企業は2〜3年に一度ずつ、ルブタンに会社を売ってくれと言ってくる。ある時は、私邸のディナーに招待されてソファに座ると経営幹部たちに囲まれた。

「会社を買わせていただくのはいつになりますかね？」1人が熱心に訊いてきたという。

「ダンスパーティに招待された女の子になった気分だった」ルブタンは言った。

「真っ赤になって答えたよ。『いいえ、会社は売りません』って」

「ぼくの会社は少しずつしか成長しないけど、それはぼくが何もかも自分でやっているからだ」

ルブタンはその点を私に強調した。

「急いで大きくしたいとは全然思わないし、手広くやりたいとも思わない。そんなことをしたら仕事の核となる部分を失っちゃうからね。靴をデザインする、という核を」

だが、会社を売る気持ちがまったくないわけでもないらしい。

「もうこのゲームを続けるのはイヤだというときがきたら、株を現金化して貧困や病気に苦しむ人々を助けるようなことをやりたい」そう彼は言った。「そのときがきたら会社を売るね」

金持ちは、今「何を買っている?」

ある春の日パリで、私は友人のハリウッドのプロデューサーと、この本について話をした。

「そうか、つまり君の結論はこういうわけだな」映画のあらすじをまとめる要領で彼が言った。「高級ブランド企業は商品を大衆市場に売り、富裕層に本物の特別な製品を売るという本来の使命を忘れた、ということだ。それで私が知りたいのは、それじゃ金持ちは今何を買っているんだ?」

「いい質問だわ。それを調べてみる」

アニエールにあるヴィトンの生産工房を訪れたときのことを思い出した。お針子や技術者が何百個というロゴ付きのバッグをつくるかたわらで、職人たちがヘビ革を張った大きなジュエリーケースをつくっていた。そのジュエリーケースにはルイ・ヴィトンのモノグラムもラベルもなかったけれど、爬虫類の皮革の目利きでない私にもそれはきわめて美しく感じられた。世界にひとつしかない特別注文品、1人の上客のためにつくられるケース。そのケースをいっぱいにするだけのジュエリーを持つような金持ちこそ、本当の意味での上客だろうと私は思ったのだった。

〝究極のランジェリー〟というのもある。たとえばパリの金持ちはカドールで下着を買う。１８８９年にブラジャーを発明したエルミニー・カドールが創業し、現在は４代目のプーピー・カドールが経営する名店である。

ブラをカドールでオーダーメイドするのは、昔ながらのラグジュアリーを体験する絶好の機会だ。使われている素材は極上。豪華な内装の店舗で、自分だけを特別待遇してくれていると感じさせる見事な接客はまさにラグジュアリーな商品にふさわしい。上品な笑みを浮かべたプーピーが淡いピンクでまとめられたサロンに客を出迎え、欲しいものを尋ねて採寸してくれる。４００ある基本デザインの中から客に合うパターンを選ぶ。プーピーはレースとチュールが好みだが、素材も好きに選ばせてくれる上、色も選べる。彼女のお薦めは黒だ。

「95％の女性は黒を着ると美しく見えますわ」彼女は私に言った。「肌に映えますの」

プーピーは年間５５０着のブラを注文生産し、１００着のストラップレス・ブラ、50着のガードルをはじめとするファウンデーション（「ふくよかな女性がクチュールドレスの下にお召しになるものです」と彼女は言っていた）、そして30着ほどの伝統的なレースアップのコルセットを、映画スター数名、女王１名、クレイジー・ホースのショーガール数名を含む一部の上客のためにつくっている。ちなみに映画用のコルセットでも有名で、『ショコラ』のジュリエット・ビノシュや、『ダニエラという女』のモニカ・ベルッチなどが披露している。年に４回、プーピーはニューヨークに出かけて米国のお得意様を回る。ベーシックなブラでも３回の仮縫いが必要で、値段は８００ドルほど。素材にもよるが、ブラに合わせた下着は１６０～４００ドルほどだ。

数年前にある企業がカドールの買収を申し出たが、プーピーは断った。

「私どもは120年間独立してやってまいりましたし、今後50年はそのように続けられます」

自分の引退後は、現在28歳になる美しい娘のパトリシアを後継者に据えようと育成中である。さて――。〝本当の金持ち〟は、今でも2万ドルのベーシックなスーツから、10万ドル以上するイヴニングドレスまで、オートクチュールで服をつくっている。だが、常連客は定価では買わない。

「そりゃ値切るわよ。アルメニアの絨毯《じゅうたん》商人を相手にするくらいにね」

生涯にわたりクチュールを着続けてきたナン・ケンプナーは私に、「ディオールのクチュールのジャケットがすごく気に入ったけれど高すぎると思う」と言った後、続けてそう言った。

「買物にはお金を使う上で優先順位というのがあるでしょ」ねばった挙句、結局彼女はそのジャケットを手に入れた。

ディオールの最上客がモンテーニュ通りの店で仮縫いするところに立ち会ったことがある。最終的には10着と、服にコーディネイトした靴も全部注文した。請求書を見せるとき、販売員はそれが特別価格であることを客に指摘した。言いたいことははっきりしている。「たくさん買えば割引がある」だ。

でも本当の金持ちは、クチュールのショーには来ない。

「シャネルの顧客の多くはパリのコレクションに来たことがない」そう言ったのはカール・ラガーフェルドだ。

「他にすることがあるからね。だが、仮縫いのためには年に数回プライベートジェット機で海を越えてくるよ」

「それはどんな人たち?」思わず私は尋ねた。

「新興の富を持っている人たちだ。巨大な富をね。誰も何をやっているかは知らないし――言っておくがクリーンなカネだよ――彼らは身分を明かしたがらない。メディアにはぜったいに登場しない。同じ服をレッドカーペットでスターが着ているのを見たら、即刻注文を取り消す。クチュールを買う女性っていうのは、女優と同列にされたくないんだ」

「どこに住んでいるの?」

「中国だよ。しかもそういう金持ちは2~3人じゃない」

この会話の数日後、シャネルのトップのお針子と売り子たちがコレクションを抱え、プライベートジェットで中国に向かった。

「オートクチュールの需要はなくならない」と社交界人士のサン・シュラムバーガーは私に断言した。

「赤しかないときに白を欲しがるような人たちで、自分だけの特別なクオリティの、この世に同じものが2つとないような服を欲しがる人は必ずいるから」

米国ではジョルジオ・アルマーニの富裕層向けの高級店がある。米国人口の5%にあたる最富裕層への販売が、アルマーニ全店の売上げの47%を占めていると、ジョルジオ・アルマーニ・コーポレーションの副社長兼広報室長のヴィクトリア・カントレルはかつて私に語ったことがある。

富裕層はオーダーメイドのジュエリーも好む。フランスの高級宝飾品メーカー、ブシュロンは現在グッチ・グループの傘下にあるが、2005年の報告書で特別注文の販売額が年間売上げの15%を占めると発表した。

バッグはエルメスでオーダーメイドする——そんな金持ちでも、アウトレットで買物することだってある。デザート・ヒルズ・プレミアム・アウトレットを2006年に取材した際、豪華な若いカップルが、当時新車で38万ドル以上はするメルセデス・マイバッハ62のトランクにショッピングバッグを積み込んでいる場面に出くわした。また、私がアウトレットのセルジオ・ロッシの店で、半額の200ドルになっていた黒のミュールを履いてみていると、販売員がこっそり耳打ちした。

「先日、当店にある国の王女様がいらして、この型がとてもお気に召されたので、全色お買い求めになりました。その方は毎シーズンいらっしゃいますよ」

ただし、アウトレットはあくまでも例外だ。金持ちのショッピングはやはり少し違う。そもそも真の金持ちが店までやってくることはいまやめったにない。

「私のいちばんのお得意様はアトランタ在住ですが、2000年のスーパーボウル観戦のついでに寄られたのを最後に、一度も店にはいらしていません」と言うのはアトランタとニューヨークに店を構えるおしゃれなブティック、ジェフリーのオーナー、ジェフリー・カリンスキーだ。

「私どもはお客様に毎週小包で品物をお届けし、お客様が欲しいものだけを選び、残りを送り返していただいてます。最近ではそのやり方でお取引しています」

店にショッピングに来る金持ちも、やっぱりひと味違う。

香港で高級品店を経営するレーン・クロフォードは、最上客のために隣接するフォーシーズンズ・ホテルに直結した「ＶＩＰスイート」の部屋をつくった。280㎡の広々したプラチナ・スイートからは香港の港が一望できる。ホテルのコンシエルジュやレストランのサービスも利用できるほか、クロフォードの服でイベントなどに出席する、というときにはスタイリストとメイクアップ・アーティストのサービスが受けられる特典まである。

店側のサービスも金持ちの客には破格だ。サックス・フィフス・アヴェニューでは、ニューヨークで最高のレストラン――2006年にはル・シルクだった――のディナーへの招待や、カシミア毛布、バカラの花瓶や装飾用の宝飾品、ファベルジェ・エッグを模した豪華な飾り物といったプレゼントの詰め合わせが上客には届けられる。ニーマン・マーカスではデパートのクレジットカードで年に500万ドル以上買い上げる客に、豪華リゾートに3週間滞在できる「優待会員券」がプレゼントされる。

ルイ14世と同じように〝自分だけの香水〟をつくる人もいる。毎年パトゥではノーズのジャン＝ミシェル・デュリーズに特別注文の香水をつくらせ、バカラのクリスタル瓶に詰めて顧客あてに送っている。1本約7万ドルするサービスだが、数十人の顧客がいるという。

そして――この本の最後に紹介したいのが、「ダズリュ」だ。

南米に住んでいるか、あるいは訪問する機会のある金持ちは、ダズリュでショッピングを楽しむ。ダズリュこそ、世界最高のラグジュアリーストアなのだ。

未来のブランドショップ「ダズリュ」

数年前から、私はブラジル・サンパウロにある高級ファッションの殿堂、ダズリュの噂を耳にしていた。野心と才覚のあるエリアナ・トランチェージという女性がオーナー経営者で、話を聞くかぎり、そこは高級ブランドショップが持つべき要素をすべて備えているように思えた。

1958年、上流階級の弁護士の妻だったエリアナの母ルチアが、リオデジャネイロにブラジル国内の高級ファッション品を買い付けに出かけたことからダズリュは始まった（当時のブラジルは奢侈品の輸入を禁止しており、欧州の高級ブランド品は国内では買えなかった）。彼女は友人たちを自宅に招いて買い付けてきた服などを売り、その儲けを慈善事業に寄付していた。

これを何年か続けるうちに、やがてルチアのリビングは午後1時から5時まで開くブティックになっていく。友人の娘をセールスガールとして雇い、制服を着たメイドにお茶やコーヒーをサービスさせた。ちなみに、ダズリュとは「ルー（ルチアの愛称）の家で」という意味である。

1977年、エリアナは21歳のときにこの商売に加わった。自らもセールスガールとして働くかたわら、自分でデザインして国内で生産する自社ブランドを立ち上げた。ルチアは次々と隣接する家を買い取って店を拡張し、服ばかりでなく靴、バッグからジュエリーまで幅広く販売するようになった。ついにダズリュは高級住宅街の１区画を占めるまでに大きくなり、１９８３年にルチアが亡くなると、エリアナが後を継いだのだった。

１９８９年、フェルナンド・アフォンゾ・コロール・デ・メッロが26年ぶりの民主的選挙によって大統領に選出される。彼は国内の激しいインフレを抑制するため、資産・銀行口座の凍結および輸入規制の緩和を含む経済政策を打ち出した。エリアナは小躍りして喜んだという。

「いよいよシャネルもグッチも手に入るのね！」

友人たちには、「何を寝ぼけたことを言ってるの。そんなお金のある人がどこにいるのよ！」と言われたが、彼女は気にしなかった。

「テイストのある客がついていたから、きっと高級ブランド市場ができると思ったわ」

エリアナはすぐに飛行機に飛び乗り買い付けに出かける。最初に売ったのはクロード・モンタナだ。続いてヴァレンティノとモスキーノを買い付けた。１９９０年代半ばにはシャネルの幹部がサンパウロにやって来てダズリュに立ち寄り、その繁盛ぶりにのけぞって驚いた。

「この街にシャネルの店を出さなくては」エリアナの小さなオフィスで幹部は言った。

「でもどこに出したらいいだろうか？」

エリアナは答えた「それは、ここでしょう！」

「サンパウロには13の大規模な小売業者がいて、大きな路面店を出していました。でも、彼はここの３階でメンズフロアと同居するスペースを選んだんです！　オープニング初日にはコレクションの７割を売り上げました。客でもある友人たちに『買ったものを置いていって』と頼んだおかげで、２日目にも他のお客さまに商品を見せることができた、というほどの繁盛ぶりでした」

だが、シャネルの大成功にもかかわらず、高級ブランド企業に出店させることに彼女は苦労した。

「まだまだブラジルを優良な市場だと見ている企業が少なかったんです。一度、自分の目で確かめるまでは——ね」

しばらくして、ついに彼女はグッチ、プラダ、ゼニア、ドルチェ&ガッバーナのインストア・ブティックを出すことに成功した。これらの店舗を展開するために、彼女もまた近隣の家を次々と買い取らなくてはならなかった。2002年までに28軒の家を所有し、売場面積は延べ1万2540㎡に広がり、7000人の顧客を抱えるまでになった。防弾ガラスを完全装備したリムジンが近くの通りにずらりと駐車し、近隣住民からは苦情が来た。さらに店を拡張する必要に迫られ、役所から建築規制上許可できないと断られたとき、彼女は移転を決意する。2005年6月、元の場所から数百メートルほど行った繁華街、ヴィラ・オリンピアにある1万6720㎡の邸宅風の建物に新しいダズリュをオープンさせた。最初の4ヵ月で、新たに1万5000人も顧客を増やしたという。

2006年4月、私は世界第5の都市であるサンパウロに飛び、ダズリュを見学した。事前に欧州でエリアナに会って取材し、店について、ある程度の知識と情報は持っていたが、それでも私はダズリュの豪華さに圧倒された。入口にたどりつくまでに、道路から長い私道を車で走り、セキュリティゲートを2回も通過しなければならない。

この国の経済格差は大きく、富裕層と貧困層とがはっきり分かれている。国の最貧民層が人口の40%、1億8800万人を占めており、彼らは国全体の資産の8%しか所有しておらず、ファヴェーラという都市部のスラムで暮らしている。一方の最富裕層——つまり支配層——は革命前の貴族の館のような豪邸を厳重な警備で固め、防弾装備したリムジンに乗り、ボディガードに守られてぜいたくな暮らしを享受している。ダズリュの国際営業担当部長、モニカ・メンデスは「この国は、安全面でいろいろ問題があるんです」と説明する。

「本当の金持ちはめったに外出したり通りを歩いたりはしません」ほとんどの車は日焼け防止ではなく、安全のためにスモークガラスになっており、何があってもウィンドゥを下ろさず、カージャックを恐れるあまり赤信号でも突っ走る。空港まで出迎えてくれたメンデスの車に乗る際も「ぜったいに窓を下ろさないように」と厳命されて街を走った。無事に到着したとき、メンデスは十字を切って感謝の祈りを捧げていたほどだ。

　店の入り口に車を横づけすると、すぐに駐車係が車を駐車場まで運ぶ。大理石の玄関ホールにあるコンシエルジュデスクに行き、ホステスに受け付けの手続きをしてもらう。常連客なら決まった担当のセールスガールが待機しているので、ホステスが店内電話をかけて呼び出す。常連客でない場合は担当のセールスガールが割り当てられる。セールスガールは「ダズリュゼッテ」と呼ばれ、サンパウロの上流階級の娘たちから選ばれる。細身で背が高く、肌も髪も手入れの行き届いた女性たちで、彼女たち自身も社交界に属し、毎晩ディナーパーティや豪勢なガラに出席する。

「彼女たちは顧客と同じ世界で暮らしています。だから顧客のことがよくわかるんです」エリアナはそう話してくれた。

　常連客であれば、担当のダズリュゼッテが気に入りそうな品物を事前に用意しておいてくれて、個人客用のサロンで試着できる。新商品の入荷は頻繁なので、ダズリュの最上客たちは1週間に4回来店するという。ふたたびメンデスの解説――。

「ブラジルの女性はファッションに夢中です。米国の『ヴォーグ』のページを破いてもってきて、セールスガールに『これが入荷したら教えてちょうだい』って言うんです。フェンディのバゲットが出たときには、入荷前に予約販売で完売してしまいました」

　新規顧客の場合はダズリュゼッテが館内を案内し、部屋から部屋へと移動する間に気に入ったものがあれば、それを集めてくれる。ダズリュは一般の邸宅のように、売場になっている部屋と部屋をサロンがつなぐようなレイアウトになっている。シャンパン色の厚いカーペットが敷かれ、内装はオフホワイトで統一されて、あちこちに蘭の花が飾られている。

　１階はデザイナーズ・ブティックで、考えつくかぎりの、あらゆる著名な高級ブランドが揃っている。「若いブラジル女性でマノロ・ブラニクを知らない人はいないわ」エリアナは笑って言った。「それにヴァレンティノがここではよく売れるの。夫が妻にヴァレンティノを着せたがるのよ」

　ここで販売されている、大半のブランドのフランチャイズ販売権をダズリュは持っている。だが、ブランド側は、たいていインストア・ブティックの内装を統一するために自分たちで仕切りたがる。シャネルとドルチェ&ガッバーナの内装を手がけたのはピーター・マリノだし、バーバリー、アルマーニ、フェラガモはダズリュからスペースをリースしている。３７０㎡あるヴィトンの店舗面積はラテンアメリカ最大だ。

　一方、２階はジュエリー、香水、ランジェリー、水着、ヴィンテージ、そしてシャンパンバーにレストラン、ダズリュオリジナルの紳士物・婦人物衣料が並べられている。男性はダズリュの婦人物の区画は立ち入り禁止だ。ダズリュには試着室がなく、女性たちはフロアの真ん中で下着になって着替えるからだ。エリアナが言う。

「母の時代には客は友人だけでしたから、みんな平気で着替えていました。その流れで今も試着室がないんです。ブラジルではそれが普通ですよ。男性がいなければ、恥ずかしがることもない」

　ダズリュのオリジナル・コレクションは今や売上げの柱となるまでに成長している。売上げの60%を占め、バーグドルフ・グッドマン、サックス・ジャンデル、トレイシー・ロス、ハロッズ、ブラウンズといった米国・英国の有名デパートが買い付けにやってくるほどだ。エレノアがデザインを担当し、ブラジルの素材を使って現地で生産している。服はジャージードレスやストレッチジーンズ、ラインストーンで飾ったヒールの高いサンダルやビーズをちりばめたイヴニングドレスといったカジュアルシックなコレクションが中心だ。ソファに座ると、黒いドレスに白いエプロンをつけたメイドがお茶をサービスしてくれる。現在では３００人ものメイドが働いているという。

ダズリュは、仲間が集まる、気のおけない楽しいクラブのような雰囲気だ。客はサンパウロだけでなく、リオデジャネイロやサルヴァドールといった国内の都市から、また、アルゼンチンやペルーからもやってくる。みんなが顔なじみで、出会うとキスで挨拶しあう。ショッピングを楽しんだら、午後にはレストランで落ち合ってシャンパンを飲みながらゴシップに花を咲かせる。年に6回開かれるファッションショーには1万人もの上客が集まる。メンデスいわく、金持ちと有名人がダズリュを好むのは「プライバシーが保たれ、欲しいものが何でも手に入り、誰もがＶＩＰ待遇だから」だそうだ。ことに、有名人は人目を引かないためにダズリュを好む。

「Ｆ1ドライバーのミハエル・シューマッハーがやってきたときも誰も何も言わなかった。サッカー選手のロナウドも大事なお得意様だけれど、彼が来店しても騒ぎにならない。サインや写真をねだられることもありません」

数年前にエリアナは、ダズリュの客の購買行動を調査したことがある。

「ブラジルのショッピングモールでは通常20％の客が買物をしますが、ここでは入店したら75％が何かしら買っていきます」

さて、３階は男性向けのフロアで、紳士物だけでなく、ジョニーウォーカー・ウィスキーバーや暖炉やソファが置かれた書店や、妻やガールフレンドへのプレゼント用にするための、イタリアの高級ランジェリー、ラ・ペルラのショップまである。4階には子ども服とおもちゃ売場、プレイルーム、薬局、個室つきの美容院とスパがある。カーサ・ダズリュでは、食器や銀器、グラス、テーブルウェアのほか、冷蔵庫やバーベキューセットも売っている。文具、チョコレートショップやパン屋もある。そればかりではない。1階にはチャペルが、最上階には300人が着席できる結婚披露宴会場がある。新婚旅行が予約できる旅行代理店も、新居を探すための高級住宅専門の不動産屋も、三菱やボルボ、マセラティといった外車のディーラーまである。メンデスが言う。

「ブラジルで結婚式、披露宴から新婚家庭に必要なものまで全部揃うところは他にありません」

支払いは？　ラウンジのような部屋に案内され、ルイ14世風の椅子に座り、ダズリュゼッテとおしゃべりしながら、メイドが運んできたコーヒーを飲みつつ手続きを待つ。店内にはダズリュ・ラジオの放送が、店内のテレビにはダズリュテレビの映像が流れている。支払いが終わると、購入したすべての商品は、入口に回された車か、もしくは屋上のヘリポートに待機するヘリコプターに積み込まれている。

ダズリュには現在700人の正社員がいるほか、施設内のブランドショップの店員や旅行代理店、レストラン、美容院、スパなどで1000人、駐車場係、警備員などで900人が働いている。従業員は隣接するデイケアセンターや保育園を利用できるし、14歳までの子どもは英語、アート、裁縫、ピアノ、ギターやバレエのレッスンも受けられる——教えるのはたいてい客たちだ（私が訪れたとき、2人の美しい客が8歳の女の子たちにバレエを教えていた）。小児科医、歯科医、精神分析医のサービスもある。店内の学校で温かいランチを食べたあと、7歳以上の子どもは地元の公立校に通う。幼い子どもは残って遊び、庭のベンチでおやつを食べながら親の仕事が終わるのを待つ。

「従業員の女性たちの間に地元の学校への不満があり、子どもたちの生活環境を心配していたために、それならここで学校を開こうと思ったんです」メンデスはそう説明した。

「私の子どもが通っている学校より質がいいんですよ」

だが、なんといってもダズリュと他の高級ブランド店との最大のちがいは、オーナーのエリアナ自身が現場に立って接客することだ。エリアナはショッピング中の客に子どもの様子を尋ね、こんな商品もあると紹介し、試着にもつきあう。

「欧米の店はコンピュータで顧客の購買データを管理するのでしょうが、ここでは私が売場に立って肌身でいいと感じたものを売っています」エリアナはそう言う。メンデスも同意見だ。

「高級ブランド店では支払いが済めば客のことを忘れてしまう。お金さえ払ってもらったら、もう眼中にないんです。だけど、エリアナは客1人ひとりの名前だけでなく、人となりまで知っています。ダズリュはエリアナの自宅であり、来店客は彼女個人のお客さまなのです」

これまで破竹の勢いだったダズリュだが、2005年にはトラブルにまきこまれてもいる。

新店舗に移転した直後に連邦警察の手入れを受け、エリアナが脱税容疑で逮捕されたのだ。政府は、関税を低くするために、ダズリュが輸入商品を市場価格よりはるかに低く設定したインボイスを貿易会社に偽造させた容疑で起訴した。以下はメンデスの反論である。

「警官が280人もオフィスにやってきたんですよ。おかしいわよ。ファヴェーラで麻薬の大きな取引があっても、そんなに大人数の警官が動員されることはないのに……。あの事件は大統領が自分の問題から目をそらせるために行った、メディア向けのパフォーマンスです」

当時は大統領ルイス・イナシ・ルーラ・ダ・シルヴァの汚職スキャンダルが次々と暴かれ、彼が苦境に陥っていたのは事実だ。結局エリアナはすぐに釈放されたが、翌2006年12月、ダズリュは1億1000万ドルの追徴課税を命じられている（取材時点では控訴を計画中）。

取材初日は、ダズリュを全部見て回るのに丸々一日かかったため、2日目は店の魅力を探ろうと、常連客の1人であるクリスティアン・サッディにランチをとりながらインタビューすることにした。彼女は夫がオーナーをつとめるメルセデスのディーラー会社でマーケティング部長をしている。ブラジル女性は官能的魅力にあふれている、という評判を地で行くような、引きしまった細身の体に、日焼けした肌と真っ黒の髪が美しい女性だ。ディーゼルのスキニージーンズをはいて、大きなダイアモンドのイヤリングをつけ、高いヒールを履いていた。

「母が昔の店の常連で、私をよく連れていってくれたの」クリスティアンは言った。

「14歳から1人でショッピングしていたわ。今は43歳よ。店はどんどん大きくなっていったけど、当初の家庭的な雰囲気はちっとも変わらない。あそこは客としてではなく、家族ぐるみの友人として接してくれる。結婚して同じ通りに住むようになったんだけど、『プレゼント用に、何かいいものはないかしら？』と電話すれば、必ず何かしら探して用意してくれる。セールスガールは友だちよ。同じ社交界の仲間ね。ダズリュには新しい靴を買うためじゃなくて、友だちに会いに行くの。そんなサービスは世界のどこを探してもないでしょ」

彼女に、〝あなた自身にとって現代におけるラグジュアリーとは何か〟を尋ねてみた。

「ダズリュは、客が望むことをすべて提供してくれるからラグジュアリーなのよ」ケーキにチョコレートソースをかけながらクリスティアンは言った。

「彼らは、ブラからイヴニングドレスから日用品まで、世界最高級のブランドの中から最高級をセレクトしている。必要とするあらゆるものがあの店にはある。車まで売っているファッション・ブティックなんてないでしょ？　私たちは何を買うかだけを考えていればいいのよ——ダズリュには何でも売ってるから」

ダズリュにやってきて2日だが、私は彼女の言うことが理解できた。トランチェージ母娘は高級ブランドの夢を夢で終わらせずに、現実にしたのである。

ケーキを食べる彼女を見ながら、この20年間で魂を失ってしまったように見える高級ブランドの現状について思いを馳せた。高級ブランドはどこに向かっているのか？　日本人や米国人が高級ブランドに飽き、さらに新興国が食傷してしまったらどうするのだろう？　アートギャラリーやガラコンサートを仕掛けても集客できなくなったら？　コスト削減が限界に達し、成長が頭打ちになったら？　そうなってもまだ、彼らに「高級ブランド」と名乗れるだけの高潔さや高級感はあるだろうか？　そしてもっと重要なことだが、クリスティアンのような富裕層を顧客として引きつけるに足る由緒正しさがまだ残っているだろうか？　その点を私は彼女に問い質《ただ》した。

「ええ、あるわよ」事も無げに彼女はそう言った。

「ここではルイ・ヴィトンは最高額アイテムしか売っていない。ダズリュの顧客はロゴのいっぱいついたバッグは欲しがらない。私たちは高級ブランド品を買うけれど、普通のものは買わず、特別なアイテムを買うの。高級ブランドにはいつでも〝特別なアイテム〟がある。大衆向けと特別なものとのちがいははっきりしている。高級品とはいくらお金を出すか、ではないの。高級品は正しい使い方についての知識があって、一流であることを理解し、よいものを選ぶための時間をたっぷりかけられる人々が持ってこそ、高級になる。高級品とは、ふさわしいものを買う、ということなのよ」

そう言うとクリスティアンは口元についたチョコレートをぬぐってリップをつけ直し、立ち上がって私にお別れのキスをした。

「仕事に戻らなくちゃ」

そう言ってスティレットの足音を高く響かせて立ち去った。

訳者あとがき

書き出しから私事で気が引けるが、私が最初に購入した高級ブランド品は、グッチのバッグだった。

1976年夏、購入場所はパリのグッチ店。本書にもあるように、秦郷次郎氏が初めてアンリ－ルイ・ヴィトン氏に招かれてマルソー大通りのルイ・ヴィトン本店を訪れた年で、ヴィトン氏をとまどわせた日本人のブランド狂ぶりがパリの高級ブランド・ブティックを騒がしていた。エルメスやヴィトンの店で「棚の端から端まで全部くれ！」というような日本人を、お高くとまったフランス人店員が鼻で笑いながら「バッグは1人3個までです」などとあしらう、という光景が日々繰り広げられていた。

当時私はビンボー留学生で、夏休みにそういう日本人客をパリのブティックやレストランに案内してお小遣いをもらうアルバイトをしていた。それで知り合いになったグッチ店の人から「バーゲンがあるからおいで」と誘われ、店員の巧みな接客に乗せられて、つい黒いスエードのクラシックなデザインのクラッチを購入してしまったのだ。価格は700フラン。当時1フラン＝70円弱で、20代そこそこの私には恐ろしいほど高額な買い物だった。しかしたしかに品質はよく、30年以上たった今も現役で活躍している。

このあとがきを書くにあたってクローゼットのなかの高級ブランド品を探してみた。グッチのバッグのほかに出てくるわ、出てくるわ。ヴィトンやフェンディのバッグ、エルメスやセリーヌのスカーフや香水、シャネルのポーチやリストウォッチ、アルマーニのスーツ、プラダの靴やバッグなど、「ブランドものには興味ない」と豪語（?）していたはずなのに、ナニコレ!?　しかも70年代半ばから現在にいたるまで、そのときどきで流行りの「中間マーケット」向けのブランド品を購入しており、私はやっと自分が、本書で何回も揶揄されている「ブランドに狂う典型的日本人」である、と自覚した。

しかし、ラグジュアリー・ブランドと言われる、西欧で数百年もの歴史を持つ老舗の高級ブランドは、私がグッチのバッグを購入したときからわずか30年で大きく変わった。私のとぼしい戦利品を並べてみただけでも、その変貌はあきらかだ。

本書“DELUXE : How Luxury Lost Its Luster”のサブタイトル「ラグジュアリー＝高級品はどのようにその輝きを失ったのか?」という、著者ダナ・トーマス氏の言うとおりだ。素人目にも、80年代後半以降の製品はあきらかに素材のクオリティが落ちているし、ロゴがやたらと目立つようになっていき、90年代からはデザインがどんどん奇をてらったものになった。はっきり言えば、安っぽくなってしまった。著者は、品質もデザインも変わらないことを美徳としていたはずのラグジュアリー・グッズが、「どのように」だけでなく、「なぜ」これほどまでに変わってしまったのか、ということを丹念な取材で解き明かしていく。

モノづくりから金儲けへ

高級ブランドの世界において、エポックメーキングな出来事は１９８６年のＬＶＭＨの誕生であり、そのＬＶＭＨを乗っ取った（?）ベルナール・アルノーとグッチとの、買収を巡る株の仕手戦だろう。アルノーはグッチの一件で初めて買収に失敗し、１９９０年代以降高級ブランド界はＬＶＭＨをトップに、グッチ、リシュモン、プラダと、傘下に数々のブランドをおさめたコングロマリットが支配する世界になる。ラグジュアリーの由来から始まる本書も、アルノーにグッチとの仕手戦についてインタビューする第２章からいきなり温度が上がる。高級ブランドの目に見えない価値を、株式会社にすることではっきり数字にしていこうとする過程は、ビジネスの見地からはたしかに興味深い。だが、収益が上がらないからといって追い出される創業者一族やデザイナーたちはたまったものではなかった。

そしてブランド各社は市場拡大を狙い、一昔前の高級ブランドならば眼中になかった中間マーケットをターゲットにしたマーケティングを展開する。株主の利益を最優先するため、短期的に大きな利益を上げる経営方針が立てられる。ハリウッド・スターをはじめとするセレブの利用は、ポートフォリオのブランドの価値を爆発的に上げるのに効果があった。巨大なアジア市場を開拓するために、免税店（デューティー・フリー・ショッパーズ）を傘下におさめ、アジアの海外旅行客（メインターゲットはもちろん日本人）に人気のある観光地の街中に高級ブランドのブティックを集めたショッピングセンターを建てる。だが、資本が巨大化し、グローバル企業となる輝きの裏で、高級ブランドはしだいに闇の暗さを増していった。

本書の圧巻は、華やかな成功の裏を暴く第6章からだ。生産コストを下げるため、中国をはじめ、低賃金労働を供給する発展途上国に生産地を移転する高級ブランド。そして限界がくると、「品質を落とす」という、まがりなりにもラグジュアリー・ブランドを名乗る以上は許されない禁じ手まで使ってしまう。そして偽ブランド品とブランド各社との壮絶な戦い。ロサンゼルスの路地から中国・広州のうらぶれたアパートまで、偽ブランド品の製造取り締まりの現場に乗り込んでいく著者の勇気と実行力には脱帽だ。

さて、輝きを失った高級ブランドには明日があるのだろうか？　それについて著者は、限られた大富豪をターゲットにしたスーパーラグジュアリー・ブランドとして生き残る、ホテルやリゾート開発などファッション以外の分野に発展しブランドのライフスタイルを打ち出していく、H&MやZARAなど低価格でファッション性が高いことで人気の「ファスト・ファッション」のメーカーとタイアップして中間マーケットを取り込む、という道を示している。とくにファスト・ファッションとの共闘の流れは日本でも大いに注目されている。

日本の高級ブランドビジネスの明日

２００８年、本書にも登場するH＆Mがいよいよ日本に進出して大きな話題を呼んだ。1号店となった銀座店が9月にオープンしたときには、入店まで4時間待ちという長い行列ができ、メディアで話題になった。11月には原宿店もオープンし、コム デ ギャルソンとのコラボ商品を求める若者たちが前夜から列をつくった。H＆Mはオリジナル商品も人気があるが、やはり高級ブランドとのコラボ限定商品が目玉である。シャネルのデザイナーであるカール・ラガーフェルドや、クロエやグッチのデザイナーだったステラ・マッカートニー（ザ・ビートルズのポール・マッカートニーの娘）、歌手マドンナとのコラボ限定商品が、本家のブランド商品よりもお手頃価格で、しかも味付けがほかでは見られないH＆M風なので、つぎつぎヒット商品となる。

銀座も原宿も、２０００年代に入ってから「スーパー」のつく高級ブランドが軒並み出店した。銀座晴海通りにはエルメス、ディオール、グッチなどが軒を並べ、中央通りのシャネルはいまや銀座のランドマークだ。原宿にはルイ・ヴィトン表参道ビルを筆頭に、数々の海外・国内高級ブランドがひしめいている。だが、隣り合ったところに出店し、ブランド店よりはるかに多くの客を集めているのが、H＆M、GAP、ZARA、そしてユニクロなどファスト・ファッション・ブランドの店舗なのだ。似たような光景は、ニューヨーク、ロンドン、ミラノといったコスモポリタンな都市でも見かけられる。

中間マーケットに進出することで、グローバルに展開する大企業となった高級ブランドは、そのために抱えることになってしまった「負」の部分を、対極に位置するファスト・ファッション・ブランドと手を組むことで（少なくとも隣り合うロケーションで出店することで）勢いを盛り返し、生き残りをかけようとしている。そこにある滑稽なほどの矛盾にも、著者は鋭く切り込んでいる。

２００８年のリーマン・ショック後の急速な世界経済の落ち込みで、高級ブランドも大きな打撃を受けている、という報道が日々新聞雑誌を賑わしている。ルイ・ヴィトンは、銀座晴海通りに２０１０年完成予定のヒューリック数寄屋橋ビル（仮称）への出店を撤回した。12階建てのビル全館を借りての店舗は、ルイ・ヴィトンとしては世界最大規模になるはずだった。また２００８年はルイ・ヴィトンにとって最大の市場である日本での売上高が７％落ち込んだ。ＬＶＭＨだけでなく、リシュモン、ＰＰＲ、グッチといった傘下に数多くの高級ブランドを抱えるグループ企業はいずれも、売上げの下落だけでなく、株価の大幅な下落に苦しんでいる。１９９８年に起こったアジアの金融危機も、２００１年の９・11ショックも、グループは見事に乗り越え、「ブランド不敗神話」とまで言われてきた高級ブランドが、これからどうなっていくのか、先が見えない。

しかし、今高級ブランドが直面している危機は、世界的景気減退だけが原因ではない、ということは本書を一読すればあきらかだ。そしてファッションやジュエリーだけでなく、食品分野でも住宅分野でも、伝統や高品質やラグジュアリーを看板に掲げてきて、生き残りと市場拡大のためにグローバル化をはかったあらゆる老舗高級ブランドが、同じような危機に瀕している。建築や食品の偽装問題は、高級ブランドが抱える問題と同じ路線上にあるのだ。グローバル化することによるメリットはたしかに数々あった。だが、ブランドとして、グローバル化できない「価値」があったことを忘れて（もしくは無視して）しまったことで招いた「危機」は、たとえ景気が回復しても去っていかないだろう。

著者のダナ・トーマス氏はパリで12年間にわたって『ニューズウィーク』誌で文化・ファッション記

事を取材・執筆するほか、1994年から『ニューヨークタイムズ・マガジン』のスタイル欄のレギュラー執筆者をつとめる。『ニューヨーカー』『ハーパース・バザー』『ヴォーグ』『ワシントン・ポスト』に寄稿するなど、ファッション分野を主として幅広く活動しているジャーナリストだ。

と、この略歴を知って私は驚いた。ファッション・ジャーナリストが業界の闇をここまで暴いていいのか！　ある意味、自分のキャリアをかけるくらいの勇気だったのではないか。たぶん著者は、少女のころ魅了された美しい高級ブランドの服やバッグや香水が、陳腐なモノに変わっていってしまうのがあまりに悲しかったからにちがいない。ファッションを、また高級ブランドを愛しているからこそ書けたし、書かなくてはならないという使命感に燃えた、という情熱がひしひしと伝わってくる。

本書はファッションの世界で、今、何が起きているかを書いたルポであるが、単純なファッションの本ではない。むしろ「グローバル化とはどのようなものなのか」を、克明に教えてくれるビジネス世界のルポである。ヴィトンにもグッチにも興味がない、という人も、高級ブランドが抱えている問題が、実はグローバル化が始まって以来の20年間に自分の身の回りで起きた変化と深く関連していることに、読後きっと気づくだろう。

本書は2007年に、ペンギンブックスより刊行された。ファッションの変化は著者が予見した方向に動いているが、そのスピードは予想以上だ。刊行以降2009年初めまでに、合併、買収、社名・ブランド名の変更などがあったものについては、訳者の方で反映した。が、追いつけなかった情報については ご容赦願いたい。

最後に、本書を翻訳する機会を与えてくださった、講談社の青木肇氏に深く感謝を捧げる。

2009年春　　実川元子

プロフィール

ダナ・トーマス【著者】　Dana Thomas
12年間、『ニューズウィーク』パリ支局でライターとして文化・ファッション欄を担当。ファッション・ライターとしては他に『ニューヨークタイムズ・マガジン』、『ニューヨーカー』、『ハーパー・バザー』、『ヴォーグ』、『ワシントン・ポスト』、『フィナンシャル・タイムズ』にも寄稿している。1996年から99年まで、パリのアメリカン・ユニバーシティでジャーナリズムを教えた。夫・娘とともにパリ在住。

実川元子【訳者】　じつかわ・もとこ
上智大学外国語学部フランス語科卒。ファッションやライフスタイルをテーマに数多くの執筆・翻訳を行っている。主な著訳書に『ファッションデザイナー、ココ・シャネル』、『ザ・ハウス・オブ・グッチ』、『巨乳はうらやましいか』。近訳書に『天才シェフ、危機一髪』『100歳までの人生戦略』など。オフィシャルサイト「Glamorous Life」のブログも絶好調。

堕落《だらく》する高級《こうきゅう》ブランド

2009年5月12日　第1刷発行

著者……………………ダナ・トーマス
訳者……………………実川元子《じつかわもとこ》
装幀……………………石間 淳
レイアウト……………山中 央

発行者…………………鈴木哲
発行所…………………株式会社講談社
東京都文京区音羽2丁目12-21［郵便番号］112-8001
電話［編集］03-5395-3808
［販売］03-5395-3622
［業務］03-5395-3615
印刷所…………………慶昌堂印刷株式会社
製本所…………………株式会社若林製本工場
本文データ制作………講談社プリプレス管理部

ISBN978-4-06-214692-0